A History of Agile in China

敏捷中国史话

熊节◎著　虎头锤◎绘

人民邮电出版社

北京

图书在版编目（CIP）数据

敏捷中国史话 / 熊节著；虎头锤绘. -- 北京：人
民邮电出版社，2020.5
　ISBN 978-7-115-52980-0

　Ⅰ．①敏… Ⅱ．①熊… ②虎… Ⅲ．①软件开发—技
术史—中国 Ⅳ．①TP311.52-092

　中国版本图书馆CIP数据核字(2020)第060543号

内 容 提 要

　　本书用生动、翔实的语言，辅以情景描述，循序渐进地讲解了敏捷软件开发在中国的发
展历程。本书从敏捷的发展背景讲起，延伸到描述世纪之交的中国软件业的发展状况、敏捷
的传入、敏捷的低谷以及敏捷实践者为敏捷发展所做的艰苦奋斗，还介绍了敏捷在通信行业
和互联网企业的实施状况、敏捷软件开发的发展和 Scrum 的流行。

　　本书既适合广大的敏捷方法的爱好者阅读，也适合对软件开发方法发展历程和对中国敏
捷技术普及历史感兴趣的人员阅读。

　◆ 著　　　　熊　节

　　绘　　　　虎头锤

　　责任编辑　杨海玲

　　责任印制　王　郁　焦志炜

　◆ 人民邮电出版社出版发行　　北京市丰台区成寿寺路 11 号

　　邮编　100164　　电子邮件　315@ptpress.com.cn

　　网址　https://www.ptpress.com.cn

　　北京东方宝隆印刷有限公司印刷

　◆ 开本：720×960　1/16

　　印张：15.5

　　字数：261 千字　　　　　　　　2020 年 5 月第 1 版

　　印数：1 – 2 500 册　　　　　　2020 年 5 月北京第 1 次印刷

定价：79.00 元

读者服务热线：(010)81055410　印装质量热线：(010)81055316
反盗版热线：(010)81055315
广告经营许可证：京东工商广登字 20170147 号

敏捷画卷：中国软件史的精彩侧影

如果把软件开发当成一个谜题，那么数代软件人在过去的 50 年里都在前赴后继地尝试解决这个谜题。迄今为止，全世界不管是码农还是码神，仍在这个谜题中痛苦挣扎。

从 1965 年到 1985 年，软件危机逐步浮现，这让刚刚进入科学管理时代的人们极其不爽，1931 年建成的帝国大厦只用了 410 天，还是提前完工，写个软件还能比盖摩天楼更复杂？那肯定是方法有问题。供职于洛克希德软件技术中心的 Winston W. Royce，在其 1970 年的论文 "Managing the Development of Large Software Systems" 中提出了一个长得像瀑布的流程。业界似乎找到了一剂灵丹妙药，虽然这位研究了多年航天器的 Royce 博士并没有在他的文章中提到任何有关瀑布的字眼。之后，以 1988 年 CMM 的发布为重大里程碑，剩下的似乎就是沿着既定的路线：细化，标准化，量化，优化，再优化……直到在一线干活的人们发现事情并非如此，于是生长出了各家敏捷流派，以期解决 Fred Brooks 在 "No Silver Bullet"（没有银弹）一文里提出的复杂性（complexity）、配合性（conformity）、隐蔽性（invisibility）、易变性（changeability）这些现代软件开发中本质性（essence）的难度。

中国用 20 年的时间迈过了西方 50 年的软件工程发展史。本书通过一个个鲜活的故事和严谨的考证，绘制了一幅敏捷方法在中国软件产业的土壤中生根、发芽、传播的画卷，构成了中国软件史一个精彩的侧影，不仅帮读者在宏观层面厘清了中国软件工程领域在过去 20 年里发展的关键脉络，更让读者透过一系列从业者的经历从个体视角体验历史，了解众多普通的软件人参与和创造历史的过程。我个人的从业经历跟这本书的跨度大致重叠，因此格外有感触。拿着这份书稿，本以为早就遗忘的画面在脑海之中一页页闪过。

我还记得 2001 年在新加坡的一个社区图书馆，第一次翻开 Kent Beck 的 *Extreme Programming Explained* 给我带来的冲击。不过一番琢磨之后，我得出了几个轻率的结论：迭代开发玩不转，甲方的预算和立项流程根本不可能让乙方这么干（我当时在新加坡的一个系统集成商工作）；结对编程太奢侈，没有老板会让团队这么干；测试驱动开发（Test-Driven Development，TDD）真是好东西，不过只要团队里有一个人不这么干，其他人也干不下去，让所有人都用TDD不现实。所谓纸上得来终觉浅，直到四年之后，我自己卷起袖子，在全面采用敏捷实践的团队中沉浸工作了几个月，才真正体会了那些理念和实践的价值和可操作性。让我很有共鸣的是，书中不少人和公司初步接触敏捷的经历和感受其实也很类似。

看到敏捷中国大会的举办，大型通信企业的敏捷转型，DevOps、设计思维、精益企业、精益创新的推广，ThoughtWorks 相关的记述唤醒了我的记忆。那些熟悉的名字把他们的面容带回我的眼前，与他们合作过程中所体验到的酸甜苦辣又从心中流过。虽然是书中很多事件的亲历者，我看到的也只是点点滴滴，从没想到有人能如此全局又生动地把握和呈现当时的脉动。

说到合作，我 2007 年加入 ThoughtWorks，那是我真正认识熊节的开始，不过我知道熊节却要更早一些。那时经常在 JavaEye 上津津有味地旁观一个叫熊节的人跟人吵架，觉得这人吵得很有见解，而且吵得很有文笔。于是，我有了无数的机会在现场和邮件里看熊节怼人，以及被熊节怼，从中学到很多。

为什么专门把怼人拿出来说？这其实跟 ThoughtWorks 的风格有关。不满足于现状，寻求更好的理念、方法和工具，追求软件卓越，这是 ThoughtWorks 的使命。ThoughtWorks 期望员工不盲从主流意见，要持怀疑挑战的态度，以求找到不一样的路径，做到比当前更好。熊节就是这种风格的典型代表。

20 年中国软件工程方法的变迁过程也是中国软件行业追赶国际先进水平的历史过程。巨大的国内市场已经让我们成为一个软件大国，但我们在工程方法领域并没能够取得匹配的领先地位。我理解这本书不仅仅是对历史的记录和纪念，更是要我们以史为鉴。正是书中一个个致力于改善工作成效的一线从业者和致力于推广新方法新工具的布道者，吸引了一批又一批热衷于软件开发的人加入进来，一起推动行业的发展。

张松
ThoughtWorks 中国区总经理

前言

"敏捷"一词在中国 IT 行业中有着多面性。一方面，我们会在各种行业媒体上看到众多企业标榜自己的"敏捷性"，各家世界知名的咨询公司也极力宣传敏捷对于当今企业的不可或缺性；另一方面，深入在行业一线的观察者又会发现，以漠不关心甚或稍待怨气的态度谈及敏捷，这样的从业者不在少数。如果再深入探究，好奇的观察者可能还会发现，对于"敏捷"二字，来自不同企业、担任不同职责的从业者，描绘的图景很可能大相径庭。如此简单且常见的两个字，竟也能呈现出"横看成岭侧成峰"的丰富景象。而这种丰富性，正是行业的一个缩影。

千禧年后高速发展的中国 IT 业充分发挥了其后发优势，整个年轻的行业在短短十余年中一边学习发达国家（尤其是美国）的经验，一边结合本土国情摸索创新，迅速将行业推至前所未有的高度。在过于快速的成长过程中，大量源于国外的先进思想和方法被迅速引进，经过快速的学习、实践、沿革，它们在少数领导企业中产生效果，再被同行模仿借鉴，逐步扩展下渗，最终成为行业公认的主流。而在扩展下渗的过程中，这些先进的思想和方法也逐步被本土企业消化吸收，转变为不同于当初的样貌，呈现出许多的面向，甚至让身在其中的从业者也常有"不识庐山真面目"之感。在敏捷之前，ISO 9000、CMM 等体系都曾经历过类似的历程。

在这个"引入 – 传播 – 流变"的 3 段历程中，首先值得一提的是早期的引入者。在很短的一个时期里，一批年轻的 IT 从业者不约而同地以近乎公益的方式将敏捷思想导入中国，这一现象背后折射出在政府大力扶植下产业高速发展所暴露出的知识与能力空白，以及一代从业者求知若渴的状态。在几乎没有经济激励的情况下，这一批早期的敏捷先锋凭着宗教式的信念实践了自己认同的方法。

但这种来自西方发达国家的方法真正获得广泛传播的势能还离不开同样来自西方发达国家的外资企业。正是诺基亚这样的外资通信业巨头采用敏捷，才给了其中国同行华为尝试的信心；正是 ThoughtWorks 这样的外资咨询公司提供了敏捷转型咨询服务，才得以给华为的敏捷转型保驾护航。继华为、腾讯、阿里这样的行业巨头自发采用敏捷之后，这种在咨询公司手上洋气十足的方法开始被消化吸收、剪裁、补充和转化，成为一种（或几种）更接地气的方法。

随后，行业巨头的追随者们通过各种途径模仿巨头的成功之路，包括做软件的方式。但与巨头相比，模仿者在技术与人才的积淀方面都很薄弱，他们的模仿难免走样变形。经过几层的传播与模仿，当"敏捷"的概念终于深入人心时，其内涵的实践却已大打折扣。但与此同时，具备雄厚技术与人才积淀的巨头从未在一时的成就上止步，他们仍在不断完善与扩展软件研发的方法。于是，在同样的"敏捷"二字之下，其所指的概念却已是一个宽广的光谱。

敏捷的发展与流变，虽然看起来只是软件过程管理这一个小群体、一个小领域的事，但风起于青萍之末，敏捷在中国的历程恰如一个窗口。透过这扇窗我们看到的是中国 IT 行业的变迁。2000 年，国务院印发了《鼓励软件产业和集成电路产业发展的若干政策》，即后来被广泛提及的对 IT 行业发展影响深远的"国发 18 号文"。"国发 18 号文"鼓励软件产业发展，鼓励的主要是外包出口型软件企业，这也是为什么政府要对 CMM 认证提供资金支持。从 2000 年前后对标印度的服务外包行业布局、靠十二金工程扶持，到 2010 年以后着眼内需、着眼互联网、着眼消费市场，是 IT 行业本身的大转向，这才使得业内企业以截然不同的视角看待敏捷方法。而这个行业大转向的背后，投射的更是中国经济从 2001 年之后获得的世纪发展机遇。

在敏捷"引入-传播-流变"的3段历程中，与之相关的从业人士是我尤为感兴趣的主题。这其中既有单纯热衷敏捷的传播者，也有为利而聚的甲方、乙方，更有后知后觉被浪潮卷挟的普通从业者。敏捷被中国IT行业逐渐接纳的过程，恰与改革开放后出生的"80后"一代跨出校园、进入行业并逐步成长为行业顶梁柱的过程相重叠。敏捷方法对人的独立自主和对尽量减少简单重复劳动的重视，与从小看着美国动画片和情景喜剧长大的"80后"对个性、自由的向往，形成了一种共鸣。这15年，敏捷在行业里的挣扎、发展与流变，又何尝不是这一代从业者从"青葱"到中年的侧面写照。

　　敏捷方法最终被行业广泛认同和采纳，绝非一帆风顺的预先设计，而是一段充满了波折与偶然的复杂历程。作为中国IT业的一名"老兵"，我希望重新把梳记录敏捷在中国十余年的发展历程，还原时人身在行业中的所感所想，记录行业发展变迁的一段历史。这段历史既有大时代的必然，也有无数从业者在一件件平淡无奇的小事上的推动。敏捷中国史不仅是中国IT行业的一段小史，更是无数普普通通的IT从业者的一座小小纪念碑。

熊节
2019 年 3 月 31 日

致谢

早在数年前，我就想提笔书写这段历史。然而对于一个疏于笔墨的技术人而言，动手写一本历史书是一个巨大的挑战。幸好，一系列的访谈帮助我逐渐厘清了思路。一部小史的框架结构，在与这些同行的对话中慢慢浮现出来。几乎每位受访者在听到我的请求后，都给予了极大的热情与帮助。如非他们的支持，这本书想必仍是一个不成型的念头。为此，我首先要感谢为本书提供了最初框架与原始素材的受访者：敖小剑、陈冀康、黄群、黄昕、黄勇、胡志勇、姜信宝、李国彪、刘江、罗涛、乔梁、邵栋、申健、唐东铭、王钧、熊妍妍、徐昊、徐毅、许珊珊、杨光、张克强、张迎辉、赵卫、周代兵、庄表伟。

为了尽力还原时人时事，我查阅了大量行业报刊和学位论文材料。为此，我编写了一个爬虫程序，从成都市图书馆的数字资源共享平台下载了共计 20 多万份文献资料，再经过多维度的检索与筛选，阅读了其中 5000 多篇全文。成都市图书馆不仅没有禁止我的大量下载（当然我也对爬虫做了限速），还将我评为"数字阅读最美读者"。如无丰富的数字馆藏作为后盾，本书必定会中途难产，因此也需要感谢成都市图书馆为我的业余研究提供的便利。

在本书成型的过程中，我以"敏捷中国史"为题做了数次公开演讲。这些演讲不仅帮助我梳理思路，并且让我收到了很多听众的反馈，其中除了对史实和观点的指正和补充，更多的是对这个主题兴趣的表达。这些热情的反馈是支撑我坚持写作的巨大动力。为此，我要感谢 TiD 质量竞争力大会、FCC 成都 Web 前端大会、敏捷之旅提供的演讲机会，以及与会听众的热情反馈。

受我个人文笔水平所限，本书可能会让读者觉得略有些乏味，幸好远在澳大利亚的老朋友虎头锤及时伸出援手，给本书画了大量生动又贴切的插图，给这本有几分枯燥的书增添了许多趣味。或许未来能在网络世界传播的不是我这些冗长的文字，反而是虎头锤那些一针见血的精到的插图，这当然要全都归功于她的才华。

每个写作者背后都离不开家庭的支持，借此机会，感谢家人的宽容与陪伴！

最后，感谢近 20 年来所有奋战在软件开发一线、为中国软件业做出扎实贡献的同侪从业者们。是你我胼手胝足、一砖一瓦搭建起了今日行业的大厦。本书是献给我们自己的故事。

目录

世纪之交的中国软件业

中国的软件业是一个相当年轻的产业，在最近的十多年中，这个产业以日新月异的速度发展，创造了无数奇迹，这背后离不开始于世纪之交的一系列政府扶持。中国软件业的人才和资本积累，以及中国软件业的某些痼疾，都与此时的政策扶植有着千丝万缕的联系。要理解中国软件业的发展变迁，就得从这段历史讲起。

庄表伟从电脑前抬起头，左右活动自己僵硬的脖子，站起身来伸了个懒腰。此时，墙上的挂钟已经指向了凌晨3点，办公室里的另外几个小伙子在键盘上还运指如飞。

"大家还是去躺会儿吧，明天接着干。我看也就剩些小问题需要修了。"

小伙子们答应着陆续起身。住得近的准备打车回家睡个觉，离家稍远的在会议室里拖开行军床，拿出毛毯，和衣而卧，不久便发出了轻轻的鼾声。大概是错过了睡觉的时间点，庄表伟却没什么睡意，索性下楼散散步。这是2001年的9月，寂静的上海街道空无一人。

一年多以前跳槽加入这家公司的时候，老板给庄表伟描绘的是一幅关于互联网的宏伟蓝图。老板说，我们要做一个门户网站，给城市年轻人的网络门户，叫"My City"。老板说，只要我们把这个网站做出来，一定大受欢迎，我们有了流量，就可以去纳斯达克上市。

可惜，老板的纳斯达克梦，跟无数互联网创业者的纳斯达克梦一起，破碎了。到2000年下半年，公司的风险投资已经耗尽，门户网站创收又遥遥无期。老板只得暂时放下梦想，去承接各种形形色色的项目。先是企业上网，帮甲方的公司建门户网站、建电子商务网站等。这个生意不好做，老板虽然见了很多客户，但谈成的很少。庄表伟还清楚地记得，年底时接到一家法国公司的单子，做门户网站，7万元。虽然是这么小的单子，大家也是高兴的，总算又有了支撑几个月的粮草。

2001年，老板把注意力更多地放在政府上网的项目上，终于接到了一个大单：上海市电子政务门户网站——"中国上海"。想到这儿，庄表伟不禁苦笑：之前在上一家公司，他就做过上海市的电子政务网站，离职之前还在嫌弃这个网站做得很有问题，技术上踩了坑。没想到换了一家公司以后，正好赶上这个网站升级换代，机缘巧合，又撞到了他的手上。果然是自己的坑早晚都要自己踩，难道是因果轮回报应不爽？

不管有多少坑，项目终归得按时交付。还有几天就到国庆节了，这个网站必须在国庆节前上线，为国庆献礼。对这个时间节点，不管是客户、老板还是庄表伟的团队，大家既严阵以待，又满怀信心。

站在互联网时代的入口

2000 年在中国经济发展的历程中有着实质性的里程碑意义。在经过 13 年艰苦谈判后，中美双方终于赶在千禧年钟声敲响前签署了关于中国加入世界贸易组织（World Trade Organization，WTO）的双边协议，扫清了中国"入世"的最大障碍。[1]

加入 WTO，意味着中国得以融入全球经济体系，参与全球产业结构的调整与重组。对于中国尚处于萌芽阶段的信息产业而言，既是机遇，又是挑战。一方面，中国具有世界上最大的潜在市场，一旦市场潜力兑现，对 IT 的需求将不可限量；另一方面，当时的中国信息产业整体技术含量不高，如何扬长避短，确立其在全球合作中的定位，还没有找到答案。

世纪之交前后发生在中国的另一件有着深远影响的大事，是互联网的高速发展。实际上，此时真正大规模的互联网浪潮发生在大洋彼岸的美国。当时半数美国家庭拥有电脑，近四成的家庭已经接入互联网。对于美国人民而言，互联网正带来实实在在的改变。正是因为有这样的基础，美国在线（AOL）的董事长史蒂夫·凯斯才会喊出"新世纪将是网络时代"的口号[2]。当时美国一些科技领域的意见领袖（例如《连线》杂志的凯文·凯利）已经意识到，网络用户数即将迎来爆发式增长，工作、贸易、人际交往等日常活动都将因互联网的普及而改变。在这些意见领袖的影响下，美国的资本市场洋溢着对科技、互联网的热情。

反观中国，当时国内仅有 350 万台计算机接入互联网，上网用户有 890 万，其中 75% 是 18 ～ 30 岁的年轻人，79% 拥有大专及以上文化程度[3]。互联网在中国还是极其阳春白雪的新生事物。更多中国人感受到的互联网浪潮并不是来自身边的改变，而是来自资本市场。1999 年 7 月，刚成立不久、仅有 100 多名员工的 "中华网" 在纳斯达克上市，市值超过 36 亿美元，是 A 股上市的首钢的 3 倍，超过在香港上市的中国计算机产业公认的 "老大" —联想[4]。再加上先后赴美上市的另外三大门户（新浪、网易、搜狐），几乎完全脱离传统产业、只有 "鼠标" 没有 "水泥" 而一夜暴富的神话让互联网进入了中国百姓的视野，也让尚处幼年的中国 IT 产业看到了希望。

当时，国内互联网企业最主要的服务形式是门户网站和电子邮箱。在网民票选的 "中国互联网络优秀网站"[5] 中，排名前三的新浪、网易、搜狐都是门户网站，排名第四、第五的 163 和 263 则是那一代网民耳熟能详的免费邮箱。同时，美国的互联网企业也开始迈开进军中国市场的步伐。雅虎于 1999 年 9 月开通其中国网站[6]。李嘉诚投资的 TOM.com 于 2000 年 7 月推出的 12 个简体版垂直频道，与内地权威机构和文化名人的合作、基于人工智能技术的选股系统、个性化信息服务平台等先进的模式和技术，都令内地网民眼前一亮[7]。

在互联网的浪潮面前，当时的中国 IT 企业尽管对行业发展趋势满怀憧憬，但对于自身的能力普遍是缺乏信心的，更多时候是在学习美国同行。行业普遍的预期是通过追踪世界先进技术来逐步提升技术水平，技术应用的主要方向则是改造传统产业，提升传统产业运作效率，而非创造新的商业模式[8]。

时任《程序员》杂志技术主编的汤韬曾在非正式场合说："中国除了人口和乒乓球，没有什么世界领先的，凭什么希望软件技术世界领先？" 这种观点，在当时

刚刚经历了亚洲金融危机的经济背景之下，可能普遍存在于 IT 业内。

"国发 18 号文"开启中国 IT 业黄金十年

在这之前的几年前，中国政府对自主培育和发展 IT 产业已经有了关注。1998 年，时任信息产业部政策法规司政策研究室主任的郭福华指出，为加快我国软件产业发展，必须在政策、机制、人才、环境、管理等方面推出新的举措，创造良好的条件与环境。当时郭福华认为，软件行业发展的关键在于发展风险投资业，主要依靠市场力量推动行业发展[9]。对于行业本身做什么、怎么做的问题，并没有提出明确的导向。

时至 2000 年，在中国科协首届学术年会上的主题发言[10]中，时任信息产业部部长的吴基传列举了加快我国信息产业发展的基本思路：全国振兴信息产品制造业；大力发展独立自主的软件产业；加快信息基础设施的建设；运用竞争机制，繁荣电信与信息服务市场；抓好信息资源的开发利用；加强信息技术推广应用，促进国民经济和社会服务信息化。从这个发言中可以看到，此时的我国政府主管部门对于加快信息产业发展的思路更加清晰、决心更加坚定。政府已经做出判断，需要更加强力推动 IT 产业的发展。

2000 年初，国家信息化推进工作办公室列举了推进国家信息化的重点工作，国家信息化重大工程、企业信息化、电子商务等领域的工作都在其中[11]。同年 6 月，国务院印发了《鼓励软件产业和集成电路产业发展的若干政策》，即后来被广泛提及的对 IT 行业发展影响深远的"国发 18 号文"从投融资、税收、产业技术、出口、收入分配、采购等多个政策视角给出了明确的扶植政策[12]。

资金来源方面，"国发 18 号文"不仅提出由国家扶持成立风险投资公司，设立风险投资基金，更明确要求在"十五"计划中适当安排一部分预算内基本建设资金，用于软件产业和集成电路产业的基础设施建设和产业化项目，并要求当时的国家计划委员会、财政部、科学技术部、信息产业部等

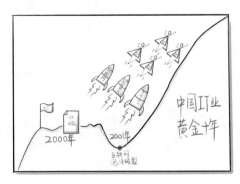

部委在安排年度计划时，应从其掌握的科技发展资金中各拿出一部分用于支持基础软件开发，或作为软件产业的孵化开办资金。

从内需创造角度，"国发 18 号文"明确要求国家投资的重大工程和重点应用系统应优先由国内企业承担，在同等性能价格比条件下应优先采用国产软件系统。编制工程预算时，应将软件与技术服务作为单独的预算项目，并确保经费到位。企事业单位所购软件资产最短可以 2 年折旧，从而加快了软件系统更新换代的步伐。

代表政府顶层决心的"国发 18 号文"印发之前，尽管政企各方对于 IT 产业的光明前景都有概念上的共识，但对于这一前景究竟宏大到何种程度，以事后诸葛亮的眼光来看，认知普遍是偏保守的。1998 年，信息产业部预测到 2010 年全国软件产业市场规模将达到上千亿元人民币，即从当年起保持年均 17% 的增速 [13]。实际上，2010 年全国软件产业市场规模超过 1.3 万亿元人民币，年均复合增长率达 43% [14]。

年均 43% 的复合增长率（从 1998 年开始的十年更是达到年均 50% 以上）是一个非常惊人的经济概念。皮凯蒂在《21 世纪资本论》中指出，人类社会的大部分时期，经济处于年均增长低于 1% 的停滞状态，因此大多数人对于连续高速增长是缺乏想象力的。中国 GDP 以年均近 10% 的速度连续增长十年，我们就会时常感叹于十年间翻天覆地的变化。对于一个新兴的产业，预测其以年均 17% 的增幅高速增长十年，不可谓不乐观。但身处当时，恐怕谁也不敢想象，即将到来的是一个百倍增长的黄金年代。对行业发展迅猛程度预计不足，使得后来整个行业在自身定位，尤其是"向谁学习先进经验"这个问题上，出现了犹豫和偏差，并给行业发展带来了深远的影响。

不过，总体而言，政府的乐观预测与大胆投入成为行业起步的第一推动力。从"国发 18 号文"中可以看出，除继续鼓励软件出口外，政府已经确立了创造内需、全面扶植软件产业的大方向。随后的"黄金十年"中，软件产业迅猛发展，并广泛渗透到各行各业，成为产业创新与传统产业升级换代的重要杠杆，政府在世纪之交时的政策导向产生了深远的影响。

政府上网，中国 IT 业的第一桶金

1999 年 1 月，40 多个部委的信息主管部门共同倡议发起了"政府上网工程"，

标志着政府信息化的全面启动[15]。这一阶段，政府信息化的目标有 3 个：一是政府机关内部的信息共享与无纸化办公；二是实现从中央到地方政府的联网指挥调度和快速反应；三是在互联网上对外提供公众服务。系统架构则是为这三重目标提供支撑的"三网一库"：政府机关内部办公服务的"内网"，用于在本单位实现信息共享、无纸化办公；国务院各部门和各地政府"内网"互联形成的"政府办公业务资源网"，又称"专网"，用于在全国范围内实现政府间办公信息共享和无纸化办公；在互联网上建立的政府网站群，又称"外网"，主要为公众服务；在"专网"上有机组合成"办公资源库"，实现信息资源的分层次共享[16]。

在政策大方向的引导之下，各地、各部门政府积极响应。截至 1999 年 11 月，中央国家机关各部门建立了 49 个互联网站，行业信息网 18 个，全国各级政府申请正式域名 2200 余个[17]。1999 年 12 月，政府上网工程——百城在线网站开通，政府上网工程主站点 www.gov.cn 被评为中国互联网大赛优秀网站。2000 年，政府上网工程的目标是实现 80% 的政府机关开通网站，构建我国的"电子政府"，实施范围涉及国务院各部、委、办、局和各省、自治区、直辖市下属县级政府。截至当年 10 月，gov.cn 下的政府网站域名已经发展到 2972 个，其中部委级站点占 10%，省级站点占 26%，市级站点占 30%[18]。

各级地方政府已经意识到，一个现代化经济中心城市不仅需要具备传统意义的资源配置、交通储运、生产控制和经营管理等中心职能，还必须是一个现代化的信息中心。例如 1999 年，天津市以信息技术为代表的高新技术产值占工业总产值的比重达到 20%，对国民经济增长起到了明显的拉动作用[19]。考虑到天津实际上从未成为中国高新技术产业的一线重镇，这个数据更能折射当时各地政府对发展高新技术、信息产业的重视。

作为全国经济中心和直辖市，上海市的政府信息化步伐是走在全国前列的。早在 1986 年，上海市政府就成立了办公信息处理中心，负责网络建设、管理、维护及软件开发等工作。1993 年，又成立了市政府信息技术处，主要负责规划、管理、指导和协调全市行政机关的办公自动化工作。1995 年，位于人民广场的上海人民大厦作为市政府行政机关驻地投入使用，其中包含了网络综合布线系统、楼宇管理自动化、现代化通信系统共同组成的智能楼宇系统。截至 2000 年，已经有办公业务处理系统、电子信息库系统、影像和多媒体制作系统、综合地理信息系统、综合信息集成显示系统等电子政务软件系统投入使用[20]。2001 年 9 月 28 日，当时的上海市市长亲自开通启动"中国上海"网站，将"政府工作网上办"确立为政府网站重点工作之一，3 年后实现市政府部门的审批事项 90% 上网①，可以说是此前多年积累的政府信息化能力的自然延伸。

同一时期，其他地区的政府信息化工作也在快速展开。天津市政务网于 1999 年底开通，市人大、政府、政协三大机关联网办公，74 个政府机关上网，电子商务规划和试点于 2000 年开始启动，和平区、南开区、北辰区开展社区求助服务、远程教育、社区便民信息服务等形式的信息化试点[21]。杭州市政府于 1999 年成立了信息化工作领导小组，主要政府部门先后建立了信息机构，建立了涵盖 170 个单位的市党政机关计算机通信网、与国家和省联网的宏观经济监测系统。杭州市政府网站于 1999 年 3 月正式开通运行，2000 年 1 月获中国互联网"十大优秀网站"评选提名[22]。同属浙江省的嘉兴、金华、绍兴、衢州、慈溪等地市政府也都在网络建设、办公自动化、政务公开等领域取得了成果[23-27]。

不仅东部沿海地区，中西部省份也都在积极开展政府信息化工作。郑州市机关信息网于 1999 年 7 月 1 日投入使用，对内提供公文处理和信息发布功能，2000 年，该网站日均访问量 800 余人次[28]。重庆市政府从 1998 年开始建立新的办公信息系统，将其定位为全市各级党政机关办公自动化及信息管理系统，到 2000 年已经形成了电子化公文处理流转的数据库和操作流程[29]。山西省政府上网工程于 1999 年 1 月启动，到 2000 年已有 20 个左右的省市政府上网，并启动了作为国家"863"城市流通领域信息化示范工程的中国煤焦电子网络项目[30]。青海省于 2000 年制定了"十五"信息化发展策略，着重推动金融财况、工交商贸、综合农情、教育科研、政府部门、社会公共等六大领域的应用系统建设[31]。

越是偏远的地方，越能看出政策的推行力度。作为偏远牧区的内蒙古锡林郭勒盟于 2000 年开始建立全盟农村牧区信息服务网络，全盟 90 个苏木乡（镇）政府联入互联网，通过计算机网络搜索、传递农村牧区各类供求信息和政务信息。全盟建设起了四级信息网络管理机构和信息网络队伍，其中包括 154 名网络管理人员和 158 名计算机网络操作员。行署信息服务中心在"锡林郭勒盟行政公署主页"上提供"农牧民信息港"栏目，专门发布农村牧区供求信息。锡林郭勒盟还

---

① 信息来源："中国上海"门户网站。

与复旦大学建立了计算机网络技术开发帮扶结对关系，共同研讨少数民族地区计算机信息网络建设相关问题[32]。由这个偏远地区的案例，不难看出当时政府信息化工作的普及之广、力度之大。

到 2001 年，国家组建了国家信息化工作领导小组，时任国务院总理的朱镕基亲自担任领导小组组长。在 2001 年 12 月召开的国家信息化工作领导小组第一次会议上，提出了推进中国信息化建设须遵循五大方针，其中第二条即强调电子政务建设：政府的信息化建设要从中央政府抓起，进一步加快和完善"金关""金税""金卡""金盾"等工程的建设。会议还明确把电子政务作为首要的工作来抓，确定 2002 年国家信息化的重点是电子政务建设，由中央牵头从上至下推广。由于中央及地方各级政府高层领导的强力推进，在全国范围内，电子政务建设已经掀起热潮[33]。

* * *

连放 7 天长假的"黄金周"从 2000 年国庆开始，到 2001 年国庆这是第 2 次。这个长假里，全国各地共接待旅游者 6 397 万人次。中国人正在开始学习旅游消费，通过旅游来犒劳自己。

庄表伟不在这出游的人潮之中。"中国上海"网站赶在国庆节前成功上线试运行，市长亲自按下了网站启动的按钮，老板松了一口气，底下的团队也总算得到几天休息。庄表伟回家补了两天觉，出门闲逛间隙，进入一家新华书店，不意间被书架上一排与软件开发相关的图书吸引住了脚步。

这几天，庄表伟一直在反思开发"中国上海"网站的过程。年初启动项目时，老板让他预估工作量。他估了一个数字以后，老板直接乘以 2 报给了甲方。起初他还有些不以为然，谁知项目一启动，进度一拖再拖，最后竟然比老板报给甲方的工作量还超出了些，到最终逼着团队连夜加班才赶上时间节点。第一次带团队的庄表伟这才意识到，带领团队完成一个上规模的项目与自己一个人做些单机软件是有很大区别的。这种差异体现在哪里，他一时还说不清。

正当庄表伟站在书架前发呆时，一个比他年纪略长的男子口中说着"不好意思"，弯腰在他身前的书架上抽出一本书，跟另一只手上抱着的几本书摞在一起，转身朝收银台走去。庄表伟暗想："看来也是个同行。"

与庄表伟擦肩而过的男子叫张克强，在宝信软件工作。这家脱胎于宝钢自动化部门的软件公司借助国家大力发展软件产业的势头，2000 年从宝钢剥离，2001 年 4 月在 A 股上市，眼下正是春风得意马蹄疾的发展期。张克强最近也刚做完一个项目，对于如何带团队、如何开发软件这些问题也有很多困惑，所以趁着假期想找些相关资料学习一下。

企业信息化热潮

宝钢产销研信息综合管理系统是从 1998 年开始建设的，在国内钢铁企业中首屈一指。该系统在需求分析和系统规划阶段借鉴了台湾钢铁企业的经验，在实施阶段与 IBM 紧密合作。全套系统由科研开发、销售管理、质量管理、生产管理、出厂发货管理、财务管理、Internet 等七大子系统组成，规划项目周期 4 年，投入开发人员 150 人 [34]。到 2000 年，宝钢集团的计算机管理系统已经覆盖生产过程基础自动化、生产过程控制、生产线综合控制、管理信息系统 4 个层面，并将此后信息化建设的工作重点放在了企业 ERP 及电子商务上 [35]。2000 年 9 月，宝钢与东方钢铁电子商务有限公司合作建设电子商务网站"宝钢在线"，实现了网上采购、网上订货、网上用户服务等功能。2001 年累计完成网上采购金额 12 亿元；到 2003 年，宝钢网上采购已涉及 6 大类 348 个品种物资，参与网上交易的供应商已超过 1 000 家 [36]。

宝钢代表了企业信息化的一股浪潮。同一时期，同行业的武钢、鞍钢、首钢、湘钢、天津钢管厂、本钢、邯钢、新疆八一钢厂等企业都陆续实施了管理信息系统[37]。截至 2000 年，冶金行业在信息化建设上的投资已超过 3 亿元人民币，建成计算机应用系统 4 200 多个，90% 以上的企业成立了专职从事企业信息化建设的机构[38]。

作为国民经济支柱产业，钢铁企业在世纪之交时集中的信息化步伐，折射出政策导向对企业，尤其是国有大型企业信息化的关切。国家信息化领导小组提出的推进国家信息化五项方针中指出，信息化建设要与产业结构调整相结合，以信息化带动工业化和现代化。在 2000 年 1 月由当时的国家经济贸易委员会、信息产业部和科学技术部主办的"企业信息化推进大会"上，国家经济贸易委员会领导表示，我国重点企业推进信息化，一是可以实现国有企业改革与脱贫的目标，二是有利于迎接我国加入 WTO 后的挑战，三是有利于抓住新世纪的良好发展机遇[39]。1999 年 9 月党的十五届四中全会通过的《中共中央关于国有企业改革和发展若干重大问题的决定》提出"用三年左右的时间，使大多数国有大中型亏损企业摆脱困境，力争到本世纪末大多数国有大中型骨干企业初步建立现代企业制度"[40]。可以看到，在政府的愿景中，企业信息化是国企改革与脱困的方式之一，其中重要的举措则正如宝钢所实施的：对内完善企业内部管理信息系统，提高企业制造水平，降低成本；对外积极稳妥地开展电子商务探索，更高效地销售产品，获得更多的商机。

企业资源计划（Enterprise Resource Planning，ERP）是 20 世纪 90 年代由管理咨询公司 Gartner 提出的企业管理概念，它是一个创建在信息技术基础上的管理平台，通常覆盖财务会计、生产制造、进销存、人力资源等关键信息流①。在 2000 年前后，实施 ERP 是企业信息化的关键步骤。由于加入 WTO 的影响，纺织、服装、电器等出口导向的行业形势看好，许多企业希望利用信息化、实施 ERP 来加强自身实力，客观上推动了 ERP 软件市场的快速发展。不仅是国有大中型企业，民营企业也在积极思考实施 ERP，例如一些大型纺织企业如宁波杉杉集团、湖北美尔雅集团、内蒙古鄂尔多斯集团、黑龙江蒙迪集团等都采用了 SAP、Oracle 等全球领先的 ERP 产品[41]。2000 年和 2001 年，全国 ERP 软件销售额分别为 5.7 亿元和 8.7 亿元人民币，相较上年分别有 32.5% 和 52.6% 的增幅②，直观地反映出了这一行业趋势。

企业信息化

---

① 参见维基百科词条"企业资源计划"。

② 参见武兴兵于 2002 年 3 月 29 日在新浪科技时代上发表的《分析：中国 ERP 市场迎来成熟期》。

电子商务，冰火两重天

对内完善管理信息系统以后，接着就是将企业接入互联网，希望信息技术给企业带来更大的效益。今天我们习以为常的电子商务在其起步阶段绝非"网上卖货"这么简单。电子商务的落地，不仅需要企业内部的流程与 IT 系统支持，更需要政策框架、金融支付清算系统、全国性和地区性物流配送体系的支撑。在没有支付宝、没有顺丰快递的年代，电商的运营成本非常高。2000 年曾有一家名为"亿国"的电商网站以"一件起送、当日送达、货到付款"的模式吸引消费者，受到很多大学生的喜爱，但很快就因为配送成本过高而中止。据时任东方网景公司副总经理的许文胜称，当时全国较有名的 50 多家面向消费者的电子商务网站没有一家真正赚钱的，绝大部分月营业额不超过 100 万元[42]。

在各种基础设施尚未成熟的阶段，率先找到盈利模式的电商业态不是直接面向消费者的零售业务，而是深耕行业、从事 B2B 业务的"批发型"电商。这类 B2B 电商网站解决的是企业之间供需信息匹配的问题：网站上的卖方是遍及全国的制造企业，数量在几百到一两千之间；买方是来自全球的下游品牌企业；订单额经常达几十万乃至上百万美元的规模。企业业务定制化程度高、货品量大、金额高的特点，反而使内部信息系统、线上支付、第三方物流配送等基础设施不成熟的问题显得不那么重要，最大化了信息交换的价值。

在培育这类 B2B 行业网站方面，浙江省在全国首屈一指。当时有名的"中国化工网""中国化纤信息网""中国纺织网""中国包装网"等专业网站都是在浙江发展起来的。2000 年，中国化工网已拥有 1 600 多家会员，国内 70% 的上网化工企业均为其会员，在占全国化工产量 1/3 的江浙两省这一比例更是高达 90%，每天约有 6.5 万名业内客户访问该网站，其中 1/3 以上来自海外。这个提供 6 万多种化工产品且每日新增 200 多条化工供求信息的平台为国内化工企业铺就了一条进入国际市场的"快车道"。临安金田化工公司在中国化工网上注册仅 3 个月就接到了外商 500 万美元的订单[43]。在化纤行业，国内 98% 的化纤原料生产企业和 70% 的化纤生产企业加盟了中国化纤信息网[44]。依托绍兴轻纺科技中心的中国纺织网在 2000 年就已经建起了全球最大的面料花型库，收录了 3 万多种花型，为企业提供设计参考[45]。

浙江 B2B 行业网站的蓬勃发展，近因可能是地处东部临海、毗邻上海，互联网普及率较高；远因则应该归功于浙江庞大的市场资源和浙江人古而有之的经商意识。

浙商素以眼光准、反应快、思路多、接地气、"闷声发大财"著称，这些特点也体现在了浙江的电商群上。2000年，在众多面向消费者的门户网站尚未摸索到盈利模式时，浙江行业网站大多盈利良好。开发中国化工网、中国纺织网的浙江网盛科技股份有限公司后来于2006年在深交所挂牌上市，成为"中国互联网第一股"[46]。包括阿里巴巴在其起步阶段提供的也是B2B的信息交换，与浙江行业网站的思路是一脉相承的。

相比之下，面向个人消费者的门户和电商网站则玩着另一个游戏。继中华网与三大门户（搜狐、网易和新浪）在纳斯达克上市以后，2000年3月，李嘉诚在香港创业板将TOM挂牌上市，股价很快攀升至15.35港元，公司市值超过300亿港元[47]。当时国内对电子商务前景一片乐观，似乎只要吸引到足够的用户眼球，就能在资本市场上获得回报。为了快速获得流量，此时市场上已经乱象频现。例如，雅宝竞价交易网举办的抽奖活动，每月送出总值近100万元的奖品，其中包括价值7万元的"都市贝贝"汽车6部[48]。中华网董事会主席叶克勇的儿子叶仁浩创办了一家名为"多来米"的网站，在短短几个月里收购了国内前20家最有影响的个人网站中的15家，将日访问量冲到了400万，并声称要赶超新浪、搜狐，还计划下半年在香港上市[49]。

初生的B2C电商网站将资本市场的乐观情绪传递给了消费者，营造出一番电商盛世即将到来的景象。在1999年10家主流媒体联合主办的"72小时网络生存测试"中，第一代著名网友、网名为"老榕"的王峻涛成立的8848成为北京受试者访问和订货最多的电商平台，8848的购物袋连续几天出现在央视2台的黄金时间。由此，8848名声大噪，在2000年初单月销售额突破千万元人民币，销售的商品达到16大类、数万个品种。5年后，即使增加了几十倍的网民数量，卓越网的全年销售额也只有1.8亿，由此可见当年8848的销售能力之强[50]。

正当中国网民感到电商时代已经近在眼前时，2000年3月13日，纳斯达克指数突然暴跌，37天内从5 048点下跌至3 321点，跌幅32%。到2001年4月14日，纳指跌至1 638点，跌幅68%，一年中使美国社会财富损失5万亿美元[51]。中国互联网的整个乐观环境大受打击，8848也因为错过了股市向好的时间节点，没能成功上市，并由此走向没落。中国B2C电商的再次崛起，要等到3年后的"非典"给淘宝和京东创造历史机遇了。

即使在暗淡的市场环境中，面向消费者的电子商务也还是看到了一线曙光。看到8848的前车之鉴，卓越网选择了与"亚马逊模式"不同的精品路线，只卖少量"爆款"商品。2000年7月，周星驰的《大话西游》突然走红，卓越网搞起了《大话西游》上下两部剧仅 4 元的促销活动，相当于每张光碟只要 1 元。4 元一套的《大话西游》卖了 1.2 万套以上，换得营销上的成功。同年 8 月，《东京爱情故事》在
卓越网一个月的销量相当于北京音像批发中心两个月的总进货量。12 月，卓越网日营业额突破 25 万元 [47]。另一家网上书店——当当网在 2000 年 3 月达到日均营业额 12 万元，并于 4 月获得软银 2000 万美元投资 [52]。图书及音像制品因为产品标准、易于传播、物流成本低等特点，天生适合电子商务。美国的亚马逊靠卖书起家，中国的当当网和

卓网也首先从图书音像制品找到了个人消费电商的切入点。

边学边干，中国 IT 企业快马加鞭

快速崛起的中国的 IT 行业在各方面都处于追赶者的位置，无论产品、技术还是管理，有许多需要向欧美企业学习的地方。以 ERP 为例，在整个 20 世纪 90 年代，是 SAP、Oracle 等外国企业在中国市场引领了 ERP 的潮流。SAP 于 1994 年进入中国，与国内 200 余家企业合作，赢得了联想、康佳、海尔、小天鹅、浙江电力等一批率先实施 ERP 的企业客户 [53]。

为了快速拓展和占领市场，这些国际企业多采用合作分销的模式打造行业生态，例如 Oracle 在 2000 年时全国合作伙伴包括 6 家增值分销商、72 家独立软件开发商、13 家独立软件销售商、3 家应用软件合作伙伴、180 家授权分销商和 4 家授权培训中心，他们共同构成了基于 Oracle 技术和产品的全国性市场开拓、系统集成、增值开发与技术服务体系 [54]。这些本土企业有自己的长远目标，与国际产品大厂的合作是他们建设团队、培养能力、进入市场的一步。而且产品厂商为了保障服务质量，也会帮助合作伙伴建设能力，甚至要求合作伙伴派出专职人员与自己的团队一同工作，掌握售前、交付、运维等关键环节的技术。众多国内企业从分销商、独立软件开发商起步，快速积累了领域、技术、管理能力，培养了一大批企业软件人才，一些企业还逐渐积累出了自己的行业产品。

同时，国内软件厂商也在抓住机遇快速发展。例如，联想因应电子商务的浪潮，在企业信息化建设、电子商务应用、电子商务服务等领域不断推出适用的产品和方案[55]。用友连续推出基于 Web 和 Java 技术的财务管理软件、ERP 乃至企业信息化服务全面解决方案，并在 2001 年成为首家在 A 股上市的私营软件企业[56]。尤其在政府信息化领域，"国发 18 号文"明确要求：国家投资的重大工程和重点应用系统，应优先由国内企业承担，在同等性能价格比条件下应优先采用国产软件系统。这就给国内厂商创造了难得的发展机遇。例如清华同方作为公安信息化"金盾工程"总体设计组成员参与了工程整体设计与实施，提供了包括全方位网络系统解决方案、公安视频监控解决方案和信息化、网络化公安业务应用系统的公安系统综合解决方案[57]。中软国际与天津泰达经济开发区合作开发了包含政府服务网上门户、开发区信息交换平台、开发区政企应用平台、开发区电子商务平台的数字化经济开发区解决方案 E-TEDA[58]。这些企业抓住了发展机遇，后来都成长为行业的中流砥柱，并为行业储备了一大批技术人才。

* * *

庄表伟买了几本关于 Java 的书抱回家，晚上独自挑灯夜读。他自己算是野路子出身，并没有系统地学习过软件开发，尤其是时下开始流行的 B/S（浏览器 / 服务器）架构，以前几乎没有接触过。在做"中国上海"这个项目时，老板认识的一个技术专家用 PHP 语言搭建了一个网站框架，团队就顺着这个框架往下做。没想到项目做得越深入，坑越多。对于当时行业里逐渐流行的 J2EE，庄表伟也有所耳闻。他这才抓紧假期时间赶快恶补一下。不过庄表伟买回来的这几本书，读起来简直味同嚼蜡。庄表伟才读了几十页就觉得眼皮发沉。他索性放下书，上网转悠一下。

打开 CSDN（Chinese Software Developer Network）网站，庄表伟注意到一本书的广告，叫《深度探索 C++ 对象模型》。最近他发现，CSDN 推荐的技术图书跟书店里常见的那些书不太一样。去年他买了一本 CSDN 推荐的《COM 原理与应用》，作者叫潘爱民，读起来一点儿也不觉得枯燥——能记住作者的名字，竟是之前读技术图书时从未有过的。仔细看过推荐《深度探索C++对象模型》的文章后，庄表伟打算改天把这本书也买回来看看。虽说现在的工作用不上C++，但看见"见识C++底层构造的技术之美"这样的句子，不禁让他对"技术之美"产生了莫大的兴趣。

此时，刘江在北京也细读着推荐《深度探索C++对象模型》这本书的文章。刘江当时是电力出版社的编辑，他对于技术图书枯燥乏味的工具书形象也早有微词，尤其是与国外一些优秀的计算机图书相比，总觉得国内的技术图书冷冰冰的，缺乏吸引力，且难辨优劣。几年前，他引进过O'Reilly的《开源软件文集》，虽然销量不太高，却让有技术根底的刘江感受到一种文化的冲击。而就在最近，一些让他有类似冲击感的图书和作译者开始在国内浮现

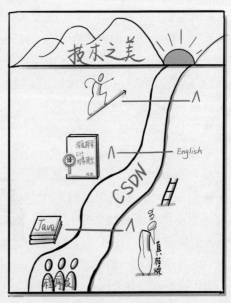

出来，翻译这本《深度探索C++对象模型》的侯捷就是其中的佼佼者。

专业技术媒体初成形

回望2000年以前，计算机编程类的专业图书跟其他理工科书籍一样，是陈列在新华书店的一个特定角落里、面向特定的一个小众读者群的。因为完全被视为功能性的工具书，这些书的可读性通常不好，编辑和读者也不太重视作译者（尤其是译者）的名气和品牌。把计算机编程的专业图书和专业作译者打造成精品，这种策划与营销的方式应该说是从华中科技大学出版社和侯捷开始的。2001年，侯捷在华中科技大学出版社连续出版了《深入浅出MFC（第二版）》《深度探索C++对象模型》《Effective C++》《Essential C++》等著译作，在业内广受关注。尤其是《深入浅出MFC》，累计销售码洋超过700万元人民币（约9万册），被评为全国优秀畅销书以及"湖北省2002年最有影响的10本书"①。《深入浅出MFC》与《深度探索C++对

① 依据互动出版网2002年发布的"IT图书人物风云榜"中周筠老师的介绍页面。

象模型》这两本书都是对底层技术的抽丝剥茧，内容艰深，且实用性并不强。这两本书的畅销，折射出的是快速成长的软件开发者群体对知识的渴求。

2000 年，全国软件行业从业人数仅 18 万人，仅仅 8 年后这个数字已经增长了10 倍[59]。快速成长的产业需要大量的人才。大量新进入这个行业的从业者对知识的需求空前高涨，催生了一批相关的专业网站和媒体，CSDN 是其中的翘楚。1999年，蒋涛和曾登高二人为了解决资料整理和查找麻烦的问题，出版了一套集合技术文档、文章、源代码、免费软件工具的《程序员大本营》光盘。在那个几乎所有人都用 56 Kbit/s 调制解调器（modem）拨号上网的年代，这样一套工具光盘很受程序员的喜爱。而 CSDN 网站起初只是为光盘销售服务的客服网站，后来逐渐发展成了中文世界最大的 IT 技术社区。2000 年 11 月，CSDN 又推出了《程序员》杂志，填补了中国 IT 技术综合刊物市场的空白。到 2007 年，CSDN 注册会员已突破 30 万人[60]。

当一名身处 2001 年的程序员手捧当年 6 月的《程序员》杂志时，他立即就会感受到这份杂志的与众不同之处。首先是它具有国际化的视野，内含 WDJ、DDJ、CUJ 等国际知名技术期刊的文章摘录。然后是它具有深入的行业视角，包括对东软批评性的报道、来自一线 CTO 对 CMM 实施障碍的观察等。接着是它具有扎实的技术根底。这期杂志中有对 Apache 内存管理机制的介绍，有对 C++ Type Traits的介绍，也有对 JAXP（Java XML 处理 API 规范）的介绍，它们都是结合行业前沿与工程实践的内容。当时国内其他行业媒体要么偏重商业、不谈技术；即使谈论技术，也多是在科研和爱好者的角度谈论具体技术点，远离工程实际。《程序员》杂志一直秉承着高处着眼、低处着手的宗旨，将商业、管理、技术、工程紧密结合，在行业媒体中开了风气之先。

尤为难得的是，《程序员》杂志始终保持着对一线 IT 从业者，尤其是对技术工作者的尊重和关怀。仍以这期被我随机选中的杂志为例，在杂志中部的重要版位，侯捷在《漫谈程序员与编程》一文中循循善诱，建议年轻的程序员远离浮躁，打好基础，劝导他们远离"毫无价值而又总是人声鼎沸的口舌之战""勿在浮沙筑高台，按部就班扎根基"，并对当时的 IT 相关专业的高校教育、出版体制提出了尖锐的批评。这种关怀程序员的立场、直言不讳的态度，使得《程序员》杂志在随后的若干年中一直是一线技术人员重要的言论阵地。

另一个引人注目的网上社区是 IBM developerWorks 网站。成立于 1999 年的developerWorks 有一支隶属于市场部的独立编辑团队。该团队除了发布与 IBM 技术和产品相关的资源，还发表大量关于开放技术，尤其是关于 Java 和 Linux 的中立文章[1]。由于 IBM 的市场经费支持，developerWorks 给国内作者开出的稿费数倍于其他行业媒体，因此积累了一批高质量的内容资源。

一些专注特定技术领域的电子杂志也在这个时期发展起来。电子杂志可以说是 2000 年前后这一特定历史时期的产物：这个时期的软件开发者大多能上网，并且日益重视从互联网上获取信息；同时这个时期的宽带尚未普及，很多人还在通过电话拨号上网，因此能离线阅读的电子杂志很受读者青睐。2001 年，由潘加宇个人建设和维护的 UMLChina 网站发布了重点关注软件需求和设计的电子杂志《非程序员》。后来该杂志共发行了 51 期，于 2005 年停刊。同样在 2001 年，尚在清华就学的王曦发布了关注 C++ 基础和面向对象设计的电子杂志《C++ View》，以效仿当时国际上颇具影响力的技术杂志《C++ Report》和《C++ Users Journal》。虽然

《C++ View》仅发行 7 期即告终止，但在其发行的这段时间里恰好与侯捷写译的一系列 C++ 深度技术图书掀起的"C++ 技术热"形成共鸣，传播的范围也很广泛。

结语

多年以后回看世纪之交，中国加入世贸组织、申奥成功，构成了一个历史的转折点。身在其时的 IT 人已经亲身感触到时代的召唤。互联网、政府信息化、企业信息化三股浪潮合力，开启了一个连续十年增长超过 50% 的中国软件黄金年代。国际大企业在概念、产品、技术等方面都有先发优势，国内厂商通过加盟分销的形式向国际大厂学习，快速积累自己的能力。对软件技术人才的渴求拉动了传播分享技术知识的出版物和在线社区的发展。十几万像庄表伟和张克强这样的软件从业者，以及像刘江这样对行业保持紧密关注的出版人，对于行业的发展既充满希望又深感迷茫。高速发展的兴奋与焦虑环绕着每个人，逼着他们奋力前行。

① 参见中国 IDC 圈上 2009 年 6 月 20 日发表的《十年智慧共享　助力创新成长——IBM developerWorks 正式发布十周年》。

对软件工程的渴望

行业的高速发展，使得从业者普遍的不成熟显露无遗。中国软件业遭遇了"软件危机"，学界和产业界都在积极探索解决办法。对于软件人才供给不足、能力偏弱的普遍状况，当时的有识之士提出的办法有两个：一是靠面向对象提高软件复用程度；二是靠软件工程降低对人才的需求。

从公司回到租住的小屋，孟岩打开电脑，拨号上网，习惯性地登录了CSDN论坛。在这里，孟岩的ID是"myan"，他是C++版和面向对象版的"大侠"。论坛里很多人在讨论问题时会请教他，甚至引用他的话语。刚考上清华的才子王曦想办一份叫《C++ View》的电子杂志，并询问孟岩的建议。畅销书《深入浅出MFC》的作者侯捷通过华中科技大学周筠编辑联络到孟岩，邀请他合译大部头的《C++标准程序库》。

孟岩在网络上声名鹊起的重要原因之一是他在2001年2月发表的一篇文章：《VC不是梦想，C++需要自由的心》。在中文世界里，他率先用"梦想""自由"这样的词汇来描述一种编程语言。把当年如日中天的微软批评为"封闭"并振臂疾呼"在我们程序员的心中，没有恺撒，我们可以把你当朋友，但是你别想做我们的主子""不自由，毋宁死"，这在当年看来是极具开创性和震撼力的观点。

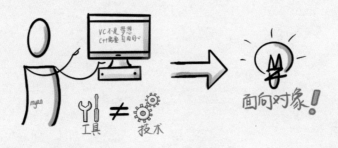

在这篇满怀浪漫主义色彩的文章中，孟岩指出了"工具"与"技术"的分野。微软的Visual Basic（VB）和Visual C++（VC）极大地简化了带有图形界面的Windows应用程序的开发，于是很多企业和程序员都趋之若鹜：企业招聘时要求掌握VC以及其使用的编程框架MFC和ATL，程序员把VC作为"梦想"。而在读研期间深入学习了C++并钻研了开源的C++标准库STL的孟岩，对于当时业界只重视单一工具、单一厂商的风气颇有微词。在他看来，掌握一种工具只是软件开发最初级的门径，在这扇大门背后还有"设计模式的精美与一致，面向模式编程范式的初现端倪，面向对象软件工程的成熟与巨大希望，TAO/ACE的庞大与精致'等'目不暇接的珍宝"。

不过正如他在文中不经意地透露出的，当他每天清晨挤上开往中关村的公交车时，孟岩会清晰地认识到"我们都还是生活在现实世界中的人，精神上的快乐不足以填饱辘辘饥肠"。孟岩研究生毕业后，在联想谋到一份工作，在刚成立不久的掌上设备事业部做开发工程师。在几乎可以代表中国IT高水平的联想，孟岩看到的是粗放的、手工作坊式的工作方法：从需求分析到系统设计，到项目管理，再到发布流程，没有一件事是有章可循的，每个人都凭着自己在学校或之前工作的有限经验尽力完成任务，靠加班解决一切困难。理想与现实的巨大反差让孟岩明白，即便学会使用先进的开发工具，掌握先进的编程语言，离顺利交付项目、开发出好的软件也还有一段很大的距离。

如何弥合这个差距，他看到的答案是面向对象。那段时间他特别推崇阅读一本书，Robert C. Martin 写的 *Designing Object Oriented C++ Applications Using The Booch Method*。在当时的孟岩看来，面向对象不仅是一种技术，更是一种涵盖了分析、设计、开发的方法。这种方法的完善与普及，能引导尚处幼年的中国软件企业和软件工程师走向成熟。

中国版本的"软件危机"

中国软件行业的"不成熟"，在更早的时候就已经被业内人士作为一个问题提了出来。早在1994年，时任电子工业部计算机司司长的杨天行就指出，我国软件产业的现状是企业规模小、人才（尤其系统分析员等顶尖人才）数量少、行业处于初创阶段[61]。到1998年，在行业发展较为领先的广东省，已经出现了较为普遍的开发费用超支、软件团队沟通困难、软件重用率低下、开发人员各自为政、任务完成时间超时、可靠性下降、系统适应能力差、软件质量得不到保证、维护困难、可移植性差、文档不健全、不能适应需求变化等现象，用户抱怨不给予签收也时有发生[62]。

中国软件业遭遇的这些困难，一个重要的原因是软件复杂度的快速上升。在复杂、多变、快速发展的竞争环境中，信息处理技术和计算机软硬件产品的更新速度加快，令从事软件领域的技术人员和管理人员都感到明显的压力。同时，软件开发的环境也已经发展成为多元化的复杂集合体，硬件平台、操作系统、开发工具、编程语言、数据库等都呈现出前所未有的多样性，使软件开发任务变得更加复杂而难以控制。且软件本身的规模也不断增大，数十万、数百万行代码的软件时有所见。所有这些因素的复杂性的快速上升，与行业现有的人才、能力、方法储备出现了明显的不匹配。到 2000 年前后，软件应用严重短缺、软件队伍结构薄弱、软件研发缺乏规范性等问题已经成为阻碍软件产业发展的绊脚石。

对于这些现象，业内人士的一种普遍解读是中国民族软件产业遭遇了"软件危机"。例如，1997 年《上海微型计算机》杂志的一篇短文称，经过市场竞争的检验，许多专家已达成共识：中国软件设计与生产的弊端在于技术环节不过关，社会化大生产尚未形成[63]。而应对软件危机的对策，则是亟须提高全行业的软件工程水平。为了理解这其中的逻辑，我们需要先了解"软件危机"这个词的来由。中国科学院软件研究所王青研究员这样描述软件危机与软件工程的关系[64]：

20 世纪 60 年代，随着第三代计算机的产生，计算机的硬件性能发生了翻天覆地的变化，运行大型的复杂软件系统已经成为可能。然而，相应的软件开发技术却难以满足大型软件系统的开发需要，因而造成：

1. 大多数大型软件开发项目的成本都超过预算，开发进度一再拖延；
2. 软件产品质量不可靠，大型软件系统存在 bug 几乎成为不可避免的问题；

3. 软件产品难以维护；

4. 软件产品的开发成本过高；

5. 软件产品开发的效率跟不上计算机硬件的发展以及用户需求的增长。

软件技术跟不上硬件技术发展而造成的诸多问题被称为"软件危机"（software crisis）。为了解决软件危机，1968 年在德国召开的国际学术会议上，北大西洋公约组织（North Atlantic Treaty Organization，NATO）的计算机科学家第一次提出了"软件工程"的概念，希望通过系统化、规范化、数量化等工程原则和方法来实现复杂软件系统的开发和维护。

按照 Webopedia 词典中的定义，软件工程是"研究如何开发大型应用系统的计算机科学学科。软件工程不仅覆盖了构建软件系统的相关技术层面问题，还包括诸如指导开发团队、安排进度以及预算等管理层面问题"。由这个定义可以看出，软件工程不仅包括编写程序代码所涉及的技术，还包括所有能够对软件开发造成影响的问题。Brooks 在 1987 年指出，不存在任何一个单一的开发技术或管理技术能够解决软件工程所面临的所有问题。因而软件工程是一个包括一系列概念、理论、模式、语言、方法以及工具的综合性学科。

这样一个大而全的一揽子解决方案，无疑给起步不久的中国软件业提供了宝贵的理论依据。突然之间，一些令从业者困扰已久的问题，似乎都可以从软件工程的缺失上找到答案。例如有人问道：一般大家认为中国人才智过人，很适合搞软件，据说硅谷软件人员中有三分之一是中国人，但是在国内中国人搞软件的智力优势却没有发挥出来，即使有几个很有名气的程序员、做了几个受到欢迎的产品（特别是中文产品），但这些产品仍处于个体户经营状态，未能形成产业。这是什么原因呢？原来是少了软件工程：如今软件已从早期的程序概念上升到软件工程的概念，必须要按工程的规范来组织开发和生产，更多地强调标准和团队协调，并需网络和工具的支持。靠个人才智打天下的时代已过去，中国软件发展必须走工程化、产业化、规范化和大团队的道路，将力量相对集中起来，将个人才智融会在群体之中，才能形成发展气势[13]。

从事后诸葛的角度来看，一个行业的发展当然要靠自我奋斗，但是也要考虑到历史的行程。中国软件业新千年前后所短缺的，并不仅仅是"如何开发大型应用系统"的方法。然而站在业内人士的角度，相比于宏观经济、国家政策、科技趋势等或许更重要的影响因素，方法论的缺失问题是从业者最有可能把控的。于是，软件工程缺失造成中国版本的"软件危机"，软件业振兴亟须软件工程，这一思路在 2000 年上下已经成为业内共识。在"软件工程"这顶大帽子之下，从业者们在积极探寻各种具体的方向。

对面向对象的美好冀望

面向对象（Object Orientation）是一种设计和开发软件的方法。在计算机技术发展的早期，Niklaus Wirth 对于"什么是程序"给出了一个明确的定义：程序 = 算法 + 数据结构[65]。面向对象方法的倡导者认为，初级水平的软件开发者会自然地用编程语言描述解决问题的过程（即"算法"），但经常会忽略被操作、处理的对象（即"数据结构"）。当系统规模增大到一定程度，这种数据与操作的脱节会给软件的编写、维护和复用带来困难。因此面向对象的倡导者们提议，应该将数据与操作放进同一个单元（即"对象"），系统的基本逻辑构建块不再是算法，而是对象。在这个理念的基础上，发展出了面向对象编程（如何使用对象和类编写程序）、面向对象设计（如何分解和建模对象）、面向对象分析（如何用对象和类的概念分析需求）等一整套软件开发实践[66]。

国内高校和科研机构在 20 世纪 90 年代就已经开始了对面向对象技术的研究。一般认为，面向对象方法突破了数据与操作的分离，较好地实现了数据的抽象和封装，体现了很好的信息隐藏特性，并以继承、消息传递等方式支持业务领域的概念抽象，因此能够提高软件的可复用性和可靠性，使软件更易理解和维护。在这些潜在收益中，"可复用性"这一条显得尤为诱人。研究者们相信，给定一个业务领域，第一个面向对象的应用程序也许会比传统的应用程序难以设计，但一旦设计出来，以后的应用程序的设计就变得相对容易，因为以前所设计的对象是可以重复利用的。并且由于大量代码来源于高度可靠的库，因此后续开发应用程序所需代码量明显减少，软件的可靠性也会提高[67]。这幅图景对于正在经历"软件危机"的从业者们而言，无疑是一个美好的应许。

不过落地到真实的软件开发活动中，情况远非如此乐观。要想在应用程序中使用别人开发的对象，应用程序的开发者也必须采用面向对象的编程技术，很多时候甚至必须使用同一种编程语言。第一次由优秀的软件设计师经历了困难的设计过程所获得的对象，后续的应用开发者使用时固然会降低一些难度，但仍然需要学会使用同样的编程语言、同样的开发工具乃至掌握相似的编程技能，对人员技能的要求不会显著降低。

也就是说，虽然面向对象的技术能通过对问题的分解更好地描述和组织系统中的复杂性，帮助软件开发者更有效地理解和开发复杂的软件系统，但其根本目的是为了使软件开发团队能够处理复杂度快速膨胀直至"超出人类智能范围"的复杂软件系统，并不一定会降低对软件开发者的技能要求[66]。而当时中国软件业面临的挑战不仅是需要越来越复杂的软件，能力过关的软件人才也相当匮乏。如果解决软件危机的必由路径是首先培养一大批具备面向对象软件开发能力的人才，听起来似乎是远水解不了近渴。

同时，C++ 等面向对象的编程语言本身也并不足以完整解答软件复用相关的各种问题[68]：如何选择和建立独立的组件？组件按什么方法组织起来？针对不同领域的特点，开发出来的软件系统能否有一个较固定、通用的结构模型？为了开发出真正可复用的软件单元，并且——更重要的是——为了大幅度降低使用这些软件单元的技能要求，一些研究者将眼光投向了组件（component，或称为构件）的概念。例如 1997 年，武汉大学软件工程国家重点实验室这样描述基于构件的软件重用技术[69]：

构件软件强调以即插即用的方式重用不同开发人员的开发成果。基于构件库及构件组合的软件重用技术可以将软件开发活动分成两大部分：一是构件的设计与开发；二是构件的管理与重用。开发构件的活动与重用构件的活动不但在时间和空间上可以互相分离，而且实施两者的主体也可以是完全不相关的开发人员。构件可以独立地进行开发，可以像软件系统那样成为独立的商品；构件的重用可以只是统一、灵活、简便地组合构件。

中科院院士杨芙清在 1998 年撰写的一篇文章里将软件的生产与机械、建筑等传统行业进行了类比。在她看来，传统产业的发展基本模式均是符合标准的零部件（构件）生产以及基于标准构件的产品生产（组装），这种模式是产业工程化、工业化的必由之路[70]。这是国内计算机学界较早将工程化、工业化理念引入软件产业的表述。与之相对的则是"各自为战，自由操刀，不管产品生命力的长短、资金的浪费"的"手工作坊模式"。

杨芙清以"传统行业"为类比对象，以工程化、工业化的模式向"手工作坊"宣战，看似逻辑严密，深究起来其实并非无可商榷之处。首先，机械、建筑等传统行业的生产过程是否是软件业最合适的喻体，在业界是有不同观点的。例如 Pete McBreen 在《软件工艺》中提出，与软件相对应的不是汽车，而是"汽车的设计方案"。软件开发的全部意义就在于解决设计中的未知因素，基于设计方案（即软件源码）进行的大批量生产只是易如反掌的复制，因此传统行业在生产过程中的经验对于软件业缺乏参考价值[71]。尽管《软件工艺》成书于 2001 年，杨芙清无从直接看到 McBreen 的论述，但与之相似的观点在更早时就有人提出，例如 Baetjer 在 1997 年就已指出"[软件的] 设计过程是一个社会性的学习过程"[72]，这与传统行业的生产过程有着显著的差别。全然忽视业界这一观点，使杨芙清的理论从一开始就有所偏颇。

另外，"传统行业"本身此时也正在浮现一些重要的新思潮。早在 20 世纪 90 年代早期，美国的研究者指出，制造业在新千年将会面临"快速、残酷与不确定的变化"，最大的挑战是将生产力不足、无法满足消费者的功能需求，转为灵活性不足、无法满足消费者对创新和定制的要求。为应对这一挑战，需要企业"非常快速地合成新的生产能力"。为达到这一效果，不仅不应该弱化，反而应该强化一线操作员工的决策权[73]。杨芙清选择用"传统行业"作为软件业的喻体，但从已发表的材料看，她对这一喻体本身的发展趋势也并不熟悉，更像是基于对"传统行业"的一种固定印象展开了论述。

杨芙清所倡导的构件理念走出高校的实验室，真正推向业界实用，还需要企业数年的努力。7 年以后，主推构件平台和构件库产品、打出"民族构件化软件"大旗的普元公司在接受《软件世界》杂志采访时声称[74]，构件化软件技术是不可逆转的发展趋势，其目的是彻底改变软件开发和生产方式，从根本上提高软件生产的效率和质量，提升企业应用系统尤其是商用系统的成功率。至于为何构件技术有这般神奇功效，下面这篇文章对杨芙清院士的理念做了更为平实的解读：

18 世纪中期，一场以机器代替手工劳动的工业革命从英国开始，工业革命最伟大的贡献是促进了生产力的发展，工厂流水线的生产效率高出手工作坊几倍甚至几百倍。直到如今，人类的生活仍然在从传统产业生产车间流水线效率的提升过程中受益，甚至以技术领先见长的软件产业也有回归传统流水线生产作业的趋势，也就是构件化。

可以看到，面对 IT 需求迅速增长、IT 人才供给不足的行业大背景，一种受到广泛关注的思路是借鉴工业化、流水线经验，将高技术含量的设计工作与低技术含量的实施工作严格分离，由少量高技术人才负责软件的设计和构件的开发，大部分低技能水平、低收入的从业者则负责使用可复用的构件进行简单的拼装，完成应用程序的实施。在这个构想中，那些大量低技能、低收入的 IT 从业者应该像制造业的工人一样，坐在生产流水线旁边，进行相当简单重复的操作。业界甚至给这一群体起好了代号：软件蓝领。

* * *

孟岩打开了自己的邮箱，看见两封邮件"躺"在收件箱里。

第一封邮件署名是"孟迎霞"。他对这个名字有印象，是《程序员》杂志社的编辑。打开邮件一看，原来是侯捷老师最近要来大陆一趟，有几家企业邀请他做培训，《程序员》杂志社借此机会给他安排了两场活动，一场是在杂志社的小范围专家研讨会，另一场是在海淀图书城举办的读者见面会。孟迎霞这封邮件就是邀请孟岩参加专家研讨会。作为与侯捷合译《C++ 标准程序库》的青年译者，他与侯老师确实有很多想要讨论的话题。

第二封邮件署名是"透明"，这让他略有些错愕。他回想起自己最近在 CSDN 论坛的 C++ 版和面向对象版和一个网名叫"透明"的人有过不少交流，知道这个人对面向对象技术颇有想法，在《非程序员》电子杂志上连续发表了好几篇关于设计模式的文章，还听说"透明"正在与清华大学出版社合作翻译一本叫《设计模式解析》的专著。不过，孟岩在与他的讨论中能感觉到此人软件开发的经验尚浅，想问题很理想化，所以孟岩猜他应该还很年轻。因此，对于他这封邮件，孟岩不禁有些好奇。

他点开邮件一看，才知道这个真名叫熊节的小伙子在大学里迷恋编程，用了大量时间在校外的软件公司兼职打工，如今学业难以为继，只好想办法找工作。孟岩又把他写和译的几篇文章拿出来看了一遍，觉得这个小伙子的文字功底确实扎实，语句通顺流畅，一个错别字都没有，加上他对技术的热情，挺适合做个技术传播者，没准未来能像侯老师一样影响一代风气也未可知。想到这儿，他又抬眼看了看前一封邮件的地址栏，按下了"转发"按钮。

为侯捷举办专家研讨会这天，熊节很兴奋，不只是因为见到了仰慕的侯老师和久闻其名不见其人的几位网友，更是因为《程序员》杂志社给了他一份技术编辑的工作。当晚熊节就给父母打电话报喜，想平复一下父母对他退学的失望情绪。没想到，他的父亲一听杂志社的名字，就给他泼了一盆冷水："《程序员》啊？我听说以后搞软件写程序都是蓝领工人，你去给蓝领工人做杂志，有没有人看哦？"

来自天竺的"软件蓝领"

印度的 IT 业，尤其是软件外包产业的高速发展，早已受到了中国同行的关注。中印两国的电子工业同时在 20 世纪 50 年代中期起步，软件业的真正发展实际都从 20 世纪 70 年代末开始。在新千年之前的十多年里，印度的软件业发展神速，不仅实现了产业化，而且实现了国际化，成为发展中国家的一枝独秀。而中国软件业则成就平平，尚属新兴、幼稚产业，除在中文信息处理技术上处于领先地位外，其他方面长期受制于人，在步入国际大市场和参与国际竞争方面几乎是一片空白 [13]。这种现状既让国内从业者痛心疾首，同时也提供了一块可供借鉴的"他山之石"。

作为一个人均收入不足 400 美元的发展中国家，印度软件产业连续数年高速增长，到 2000 年软件总产值达 82.6 亿美元，软件出口达 62 亿美元，其迅速发展之势令人震惊（作为对比，同年中国软件总产值约合 28 亿美元）。印度企业从帮助欧美企业解决 "Y2K" 问题开始，继而切入软件研发、咨询服务、数据处理等业务领域，形成了面向欧美外包的完整产业链，并培育出塔塔、InfoSys、Wipro 等全球知名的大型软件企业。这种跨越式的发展，与印度政府的政策倡导有着紧密的关系。

1986 年底，印度政府公布了 "计算机软件出口、软件开发和培训政策"，奠定了印度软件业出口发展战略的基础，开辟了软件业快速发展的新阶段。此后经过十多年的发展，印度在从业人员、企业数量及规模、研发水平、软件产品质量等方面都取得了长足的进步 [13]。尤其在人才供应方面，除了 5 所一流工程学院每年培养约 1.4 万名高级专业人才，印度还有 6 家全国性和 25 家地方性信息技术学院，每年输出超过 20 万名专业对口的毕业生 [75]。与之对比，2000 年前中国软件从业者仅有不到 20 万人，每年大学和专科学校培养软件专业人才不到 2 万人。人才供应数量级的差距，尤其是中低端工程技术人才培养机制的缺失，被认为是制约中国软件业工程化、工业化发展的重要障碍之一。

北大青鸟率先将这个行业的差距转化成了商机。1999 年，北大青鸟与印度的培训教育公司阿博泰克（APTECH）合作创立了北京阿博泰克北大青鸟信息技术有限公司，简称 "北大青鸟 APTECH"。2000 年 11 月，北大青鸟 APTECH 正式提出培养软件产业工人的理念，并首创了 "软件蓝领" 的称谓①。2001 年 3 月，时任北大青鸟 APTECH 总经理的杨明接受《北京青年报》采访时称：得益于规范的流程和系统的培训机制，印度的软件公司可以让高中生编写代码，而且能把软件整体把握得很好；大多数软件企业发展到一定程度时，需要更多的就是 "软件蓝领"，而这正是中国目前最缺少的 [76]。"软件蓝领" 的概念由此进入了大众视野。

2001 年 11 月，阿博泰克发表观点认为，"蓝领 IT 人才" 奇缺是中国软件业发展的软肋，国内软件业不仅缺乏领军人物，也缺乏 "蓝领工人" 这样的软件基本人才②。文章指出，"中国软件业人才定位不准确……程序员做了两年时间，就想做项目经理、CEO，甚至开一家公司"，并认为这种现象 "浪费了资金、时间和程

---

① 参见北大青鸟网站 "发展历程" 中的 "公司大事记"。

② 参见人民网在 2001 年 12 月 24 日发表的《两年程序员就要作 CEO 中国奇缺蓝领 IT 人才？》：http://www.people.com.cn/GB/shenghuo/78/1933/20011224/633551.html。

序员的青春，企业永远做不大"。文章的作者认为，"软件企业分工的概念很明确，要求软件人才干一行，爱一行，钻一行"，尤其是程序员应该"踏踏实实地工作"，既不需要接触需求来源（文中认为与客户的接触是对程序员的"外界干扰"），也不需要提出创新性的解决方案（文中所用的词是"非分之想"），应该稳定而服从地扮演软件生产线上"蓝领工人"的角色。

而供需关系的另一端，"软件蓝领"的概念触发了掌握软件开发技术的程序员群体本能的反弹。很多程序员认为，程序员是软件企业中的尖端、高技术人才，而不是简单、重复、程式化的蓝领劳动力[77]。起初这类讨论主要发生在互联网上，随后引起了主流媒体的注意。《光明日报》在介绍这场讨论时，提及了网友对程序员职业的认知，尤其是软件开发工作需要创新和挑战自我、对知识和技能要求高、人才升级淘汰快等特征[78]。这些特征显然与一般意义上的蓝领工人有很大差别。

与此同时，对于软件开发工业化、软件人才蓝领化是否必然是产业发展的必然趋势，行业也并无共识。例如北京大学信息科学技术学院、中国载人飞船工程软件专家组何新贵表示，中国软件业在技术方面短缺的是"软件系统分析员"和"高级软件设计师"，软件蓝领不是问题[79]。中科院研究生院软件学院等单位则认为，"软件蓝领人才论"是一种对国内软件产业发展和个人职业生涯发展不负责任的理论，不应该为了一两个培训产品的商业目的，来制造不适合中国国情的软件人才培养理论，推广不利于中国软件产业发展的教育模式。软件职业技术教育必须根植于高等教育，而不能游离在外[80]。

反观提出"软件蓝领"概念的北大青鸟 APTECH，我们会看到，除了"培训产品的商业目的"，这家公司看待软件业的发展方向有其一以贯之的观点。北大青鸟的创始人、董事长杨芙清早在 20 世纪 80 年代就开始致力于软件工程支撑环境

的研发[81]，后来又将注意力投入到软件复用和构件技术上[82]，其目的始终都是为软件生产工业化、软件人才蓝领化奠定基础，尤其是通过工具或构件的支持，降低甚至消除对编程技能的依赖。北大青鸟与阿博泰克联合在全国开展软件蓝领培训，背后隐含的逻辑是作为支撑的工具或构件技术能同时发展成熟，否则在高端人才极为欠缺的情况下，单凭数十万软件蓝领，根本无法推动行业的发展。

然而，不论什么原因，以杨芙清主持研发的青鸟系统为代表的软件工程支撑环境和构件技术并未在世纪之交成为业界主流。除了少数政府和国企信息化项目，青鸟系统实际应用的案例乏善可陈。于是北大青鸟 APTECH 掀起的软件蓝领培训浪潮给行业带来了一个新的问题：用什么方式快速、大范围地降低软件开发的难度和技能要求，使软件蓝领能够大量投入软件生产？这次行业找到的答案是能力成熟度模型（CMM）。

* * *

从侯捷的读者见面会回来，孟岩兴奋了小半天，又接着投入自己的工作中。听同事们风传，最近联想软件事业部邀请了英国的咨询公司，正在为通过 CMM 评估认证做准备。一心钻研技术的孟岩对 CMM 了解不多，跟同事们闲聊几句，才听说其是针对软件工程能力成熟度的认证。回到自己的座位上，孟岩不禁思忖：虽然不知道软件事业部的情况，不过从手机部门来看，公司的软件工程能力确实挺不成熟的。

首先要考虑的是需求问题。分派开发任务的时候，项目经理告诉孟岩和其他开发人员的只有一个相当模糊的方向，到底要做成什么样，接下来几乎全都靠他们自己摸索。孟岩领到的任务是把 STL 移植到手机操作系统上，这是一个纯技术性的任务，还算比较清晰，但是究竟移植多少个类、多少个函数，要达到什么兼容水平，没人明确说过。做功能实现的同事就更麻烦，经常接到一个不清不楚的需求，辛辛苦苦做了几个星期，突然领导一句话又整个推翻。需求模糊，项目进度自然也无法管理得很清晰，每次发布节点前的加班是家常便饭。

其次，对于开发团队自己的工程实践，孟岩也颇有微词。项目组里的几个开发人员都是刚进公司不久的年轻人，在没有认真培训过版本管理工具的情况下就上岗开发，大家还是像大学时在实验室写程序一样，在一台服务器上建个共享目录，然后把各自的代码复制到一起，文件复制错误、文件覆盖等情况经常发生。功能做完后，开发人员就自己简单测试几下，未检查到的程序错误层出不穷。孟岩觉得，如果继续采用这种开发方式开发规模更大的软件确实很吃力，要是能借公司完成 CMM 认证的机会把软件工程能力提升一下，也算是件好事。

CMM 适逢其时

国务院于 2000 年 6 月印发的《鼓励软件产业和集成电路产业发展的若干政策》（简称"国发 18 号文"）明确鼓励软件产业的 3 个市场方向：第四章提出支持开发重大共性软件和基础软件，第五章提出支持软件产品（含软件外包加工）出口，第八章提出国家投资的重大工程和重点应用系统，应优先由国内企业承担。这 3 个方向中，重大共性软件和基础软件（主要包括操作系统、大型数据库管理系统、网络平台、开发平台、信息安全、嵌入式系统、大型应用软件系统等）对技术积累要求高，只有少数与科研院所紧密结合的核心企业有能力承担。大部分国内软件企业享受到的政策是后两者。再细看后两个方向的政策，第八章只是把软件政府采购的"蛋糕"预留给国内企业、国产软件，企业是否能吃到这块蛋糕还是得靠自己打拼；而第五章里则有一条政策，它是不用竞标、不用做软件也能享受的：

第十七条　鼓励软件出口型企业通过 GB/T 19000-ISO 9000 系列质量保证体系认证和 CMM（能力成熟度模型）认证。其认证费用通过中央外贸发展基金适当予以支持。

基于这项政策，各地政府相继出台了具体的支持政策。例如北京市由科委牵头，协同外经贸部共同拿出 700 万元奖金，专款专用，支持企业做 CMM 工作，对每家通过 CMM 的企业奖励 30 万元，目标是到 2002 年有 20 家企业通过 CMM2 级以上评估 [83]。随后几年，类似的政策在全国各地到处开花，并且补贴力度不断加大。据一份网上流传甚广的汇总材料显示，截至 2006 年，CMM5 级认证在多地都可获得 50 万元政策补助，河北省的补助力度达到 80 万元，杭州市高新区的补助更是高达 100 万元①。2006 年 9 月，商务部发文规定服

① 参见亚远景科技官方网站上发布的政策指南中的"CMMI 政策补助"。

对软件工程的渴望

务外包企业取得 CMM 认证后可申请的"开拓资金"奖励原则上不超过认证费用的 50%，最高不超过 50 万元[①]，相当于确认了"2-3-4-5"（2 级认证奖励 20 万元、3 级认证奖励 30 万元、4 级认证奖励 40 万元、5 级认证奖励 50 万元）的补助"行规"。

在改革开放的进程中，政府补贴重点产业发展的案例屡见不鲜，但通常的政策补贴至少要求企业实际拿出产品和产值。例如政策鼓励出口创汇，企业至少要卖出产品、拿到外汇，才能获得退税和补贴。像"国发 18 号文"第五章第十七条这样，不依托于实际项目或产品，不对企业生产经营活动提要求，纯粹以提升企业能力为目标的政策补贴放在整个改革开放的经济史中都是罕见的。我们不禁好奇，这个"能力成熟度模型"究竟是什么，政府寄望于靠这个认证来提升软件行业哪方面能力？

CMM（能力成熟度模型）是卡耐基梅隆大学的软件工程研究所（Software Engineering Institute，SEI）于 1987 年应美国联邦政府的要求而研制的一种用于评价软件承制方能力的方法，当时它直接要解决的问题是美国军方采购的软件项目严重超期、超预算，是军用软件开发中的管理问题。解决这个问题的方法，则是通过软件过程评估，全面了解软件项目承包方在计划、设计、管理软件开发和维护的过程中采用哪些实践。CMM 认为，软件组织只要在过程中遵循成熟的最佳实践，就能够提高其能力，以满足成本、进度计划、功能及产品质量等目标。基于这个出发点，CMM 将软件组织的过程能力按照成熟度分为以下 5 个级别。

1. 初始级。这个级别的软件开发组织一般不能提供开发和维护软件的稳定环境，软件项目的成功依赖于具有较高能力的个人和少数精英分子。

2. 可重复级。软件开发组织已建立管理软件项目的策略和实施这些策略的规程，过程是有纪律的。

3. 已定义级。软件开发组织用于开发和维护软件的标准过程文档化，由负责组织过程活动的小组（如软件工程过程组，即 SEPG）保证全体人员和负责人具备所需的知识和技能。

4. 已管理级。组织为软件产品和过程设定许多定量的质量目标，对所有项目的关键软件过程活动进行生产率和质量测量。

---

① 参见中华人民共和国商务部办公厅 2006 年 11 月 29 日发布的《商务部关于做好服务外包"千百十工程"企业认证和市场开拓有关工作的通知》: http://www.mofcom.gov.cn/aarticle/b/g/200611/20061103891406.html。

5. 优化级。整个组织强调渐进的过程改进，有效地主动确定软件过程的优势和薄弱环节，并预先加强防范。[84]

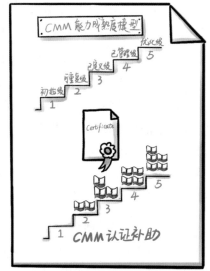

可以看到，CMM 在其诞生和成长的过程中受到了美国军队文化很重的影响。这个模型有一个基本假设：参与软件开发的个体都是能力水平一般的普通人，是否能遵循规范流程和最佳实践决定了团队的能力和产品的水平。这套暗合于泰勒制科学管理思想的方法，极大地降低了发包方（尤其是美国军方）挑选和管控承包商的难度。当美国企业开始大量向印度外包软件开发和服务工作时，这套方法又完美契合了印度国情：大量快速培训的从业人员只具备基本技能，远在地球另一端的发包方只能靠流程和管理保证交付的进度和质量。在中国面临行业高速发展、人才极度短缺的挑战，印度这套"快速培训 + 流程规范"的方式已经经过了实践检验，再加上咨询公司的推波助澜，CMM 就顺理成章地被写入了"国发 18 号文"，成了政府扶植软件产业最直接的办法。

更具体地说，如果把当时基本处于原始自发状态、小作坊式工作的中国软件业拿来评估，大多数企业应该都处于 CMM1 级（即"初始级"）的状态：销售拍胸脯接项目，团队靠个人战斗力和加班拼交付，项目能不能成功全看几个核心骨干能不能投入。对这样的企业而言，CMM2 级（即"可重复级"）提出了明确的关键过程域。

- 需求管理：在客户和解决客户需求的软件项目之间，建立对客户需求的共同理解。
- 软件项目计划：制订实施软件工程与管理软件项目的合理的计划。
- 软件项目跟踪和监督：随时掌握软件项目的实际开发过程，当项目的执行情况与计划相背离时，管理部门能采取有效的措施。
- 软件分包合同管理：选择高质量的软件分承制方，并进行有效的管理。
- 软件质量保证：为管理者提供有关软件项目的过程和产品的适度可见性。
- 软件配置管理：保证软件项目生成的产品在软件生命周期中的完整性。

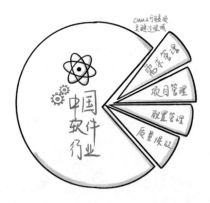

在这几个关键过程域中，分包合同管理通常由甲方来实施，剩下的需求管理、项目管理（含"项目计划"和"项目跟踪和监督"）、配置管理、质量保证这四大领域，就是当时的中国软件业短缺的过程能力，也是政府想通过补贴CMM认证填补的主要缺口。

＊　＊　＊

　　孟迎霞收到丛斌的一封邮件，邀请她去采访一位号称"CMM 始祖"的外国专家 Ronald Radice。自从 2001 年在软件行业协会举办的一次研讨会上接触到 CMM，孟迎霞就一直跟踪报道 CMM 在国内的发展动向，也会邀请相关的专家在《程序员》杂志上撰文做深度分析。恰好此时力友和、JBM 等咨询公司在北京积极开拓业务，也很有热情与媒体打交道，这给孟迎霞的工作提供了不少便利。经过一年多的跟踪报道，《程序员》成了国内对 CMM 报道全面且具有深度的期刊，孟迎霞也成了 IT 传媒圈里小有名气的"CMM 专家"。当 JBM 牵线介绍外国专家来中国讲课时，这家咨询公司的总裁丛斌第一时间邀请她来采访 Radice 博士。

　　Ronald Radice 是一位满头银发的老者，态度谦和，握手时自称"Ron"。孟迎霞与 Ron 简单寒暄之后，双方的交流主要通过丛斌来翻译。翻译 Ron 的话时，丛斌还会加上自己的解释和延伸，帮助现场记者理解。谈到软件企业的管理问题，丛斌帮 Ron 翻译道：

　　"现在有些程序员写不出非常好的程序，原因可能是管理问题，他们处在很大的压力之下，没有足够的支持，又被要求在很短的时间做完。这就像饭店的厨师，要求他很快做好菜，但佐料不全，且厨房环境又很混乱。虽然他也很希望做出一道好菜，但确实很难迅速完成。"

这个比喻形象生动，几位记者听了频频点头。孟迎霞一边在小本上做着记录，一边回想 Ron 的话。

大干快上，中国特色的 CMM 认证

中国最早实施 CMM 的可能是摩托罗拉，他们早在 1996 年就通过了 CMM3 级认证。首家通过认证的本土企业是 IBM 和清华同方合资成立的北京鼎新信息系统开发有限公司。这家公司于 1999 年 7 月通过了 CMM2 级认证[83]。紧随其后，东软于 2000 年和 2001 年先后通过 CMM2 级和 3 级评估认证[85]。2001 年 1 月，联想软件通过 CMM2 级认证[86]，翌年 1 月又轻松通过了 CMM3 级认证①。2002 年 6 月，用友通过 CMM3 级评估。

此时 CMM 在国内已经有了很高的热度，不仅大型企业，中小型软件企业也趋之若鹜。仅 2002 年上半年，北京已经召开了几次数百人规模的 CMM 评估研讨会，每次场面都非常火爆[87]。截至 2002 年 2 月，全国通过 CMM 各级认证的软件企业（含华为印度研究所在内）共 12 家[83]；到 2003 年 3 月，全国已有 47 家软件企业通过 CMM 认证，其中通过 2 级的有 32 家，3 级的有 9 家，4 级的有 2 家，5 级的有 4 家，实施 CMM 认证的企业比例已高于世界平均水平②。企业对 CMM 认证的热

---

① 参见人民网 2002 年 3 月 20 日发布的"联想软件通过 CMM3 级认证"：http://www.people.com.cn/GB/it/306/7697/7724/20020320/691219.html。

② 参见高改芳于 2003 年 5 月 11 日在新浪科技上发表的《中国软件企业遭遇 CMM 认证陷阱》。

对软件工程的渴望

情高涨，固然有想提升能力、开拓市场的内因驱动，但这股热情与相关补贴政策在时间上的高度一致，足以表明政府对软件产业、软件外包，尤其是对 CMM 认证的鼓励和扶持才是推动大批企业搞 CMM、做认证的直接动力。

从事 CMM 认证评估和辅导的咨询公司是这股浪潮的另一个推手。JBM 于 2002 年 1 月邀请 Ronald Radice 博士访华，主持举办了国内首次 CMM 主任评估师培训班。在 20 世纪 80 年代，Ronald Radice 博士曾在 Watts Humphrey 的带领下，参与将全面质量管理的成熟度网格框架应用于软件过程；后来 Humphrey 将这个成熟度框架带到 SEI，成为 CMM 的基础[84]。Ronald Radice 本人在 CMM 的创造过程中仅起过间接的辅助作用，其后的学术生涯也成果寥寥。然而在 JBM 的包装下，Ronald Radice 成了"CMM 主要创始人之一"、在印度家喻户晓的"CMM 始祖"[83]。据说由于 Ronald Radice 对印度软件业的巨大贡献，印度总理曾专门接见他，但我没有找到任何关于这次接见的文字记录。

对 Ronald Radice 博士的炒作就像整个 CMM 热潮的缩影：在国外并非毫无争议甚至并非绝对主流的事物，被利益相关的企业包装成高大上的形象，引入中国接受顶礼膜拜。在互联网尚不那么发达、从业者普遍没有直接阅读英文材料的习惯，尤其是中国人容易盲目信任"外来的和尚"的年代，出现这样一股热潮也并不奇怪。

被政府补贴和企业炒作而快速升温的 CMM 认证市场很快出现了种种怪相。SEI 中国办公室主任 Chuck Song 说："如果一个企业仅用一年多就从 2 级蹦到 5 级，在美国是没有人会相信的。"但这件事在中国发生了不止一次。据《21 世纪经济报道》的文章所述，大连海辉科技股份有限公司和东软软件产业集团都在很短的时间里通过了 CMM5 级认证。其中大连海辉认为，自己实施进程快，是因为企业之前经过了 ISO 9000 认证，技术基础好。这个解释是否合理姑且不论，但另一个事实却不容忽视：目前从事 CMM 认证的商业机构违背认证的"第三方"原则，即几乎所有的商业公司都是聘请主任评估师为企业提供咨询服务，之后由该主任评估师完成评估。甚至有些商业公司将相关政府机构或者受政府机构委托从事奖励政策管理的管理人员作为合伙人，于是咨询、评估、政策补贴就成了一条完整的利益输送链。这种猜疑绝非空穴来风，实际上某些企业在 CMM 认证过程中的弄虚作假、评估师受贿等问题已经引起了 SEI 的关注①。

———————

① 参见高改芳于 2003 年 5 月 11 日在新浪科技上发表的《中国软件企业遭遇 CMM 认证陷阱》。

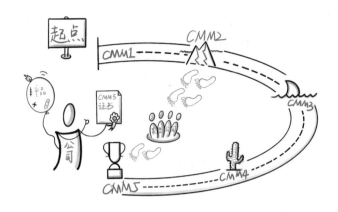

客观评价 CMM 对行业发展的意义

靠政策推动产业发展的过程中难免会有鱼龙混杂、泥沙俱下的情况发生，历史研究者或许不应该对某些企业的某些行为过于吹毛求疵。站在行业发展的角度，更值得关注的问题可能是：当政策补贴驱动的认证热潮退去，当初想要提高的行业能力是否得到了切实的提升？行业的竞争力是否得到了整体升级？

将时光机快进到十余年后，到 2016 年，受访的国内企业中，有 77% 的企业采用了某种明确的软件开发流程，98% 的企业使用了版本管理工具，70% 的企业使用了bug 跟踪工具，至少 64% 的企业使用了需求管理和项目管理工具；开发者中有 63% 的开发者会进行代码审查，44% 的开发者会进行代码静态检查[①]。可以看到，当初政府和行业想要通过 CMM 弥补的需求管理、项目管理、配置管理、质量保证四大领域的能力，此时在行业中已经得到了大面积的普及。即便考虑到受访者可能高估了自身能力，他们在这些领域的实践水平仍有差距，这个数据至少表明，企业对于这几个软件工程领域的重要性已经有了毋庸置疑的广泛共识。从这个角度来说，始于世

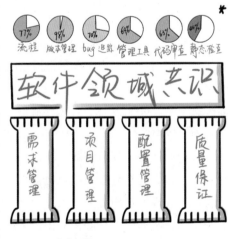

① 参见 CSDN 发布的《2016 年度中国软件开发者白皮书》。

纪之交的对软件工程的重视、宣传和扶持肯定是起到了长期的、潜移默化的作用。

但在这十多年的时间里，围绕着 CMM 的争议一直没有消散。首先，CMM 评估只针对有限的几个项目组进行，鉴于主任评估师兼任咨询师，对评估对象的选择显然不可能是随机取样，而必然是选择企业与咨询公司共同精选、培植甚至"包装"出来的明星团队。而对于某些规模已达数千人的大企业，只有几支小团队通过认证，对整个企业的软件工程能力有多大的代表意义，是存疑的。

据说，2006 年，某通过 CMM5 级认证的本土软件企业，其很多项目在基础的配置管理实践上仍存在很大问题，根本达不到 CMM2 级的要求。甚至晚至 2009 年，在该企业的一支重要产品团队中，软件产品的发布版本的管理完全混乱无序，Subversion 代码库中有数千个分支，每次需要向某一客户交付上线版本时，配置管理员必须与几个模块团队的骨干开发人员逐一核对应该集成哪个分支，而开发人员对于 Subversion 的功能普遍缺乏了解。CMM2 级认为软件配置管理有 4 个主要目标：配置管理活动有计划，软件工作产品有标识，软件工作产品更改受控，团队和个人及时了解软件基线状态和内容[84]。上述团队的日常软件开发活动很难体现这 4 个主要目标。

再以质量保证过程域为例，一般认为软件测试包括单元测试、集成测试、系统测试、验收测试等环节，每个环节的测试动作有其针对的潜在质量风险[88]。但在上述团队中，由于交付压力大、需求变化频繁（这又涉及需求管理和项目管理两个过程域的问题），开发人员经常不做单元测试，或者用不包含断言的"空测试"应付流程，存量的单元测试用例也因为疏于维护而大量失败，实际上无法起到质量保证的效果。真正的质量保证几乎完全依靠测试人员手工测试，测试的类型也以效率低、复杂度高的系统测试为主。从质量保证的角度，该团队的实践与 CMM2 级描述的状态也有明显的差距。

鉴于这家在业界赫赫有名的企业尚且普遍存在上述情况，笔者大胆推测，当初通过 CMM2 级甚至更高级别认证的一些企业实际的软件工程能力水平并未达到 CMM2 级的要求。尽管当时行业中一大批企业通过了 CMM 认证，从名义上已经具备了软件工程能力，但实际上 CMM 认证的热潮对于业界软件工程能力的提升的直接效果并不明显，更多只是起到了软件工程思想启蒙的作用。在这股张力的作用下，整个 IT 行业一定程度上出现了软件工程能力名不符实和"说时有用时无"的情况：名义上规范、制度都齐备，但实际项目运作还是"手工作坊"的形式。在后来很多年中，这种情况一直困扰着业内众多的企业、团队和个人。

结语

软件的旺盛需求与软件人才的相对短缺之间的矛盾会造成"软件危机"，使软件的开发效率、成本、质量都出现严重问题。这一现象在 20 世纪 60 年代的美国发生过，在世纪之交的中国也发生了。学界研究者以史为鉴，通过学习 1968 年 NATO 会议的经验认为软件产业工程化、工业化是解决这一危机的钥匙。政府在制定产业政策时，将视线投向了近邻印度，拿出真金白银鼓励软件外包出口创汇。在与印度软件业有着千丝万缕联系的培训公司和咨询公司的共同努力下，"软件蓝领"和 CMM 成了应对中国版"软件危机"的答案。

然而中国版"软件危机"毕竟与美国和印度不同。中国的这一代程序员相比他们的印度同行有更多的诉求，他们强烈反抗"软件蓝领"这个称谓，并把自己的声音传播到了《光明日报》这样的主流媒体上。中国的这一代软件企业也比他们的印度同行更加灵活，在最短时间内形成了利益输送链，用最便捷的方式拿到了 CMM 认证和政府补贴。在这样一个极具中国特色的氛围里，"软件工程"这个概念在行业中得到了普及，同时也给从业者留下了复杂而微妙的印象。而行业亟须的需求管理、项目管理、配置管理、质量保证四大能力，即便在那些高挂着 CMM 证书的企业，也仍然等待着建立和提高。

敏捷的传入

当中国软件业满腔热情地向往"工业化""工程化"愿景，美国的制造业却在着眼快速、残酷与不确定的变化。对灵活性、响应性的追求，促成了敏捷在美国的诞生。万里之外的中国，也有一批年轻的IT从业者，受困于软件工程不能有效解决他们的实际问题，开始关注到敏捷，并在很短的时间里翻译引进了敏捷的主要基础著作。

为侯捷举办的专家研讨会在《程序员》杂志社的二层小楼里进行。这是2001年10月，经营着CSDN网站和《程序员》杂志的百联美达美公司总共也只有20来人。控股的百联集团在位于北京亚运村西侧的利康饭店租了一栋独立的小楼，美达美和另一家公司共同在这里办公。这年夏天，北京成功申办2008年奥运会，利康饭店所在的这个位置正是2008年奥运村的核心区域。7年以后，这栋有些老旧的二层小楼将不复存在，在同一地点矗立着的将是被称为"鸟巢"的国家体育场。

第一次参加这种专家研讨会，旁听大家的发言，熊节感到有些费力，又非常兴奋。除侯捷与孟岩等人围绕C++的讨论让他大感兴趣，来自上海的王昕也带来了一些新鲜的话题。王昕在CSDN论坛的账号是"cber"，他平日里在论坛的发言相当尖锐，而且每每能跳出技术的框子，从业务和管理的角度给讨论引入一些新的观点。这天，他跟熊节聊的话题就不完全是技术性的。

"你听说过'Refactoring'吗？"

"没有，"熊节连连摇头，"那是什么？"

"Refactoring是一种写出高质量代码的方法。你之前不是翻译过一系列关于设计模式的文章嘛？你看啊，设计模式社区的思路是，你先想好应该用哪些模式，然后照着模式的实现方式写出来，你的代码就是高内聚、低耦合的。但是难就难在'先想好'对吧？"

熊节点头。如何在开始编码之前先想好应该如何设计，这是他一直感到困惑的一个点。之前孟岩与他讨论时曾经提醒他，"尽管当前软件界里几乎所有的人都为设计模式叫好，不过对于软件工程的发展方向，还是有不少批评意见的"。但这些批评意见是什么以及对他熟悉的编程工作会产生什么影响，他并不了解。

"简单地说，'Refactoring'这种技术，让你可以随时调整代码的结构，"王昕解释道，"把质量不好的代码修改好，在开发的过程中引入设计模式，那么你就不用担心一开始的设计做得不到位，可以一边编码一边完善设计。"

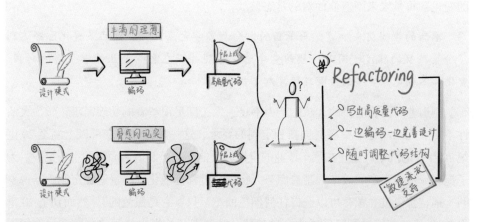

"现在国外有一个软件工程流派很重视这项技术,"孟岩也加入这个讨论中,"因为有了在开发过程中调整设计的能力,才有可能降低前期设计的投入,否则软件开发的技术含量就必然在前期设计,开发必然不被重视。这个流派叫'敏捷',你有空可以看看。"

制造业语境中的敏捷

处于世纪之交时,中国软件业的主流认为"工业化、工程化"、对软件研发过程的严格控制、少量精英设计者与大量"软件蓝领"的组合等借鉴自制造业的经验,是软件业发展的方向。正如 McBreen 在《软件工艺》中所指出的,软件"工程"本身是一个比喻:将制造业的工程方法作为喻体,指向新生的、人们尚不熟悉的软件研发。以实体的汽车、路桥喻虚拟的软件,这个比喻是否贴切暂且不论,时人对制造业的"工程"这个喻体的运用,大体上是基于弗里德里克·泰勒于 19 世纪末提出的"科学管理"理论,即少数精英负责制定标准的工作流程,大量蓝领工人不加思考、不打折扣地执行工作流程。当中国软件业乐此不疲地在科学管理的意义上使用"工程"这个喻体,在制造业的语境下,工程理论和方法正在悄然发生着变化。

更早几年前,美国的工业界对于制造业本身应该如何发展已经有了新的思考。1991 年,在美国国防部的资助下,里海大学亚科卡学院撰写了一份题为《21 世纪美国制造业战略》的报告,对制造业在新千年将遭遇的挑战和应对办法做了前瞻性的论述。在这篇报告及后续的著作中,这批研究者指出"快速、残酷与不确定的变化"将是未来制造业面对的常态挑战：

革新的步伐仍在加速，而革新的方向却常常无法预测。产品多样化已经达到了纷繁缭乱的程度，同时，模仿竞争迅速出现并正在影响企业能够获得的利润。变化和不确定性主宰的经营环境发起了挑战。[73]

制造业所面临的挑战，从生产力不足、无法满足消费者的功能需求，转为灵活性不足、无法满足消费者对创新和定制的要求，这一趋势的转变可以上溯至 20 世纪 70 年代的汽车产业。在汽车产业的早期，产能不足是制造商面临的主要挑战。为了提高流水线生产的效率，制造商努力将生产过程标准化，尽量避免定制。据说亨利·福特曾说过"顾客可以选择任何颜色的车，只要它是黑色的"。然而到了 20 世纪 70 年代，产能过剩已经成为全球趋势，消费者开始提出各种定制需求：他们不仅想要各种颜色，甚至还想定制汽车的各种配置和配件。在丰田的竞争下，以大规模、标准化为特色的"福特制"生产方法明显地呈现出难以适应以个性化、多样化和快速发展为特点的市场环境。从汽车工业开始，美国的制造业逐渐意识到了市场风向的转变，逐渐转向了重视小批量、灵活性的"后福特制"生产方法[89]。

时至 20 世纪 90 年代，科技，尤其是信息技术的发展，以及全球化的深入，日益强化了商业环境的不确定性。全球市场正在从大量市场产品和服务标准化、寿命期长、信息含量少、在一次性交易中完成交换的竞争环境，向产品和服务个性化、寿命期短、信息含量大、顾客基础不断变化的竞争环境转变。应对这一趋势，研究者们提出的对策是"灵捷"（agile）：[73]

灵捷就是关于企业如何在一个动荡的、竞争激烈的经营环境中获得利润。灵捷竞争要求产品和服务的开发、生产和分销以顾客价值为中心……成功的灵捷企业获得大量的对顾客的个人认识，并定期广泛地与他们展开交流。

一个成功的灵捷企业，它的生产运营、组织结构、管理思想、人员需求及技术投资都是由这些顾客机会中心型的经营战略所拉动的。在灵捷竞争环境中，并没有唯一正确的组织和运营企业的方法。一个成功的灵捷企业必须以这样一种机制来进行运营，这种机制使企业能够非常快速地合成新的生产能力。

[灵捷企业]需要激励人员采取独立的措施并向已有的程序发起挑战。[灵捷团队]新颖的地方在于管理特权的传统观念逐渐削弱，随之而来的是……开放的信息环境……同时操作员工得到决策权。

显然，这种看待制造业前景的视角，与当时的中国人，尤其是中国IT人对"制造业"的想象大相径庭。与流行了近百年的科学管理理论相比，灵捷的制造理念带来了几个根本性的差异。首先，是对市场的需求的认知。灵捷理论并不认为市场对产品的需求是理性的、普遍的、确定的，而是认为需求来自顾客个性化的、感性的、易变的偏好。由此引申出来的是对待顾客的态度。灵捷理论不认为顾客的需求可以通过一次性的集中研究完全获知，因此必须保持与顾客的频繁交流，在不断的试错中逐渐与顾客的需求同步——这需求本身也不是静止的，也会不断变化。

承认了需求的不可预知和试错的不可避免，灵捷理论转而反求诸己，在企业运营上不追求流程的确定，而是着力让企业具有快速调整其流程和工作方式的能力。这也就意味着，流程和工作方式的决定权不能掌握在顶层的少数精英手中，否则自下而上的反馈和自上而下的变革周期太长，无法快速调整。为此，一线的员工就不可能只是不加思考、不打折扣地执行，他们必须具备对流程和工作方式作出调整的决策权，以及相应的信息支持。这样的一线员工，与科学管理理论中的蓝领工人形象，以及由此延伸出的"软件蓝领"已经相去甚远。

2001年前，国内只有少数研究者在关注相关的话题，并且关注的视角是如何用MRP II/ERP等信息系统来管理敏捷企业[90]——此时"Agile"一词已经普遍地被翻译为"敏捷"。针对敏捷企业动态、开放的组织形态，当时上海交通大学计算机系有一组研究者致力于研究可以根据动态联盟的形成和解体而快速重构和调整的"敏捷供应链"，并提出"基于对象的软件代理技术"作为敏捷企业和敏捷供应链的技术支撑[91]。现在回头来看，当时所谓的"软件代理技术"，尽管牵连谈到了人工智能等前沿技术，实际上真正成型的是构建在公共对象请求代理（Common Object Request Broker Architecture, CORBA）等中间件之上的一种企业信息集成技术，可以看作是后来更流行的SOA（面向服务架构）的一种早期版本[92]。另外，诸如工作流等技术，因其可以加快供应链管理信息系统建设和调整的速度，也被视为敏捷供应链的支撑技术[93]。

简而言之，在2001年之前，中国IT业内关于"敏捷"一词为数不多的应用，仅限于制造业的敏捷制造、敏捷供应链、敏捷企业概念，以及支撑这些概念的IT系统。至于软件本身的研发过程和软件组织的敏捷性，此时尚未进入行业的视野中。

＊ ＊ ＊

"Refactoring 这个词我知道,"潘加宇说道,"我这里正好有一篇文章想请你翻译一下呢。"

"哦?什么文章?"熊节的好奇心被勾了起来。这段对话发生在北京理工大学东门外的一家小餐馆,我们俩一边喝着小酒,一边聊着《程序员》和《非程序员》最近刊登的文章。从 2001 年夏天开始,熊节连续翻译了十多篇关于设计模式的文章,并在潘加宇办的《非程序员》电子杂志上发表。两个人熟络起来,潘加宇每次到北京出差都会来北京理工大学请熊节吃饭。

"重构(refactoring)是极限编程(eXtreme Programming)这种软件开发方法里面的一个实践,"潘加宇接着解释,"最近国外开始流行一类软件开发的方法,叫作'敏捷',这个 eXtreme Programming 就是敏捷方法中的一种,简称 XP。我最近看到一篇文章,是讨论设计模式与 XP 的关系的,你要有兴趣的话,就看看这篇文章呗?"

晚上回到宿舍,熊节上网搜索关于重构、极限编程和敏捷相关的资料,很快发现了一个叫 Martin Fowler 的人:这个大胡子美国人在 1999 年出版了一本名为 *Refactoring* 的书,好像还挺有影响力的。潘加宇塞过来的那篇文章也是在谈重构技术和设计模式之间的关系。联想到前两天和王昕的讨论,熊节感觉这本书貌似还真挺有意思的。

"正好明天杂志社要开选题会了,要不我就报这个选题好了。"熊节一边这样想着,一边拿出记事本,潦草地写下一行字——"12 期技术专题:重构"。

中国 IT 业与敏捷的初接触

中国的正式出版物首次刊载与敏捷软件开发相关的内容,是在《程序员》杂志 2001 年 12 月刊。这期杂志的"技术专题"栏目用了 5 篇文章(12 页)较为系统地介绍了"代码重构"(即 Refactoring)。这个系列的文章在当时围绕软件工程的讨论中是别具一格的：一方面，它们讨论的不是用某种特定技术实现某种特定需求，而是软件设计的质量、程序的可理解性和可维护性、开发效率等明显属于软件工程领域的话题；另一方面，这几篇文章开展讨论的角度非常具体、细致，5 篇文章中有 3 篇给出了真实的程序代码。以《重复代码》一文为例，作者石一楹从业内司空见惯的"把一份模板代码拷过去稍加修改"的开发方式作为切入点，对软件开发的 7 项基本原则展开了讨论，指出重复代码是损害软件可理解性和可维护性的重要因素，并用一段 C++ 代码范例说明了如何消除代码中的重复。

当时国内绝大多数软件工程相关的讨论关注的焦点在于流程、文档、架构、工具，与实际的软件开发实践，尤其是编程实践脱离较远。这一系列关于代码重构的文章，为中国 IT 业围绕软件工程的讨论提供了一种新的可能性。这期技术专题的导读如是写道：

坚固、灵活、容易维护。每个程序员每天都想得到这样的代码。How to？编程不是盖房子，程序员不是砖瓦匠。你必须在代码中倾注自己的心力，你必须倾听代码的声音，你必须辨别代码的味道，你必须时时留心让你的代码看起来更漂亮……一句话，你必须善待你的代码。而你的努力不会白费，今天受你善待的代码，明天会加倍报答给你 —— 优美的代码足以让你延年益寿了。

可以看到，这篇文章所代表的软件工程思路，不是将软件的设计与实现分离和用严格的流程约束"软件蓝领"的"工业化"，而是将实际编写代码的程序员视为对软件开发效率与质量负责的主要角色。在这种软件工程思路中，程序员所从事的编程工作不是由详细的设计和流程框定的、几乎不需要思考的、"高中生经过短期培训就可以干"的"蓝领工作"，而是软件生产过程中各种质量和效率诉求最终的承担者，因而是需要"倾注心力"的、高技能含量的工作，并且有一整套不同于传统软件工程的流程、技能和工具（重构就是其中的一种）与之配套。这种软件工程思路即为被称为"极限编程"（eXtreme Programming）的软件开发方法。

在同一时期，另一些与极限编程相关的内容开始出现在中文互联网上。2001年10月，IBM developerWorks网站发表了厦门国际银行项目经理林星关于需求分析的文章。文中指出，想要在项目初期一次性"确定需求，并接受客户和SQA小组的验证……才可以进入下一个阶段"，这样的做法"有天生的缺陷"，会导致"很多的问题在最后才会暴露出来，解决这些问题的风险是巨大的"。林星认为，鉴于需求的不可预知和文档的不精确，迭代式的软件开发是必然的方向。这个思路与前面介绍的灵捷理论如出一辙。在这篇文章中，林星介绍了极限编程（当时林星将其译为"极端编程"）的核心价值观——沟通、简单、反馈、勇气，并认为极限编程"强调团队的充分交流，最大限度地发挥人的创造力"①。

同样在2001年12月，时任浙江大学灵峰科技开发公司技术总监石一楹在developerWorks网站发表了"Refactoring Patterns"系列文章，从较高层面概要地介绍了重构技术的原理和实践原则。除了重构，石一楹在文章中提到的测试先行、结对编程等，都是极限编程的标志性实践。这个系列的文章与Martin Fowler的《重构》一书第2章在结构和内容上都有很多相似之处：首先介绍重构的定义，然后介绍重构的好处，随后讨论重构通常会遇到的挑战和不应该重构的场合等。由此可以认为这个系列的文章是石一楹在读了英文版的《重构》之后的笔记。不过值得一提的是，石一楹在系列的第五部分专门论述了重构与软件开发方法学的关系，并指出重构是适应需求频繁快速变化的必要实践，同时重构又与极限编程的其他实践（如代码集体所有、结对编程、持续集成）相辅相成。十几年后，Fowler在《重构》的第2版中加入了类似的一个小节。由此可见，石一楹在早期就已经对重构、极限编程乃至对敏捷开发方法有了相当深入的思考。

《非程序员》电子杂志于2001年12月邀请极限编程的创始人之一Kent Beck进行了在线交流，又于2002年1月与Martin Fowler进行了在线交流。在能找到的关于早期引入极限编程的文献资料中，《非程序员》与Kent Beck的在线交流显得尤为有趣。发生在聊天室中的、氛围轻松随意的交流，加上Beck直接犀利的言论（相比之下，Fowler在交流中就显得更加字斟句酌、四平八稳），让《非程序员》与Kent Beck的在线交流的这段文字记录成了一面镜子，清晰地映照出当时业界的情景。Beck在交流中提到，当时在极限编程的邮件列表中被提到过的真实项目有100多个，他猜测全世界使用极限编程的软件项目不超过1000个。当时全世界有

① 参见林星2001年10月在IBM developerWorks上发表的《需求分析——软件和需求的实践》。

大约 20 个区域性的极限编程兴趣团体，主要分布在美国和欧洲，中国没有这样的团体。作为 1996 年才被发明出来，1999 年才有第一本著作的一种新的软件开发方法学，这个水平的热度并不意外。

Beck 对于极限编程的前景表达了谨慎的乐观态度。网友在交流中提到，众多主流的企业里，管理者们更倾向于使用重型的软件工程方法（例如 CMM），因为这是更安全的选择。Beck 表示，他相信，未来的软件组织会以频繁交付可工作的软件——而非严格定义的交付过程——作为关键的考核指标。他期望"50 年之内，许多极限编程实践被当作'只是以正确的方式做事情'接受"。这些实践包括测试先行、重构、快速迭代交付、全功能团队等。从"50 年"这个随口说出的数字来看，即使是 Beck 自己，对于极限编程的传播也没有太多信心。

* * *

唐东铭对这种刚发明几年的方法学同样不太有信心。但是最近几个月里，他连续从几个渠道看到"极限编程"这个词（虽然有时被译为"极端编程"，有时缩写为"XP"），不禁让他生出了浓厚的兴趣。2002 新年伊始，他又得知一个叫"敏捷中国"的网站新近发布，上去大体浏览一下，读了 Martin Fowler 和 Kent Beck 的几篇文章的译文，更添了几分对极限编程的好奇心。

唐东铭在位于中关村的华泰贝通软件科技有限公司工作。这家公司成立于 2000 年，有员工 300 多人，主要从事电信网络的建设、电信软件和增值业务的开发，包含了铁通全国的计费、营业和呼叫中心系统业务。2002 年初，华泰贝通正在为通过 CMM2 级认证做准备。按照咨询公司的要求，他们组建了"软件工程过程小组"（Software Engineering Process Group，SEPG），从事项目管理的唐东铭也在其中，向咨询公司学习了很多关于软件工程的知识。看到一个运转良好的软件开发过程能给团队的效率和质量带来立竿见影的改变，让他对软件过程这个领域产生了浓厚的兴趣。

在这层兴趣的驱动之下，唐东铭在网上发现了名叫"PKSPIN"（北京软件过程改进社区）的线下组织，并很快加入其中。这个小组的成员几乎都是各家软件公司的项目管理者，好几个人跟唐东铭一样，作为各自企业的 SEPG 成员推动着 CMM 认证工作。这些精力旺盛且又志趣相投的年轻人，每月都会组织一次聚会，以交流各自的学习心得。

在实施 CMM 的过程中，唐东铭有一个感觉：CMM 对软件过程的定义，大量参考了制造业的生产过程，而对于软件业的一些重要特征则并没有很好地考虑到。他发现同样是按照 CMM2 级要求规范软件过程，当项目需求明确稳定，几乎没有变化时，团队工作很顺畅；而在需求不明确、变动大的项目中，团队就会很挣扎，需要维护大量的文档和流程，而这些花在文档和流程上的工作量对于提高客户的满意度并没有什么帮助。在 PKSPIN 分享了这个想法之后，他才发现，原来这不是他一个人的想法，大家几乎都有同样的困惑。

在交流过程中，也有人提起了极限编程、敏捷、Kent Beck 和 Martin Fowler。唐东铭暗自盘算，要寻找这些方面的著作认真学习一下。

敏捷简介

"敏捷中国"网站从 2001 年后期开始筹备，2002 年 1 月正式上线。主办这个网站的是厦门国际银行的项目经理林星。在发布之初，网站集中翻译发布了一批来自 Martin Fowler 的个人网站、极限编程官方网站和敏捷建模官方网站的文章。林星这样描述建立这个网站的用意：

2001 年 2 月的美国犹他州，在 17 位业界知名人士的努力下，敏捷软件开发联盟（Agile Software Development Alliance）成立了。在这之前，联盟的成员做了很多的工作，知名的 XP 方法就是众多敏捷方法论中的一种。最早，Alistair Cockburn 是用"light"一词来区别新型方法和传统方法的不同，而在这一次的会议上，Agile 一词最终被确定为新方法学的名称。我们发现，Agile 方法非常适合中国的现状，为了能够让更多的国人了解它，我们成立了这个网站，在中国传播 Agile 思想。

所谓"方法"（methodology，有时也被译为"方法学"或"方法论"），在软件开发的语境下，是指一套关于"如何开发一个软件系统"的行为框架，其中包含如何组建团队，如何做项目计划，团队成员之间如何交流，如何管控项目进度与质量等内容。各种方法论对项目参与者需要做出的动作（activity）和动作的产出物（artifact）通常都有明确的要求。尽管各种方法论都宣称有助于项目成功，但它们对于动作和产出物的要求常有明显的差异甚至冲突。

正如"敏捷中国"网站这段文字中所描述的，"敏捷"并不是具体的一种软件开发方法论，2001 年 2 月的这次会议也没有提出一种新的软件开发方法论。据 Martin Fowler 的记述，这次在犹他州雪鸟（Snowbird）滑雪度假村举行的会议起初是由一组极限编程社区的领导者发起，随后在会议筹办的过程中又邀请了一些对极限编程感兴趣但又有实质性分歧的与会者。这些分歧让会议的组织者们看到，极限编程是一种有代表性的方法论，同时还有一系列与之相似但不同的其他方法论存在，因此他们决定将这次会议定位为更大范围的多种方法论的聚会[①]。最终，17 名与会者带来了若干种方法论，其中最早的创立于 20 世纪 70 年代，最晚的几年前才刚被提出。在雪鸟会议之前，其中一些方法（包括极限编程在内）已经被非正式地称为"轻量级"（lightweight）的软件开发方法，雪鸟会议的一大成果是正式地将这些方法论统称为"敏捷"（agile）软件开发方法。

2001 年雪鸟会议前已经存在的部分"轻量级"方法

中文名	英文名	简称	创立时间
自适应软件开发	Adaptive Software Development	ASD	20 世纪 70 年代初
快速应用开发	Rapid Application Development	RAD	1991 年
统一过程	Unified Process	UP	1994 年
动态系统开发方法	Dynamic Systems Development Method	DSDM	1994 年
Scrum	Scrum	Scrum	1995 年
水晶方法	Crystal Clear	Crystal	1996 年
极限编程	eXtreme Programming	XP	1996 年
特性驱动开发	Feature-driven Development	FDD	1997 年

---

① 参见 Martin Fowler 于 2006 年 7 月 9 日在其个人网站上发表的《Writing The Agile Manifesto》。

以发表著作的数量和延续性而言，说 Martin Fowler 是这 17 人中的喉舌应该是公允的。在他 2000 年 7 月发布的文章《新方法学》中，Fowler 指出了这一系列"新"的、"轻量级"的软件开发方法具有的两大共同特征。

- 轻量级方法是"适应性"而非"预见性"。重量级方法试图对一个软件开发项目在很长的时间跨度内作出详细的计划，然后依计划进行开发。这类方法在一般情况下工作良好，但（需求、环境等）有变化时就不太灵了，因此它们本质上是拒绝变化的。而轻量级方法则欢迎变化。其实，它们的目的就是成为适应变化的过程，甚至能允许改变自身来适应变化。

- 轻量级方法是"面向人的"（people-oriented）而非"面向过程的"（process-oriented）。它们明确提出要配合人的本性而不是压制人的本性。它们强调，软件开发应该是一件令人愉悦的活动。①

不难看出，以 CMM 为代表的软件工程方法被划入了"旧"的、"重量级"的行列，或者用 Jim Highsmith 的说法，它们是"纪念碑方法学"[94]。Fowler 认为，多数软件开发活动起初是混乱无序的"边写边改"，当需要开发的软件系统变得更大、更复杂时，这种形式的开发将无法应对，导致软件项目的进度和质量失控；工程方法的引入就是为了解决这种问题，但并没有取得令人瞩目的成功，反而因其过程官僚烦琐，流程文档工作太多，延缓开发进程而为人诟病。尤其是尝试用详尽的文档来确保后续接手的人顺利完成任务这一点，在实际应用中遭遇了大量的困难与挑战，因为自然语言写成的文档太不精确，太容易流失信息和造成误解了。林星在他的文章中打了一个很形象的比喻："想象一下，你去买衣服的时候，售货员给你出示的是一本厚厚的服装规格说明，你会有什么样的感触？"对于比衣服复杂且抽象得多的软件，想用详尽的文档来消除误解，尤其是与客户之间的误解，其难度之大可想而知。

而敏捷方法尽管经常给人留下"文档少""流程轻"的第一印象，但它们并不是回归"边写边改"的无过程状态，只是从不同的角度——"面向人"的角度——建立过程。例如以极限编程为代表的敏捷方法认为"最根本的文档应该是源码"，因此把软件的可理解性、可维护性、可扩展性要求承载在源代码（包括测试代码）而非传统意义的文档上，它们对开发过程要求的严格程度并不亚于传统的软件工程方法。例如极限编程的创始人之一 Kent Beck 曾用很大的篇幅专门强调"如何命

---

① 参见 Martin Fowler 于 2000 年 7 月 21 日在其个人网站上发表的《The New Methodology (Original)》。

名"的问题，对变量、函数、类的命名都给出了非常细致的讲解[95]，其目的就是将软件的可理解性和可维护性内建在源代码中。这在其他的方法论，尤其是注重文档的重量级方法论中是不曾见到的。

雪鸟会议之后，Fowler 更新了这篇文章，将"轻量级"改为"敏捷"，并修订了关于"面向人"的表述，从方法学的适用性角度入手，对比敏捷方法与工程方法之间的差异：

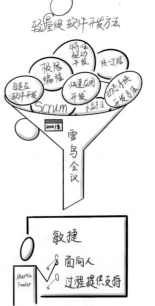

敏捷型方法是"面向人的"（people-oriented）而非"面向过程的"（process-oriented）。工程型方法的目标是定义一个过程，不管什么人使用这个过程，都能得到大致相同的结果；而敏捷型方法则认为，没有任何过程能代替开发组的技能，过程所起的作用是对开发组的工作提供支持。[①]

一方面，这一修订避免了"人的本性""令人愉悦"等主观性强、容易引发争议的提法，将讨论点聚焦在较为客观的"人与过程何者为重"的问题上，使得这条特征能够更清晰、有效地界定敏捷方法与工程方法。另一方面，尽管 Fowler 本人并没有意识到，这一笔修订可谓一语成谶：面向人的方法，未必一定会令人愉悦，甚至可能让从业者更加辛苦，两者的纠结关系在敏捷的发展历程中还会反复被提及。

"人与过程何者为重"这个问题在雪鸟会议之后受到了 Fowler 明确的重视，这并非偶然。雪鸟会议的目标是"探寻更好的软件开发方法"，从结果来看，与会者提出了一系列"何者为重"的问题，以这种方式来定义"更好的软件开发方法"。将这些问题的回答记录下来的材料，被称为"敏捷宣言"。

* * *

"这一帮大师在一个滑雪度假村关起门来开了几天的会，总结出来这么四条原则，他们把它叫作'敏捷宣言'。"唐东铭跟对面的人大声说着。北京开往济南的春运火车上，铁轨的"哐当哐当"声和车厢内嘈杂的人声混成一

[①] 参见 Martin Fowler 于 2000 年 7 月 21 日在其个人网站上发表的《The New Methodology (Original)》。

片，每个人说话都得把喉咙提高两分。

坐在唐东铭对面的人叫刘涛，人民邮电出版社的编辑。两人原本素昧平生，恰好在回乡的列车上坐了邻座，攀谈之下又发现两人的职业还有几分相通。刘涛时任人民邮电出版社计算机图书第二出版中心主任，负责人民邮电出版社计算机类图书的引进出版工作，对于海外尤其美国有哪些业界好书特别感兴趣。听说唐东铭在公司负责软件工程方面的工作，又对敏捷如此感兴趣，刘涛感觉这可能是个值得一做的主题。

"哦？这几条宣言讲的是什么呢？"刘涛好奇地问道。

"你看我念给你听啊。"唐东铭翻开书，掰着手指逐条细数，"第一条，'个体和互动高于流程和工具'；第二条，'工作的软件高于详尽的文档'；第三条，'客户合作高于合同谈判'；第四条，'响应变化高于遵循计划'。"

"这几条宣言听起来，跟以前的软件工程思想有方向性的差异呀。"刘涛马上就品出了其中的味道，"流程、工具、文档、合同、计划，这些都是'工程'这个概念的基础，这几条宣言把基础给否定了。"

"倒也不是否定，你看他们解释了这个'重于'的意思：不是说右边这些不重要，而是他们更重视左边这些概念的价值。"唐东铭解释道，"以前软件工程的管理方法都是从制造业借鉴过来的，出发点是基于需求没有很大的变化才能应用，不能很好地应对软件开发变化快速多样的情况。而且软件行业从业者的智商水平高，完全用来自制造业的方法来管理也不一定适合，容易引起员工反感。"

"是有这个问题，"刘涛点头说道，"年前《软件世界》有篇文章说程序员收入高，建议软件蓝领，在网上引发了很多反对的声音。"

"而且我们 PKSPIN 组织的同志们发现，按照 CMM 的套路搞软件工程，确实是有一些问题的，"唐东铭接着说下去，"文档的工作量很大，很多企业只有在做认证的那一段时间能坚持，拿到证书就坚持不下去，又回到以前的研发过程了。当然有这本证书就可以接一些海外的外包项目，但是外包项目的公司规模比较小且做国内业务，我感觉必要性不大。"

"PKSPIN 是个什么组织？"刘涛饶有兴致地问道。

"哦，怪我没跟你介绍清楚，PKSPIN 的全称是'北京软件过程改进社区'，成员都是来自各家公司做软件工程的人，有好几个同志的公司里都在搞 CMM。因为感受到 CMM 有这些短处嘛，我们也在搜索国外有什么新的思路，于是就找到了敏捷。特别是有一个叫'极限编程'的方法，很有代表性。"唐东铭指着手边的英文书说道，"他们有一个系列的书在介绍这个方法，我最近正在学习呢。你看这第一本书的副标题就很有意思，叫'拥抱变化'，真是说到我的心窝里去了。"

　　"哎，那你看这几本书，咱们能不能一起把它引进来？"一听说有好书，刘涛的兴头一下子就上来了，"我过完年就去申请版权，你叫上 PKSPIN 的同志们一起参加，咱们人多力量大，很快就能翻译出版。"

　　"好啊，这么好的事情，大家共襄盛举！"

解读敏捷宣言

　　作为雪鸟会议最重要的产物，"敏捷软件开发宣言"（Manifesto for Agile Software Development，常被简称为"敏捷宣言"）从一开始就建立在对比的基础上。宣言的全文如下：

　　我们一直在实践中探寻更好的软件开发方法，身体力行的同时也帮助他人。

由此我们建立了如下价值观：

个体和互动　高于　流程和工具

工作的软件　高于　详尽的文档

客户合作　高于　合同谈判

响应变化　高于　遵循计划

也就是说，尽管右项有其价值，但我们更重视左项的价值。

显然，这里的四个"高于"，以及"更好的软件开发方法"，对比的参照物都是传统的软件工程方法。事后回顾，敏捷在中国传播的过程中，这四组对比中效果最直观、最容易被接纳的，经常是第二组"可工作的软件高于详尽的文档"。很多企业长期苦于软件质量不佳、交付进度无法保障、客户需求把握不准等问题，而软件工程方法要求的文档对于这些问题帮助往往并不明显。能在漫长的项目过程中更早、更频繁地看到真实运转的软件，对于降低项目风险明显是有益的。这也是为什么后来华为等通信企业在敏捷转型时都选择了持续集成作为重点突破口：因为持续集成解决了通信系统集成慢且难的问题，使项目团队能够更早、更频繁地获得可工作的软件。

然而一旦在项目进展过程中能获得可工作的软件，尤其是如果用可工作的软件向客户征求反馈，那么客户改变或增加需求的可能性就会不可避免地提高。软件工程常使用"需求采集"或"需求分析"的说法，会给人一种错觉，似乎精准而确定的需求一直就在客户的脑子里，软件团队只需要找到办法将其全部"采集"并正确"分析"即可。然而实际上，客户经常自己也并不完全清楚软件应该具备什么功能以及应该如何运作。当他们看到并试用真实的软件时，模糊的想法会变得更加清晰，新的想法会被催生出来，他们就会要求改变或增加需求。

这些变化对于软件本身是好事，但对于开发软件的企业则未必，因为变化几乎必然会带来工作量的增加。敏捷宣言的起草者们清晰地认识到了这个问题，他们倡导的价值观是避免以甲方乙方的姿态抠合同细节和纠结于复杂的变更管理流程，建立包含技术和业务的一体团队，超越单个项目、单个合同的局限，在长期的合作中建立共赢关系。这就是"客户合作高于合同谈判"的含义。

同时，开发软件的团队自身需要构建的能力也有所不同。传统软件工程以严格遵循预定计划为目标，由此延伸出了一整套能力、实践和工具。一旦认识到需求的变化是常态而非异常，计划的频繁调整也就不可避免，此时传统软件工程的能力、实践和工具反而可能成为阻碍。以项目管理中常用的工具甘特图为例，其中的计划排期做得越细密，需求变化时调整起来就会越麻烦。因此，如果软件团队希望在可工作的软件基础上与客户建立合作而非谈判的关系，就必须具备快速调整响应变化的相应能力。敏捷宣言的第四组对比"响应变化高于遵循计划"，很大程度上是对软件团队的能力要求。

在敏捷宣言的起草者们看来，这种响应变化的能力固然可以借助合适的流程和工具有所加强，但最重要的还是一线软件开发者自身的能力和意愿。团队的能力最终取决于团队中每个人的能力以及人与人之间丰富而微妙的互动，流程和工具只能辅助，无法替代优秀的个人与默契的团队，这个观点与前面介绍的制造业的灵捷理论不谋而合，与"软件蓝领"的观念则针锋相对。"个体和互动高于流程和工具"这一组价值观对比或许是敏捷宣言中最不直观、最难理解的一组，却也是敏捷的倡导者们认同最深、时时念兹在兹的一组。

敏捷传入中国的渠道

2002 年 3 月，就在以《CMM 布道中国》为题大篇幅报道"CMM 始祖"Ronald Radice 博士访华行程的同一期《程序员》杂志上，"技术专题"栏目用了几乎对等的大篇幅介绍极限编程 [96]。在整体概述之后，这个专题从计划、设计、编码、测试四个角度分别介绍了极限编程的相关实践。

作者朱斌在文中指出，之所以从这 4 个角度划分行文，其目的是与传统软件工程的 4 个阶段形成映射，而非极限编程本身的阶段。实际上，极限编程的计划强调的是频繁快速的短迭代，设计、编码和测试实践彼此之间有大量交叉重叠，角色的定义也与传统软件工程非常不同：实施极限编程的程序员可能在一小时内首先设计，然后进行 2～3 次测试–编码–重构的循环。这与传统软件工程中设计、编码、测试 3 个角色分离，彼此之间以相当正式的形式交接任务的工作方式有着很大的差异。

这个关于极限编程的技术专题，加上林星在 2002 年 2 月《程序员》杂志发表的一篇短文《本立道生》[97]，是中文出版物首次刊载的对于敏捷软件开发方法的正面介绍。从文章结构上看，这个专题除概述之外的 4 篇文章，与《解析极限编程》一书第 15 章到第 18 章——对应。可以合理地推测，作者首先阅读了英文版的《解析极限编程》，然后将介绍极限编程具体实践的章节编缩改写，最后形成了在杂志上发表的这几篇文章。

Kent Beck 所著的《解析极限编程：拥抱变化》，以及与之同一系列的几本关于极限编程的图书①，经 PKSPIN 的成员翻译审校，由人民邮电出版社于 2002 年 6 月到 7 月间陆续出版。很显然，在这套中译本出版之前，国内一些眼界较为领先的从业者已经从其他渠道读过了英文原著，从石一楹、林星、朱斌等人在此前发表的文章中，可以明显地看到他们受这套丛书，尤其是《解析极限编程》影响的痕迹。

同一时期，台湾的软件工程专题网站"点空间"也已经开始关注敏捷和极限编程，在 2002 年 1 月前翻译了 Martin Fowler 在 XP2000 研讨会上发表的演讲稿"设计已死"。在这篇文章中，Fowler 旗帜鲜明地指出，从建筑行业借鉴而来的"设计与建造分离"的方法在软件行业遭遇了严重的挑战。首先，设计者"不可能同时把所有必须处理的问题都想清楚，所以将无可避免地遇到一些让人对原先设计产生怀疑的问题"，而"设计与建造分离"的方法不能很好地应对这种问题。另外，如果设计者"忙于从事设计而没有时间写程序代码"，他们"不只是错失了技术潮流所发生的改变，同时也失去了对于那些实际撰写程序代码的人的尊敬"。Fowler 倡导的做法是采用演进式设计，并将设计者与建造者的角色融合在同一组人——软件开发者——身上。这篇文章因其不无争议性的标题，当时被视为敏捷方法向传统软件工程方法宣战的檄文。

考虑到《解析极限编程》英文原著出版于 1999 年 10 月，敏捷宣言发表于 2001 年 2 月，国内的这些先行者是何以在如此短的时间内接触到相关信息，这是一个颇可玩味的问题。依我一家之见，这与当时国内一批思想活跃的年轻软件开发者获取专业信息的渠道密切相关。

2001 年 4 月，关注软件工程的新闻组 comp.software-eng 上出现了一个帖子，作者 Jason Yip 召集芝加哥地区的软件开发者共同参加"芝加哥敏捷开发者"组织的会议。这是全世界第一个以"敏捷"的名义举办的从业者社区活动。这个简称"CHAD"的组织计划每月聚会一到两次，交流与敏捷相关的各种想法与经

---

① 丛书包括《解析极限编程》《规划极限编程》《极限编程实施》《极限编程实践》《探索极限编程》《极限编程研究》，另一本《应用极限编程》由唐东铭翻译，2003 年 4 月出版。

验。CHAD 组织的网页放在 Object Mentor 公司的网站上，召集人 Jason Yip 当时在 Object Mentor 工作，该组织的 6 位创始人当中有 4 位敏捷宣言的签署人，其中包括来自 Object Mentor 的 James Grenning 和 Robert C. Martin。说这是"鲍勃大叔"召集的活动，并不为过。

Robert C. Martin，业内人称"鲍勃大叔"（Uncle Bob），他是从 20 世纪 70 年代就开始编程的老程序员，尤其在 C++ 和面向对象技术领域久负盛名，曾担任过著名技术杂志《C++ Report》的主编，以及敏捷联盟的首任主席。他创办的 Object Mentor 公司倡导极限编程，提供面向对象设计、测试驱动开发、重构、极限编程实施等方面的培训与咨询。

鲍勃大叔在中国有他的拥趸。以孟岩、石一楹、林星、潘加宇等人为代表的一批年轻软件开发者，受困于国内高质量编程图书和相关资料稀少的现状，不得不通过互联网，尤其是 Usenet 新闻组去获得英文世界中的一手技术信息，同时向国内的技术社区和 IT 出版界引进了大量资源。关注软件工程的 comp.software-eng 组，关注面向对象技术的 comp.object 组，关注 C++ 的 comp.lang.c++ 组，都是他们经常出没的群组，同时也是鲍勃大叔、Kent Beck 等人经常发言的热门群组。在这个过程中，这些年轻的中国程序员接触了像 *C++ Report* 这样的优秀技术期刊，*More C++ Gems* 这样信息量巨大的专题文集，*Designing Object-Oriented C++ Applications Using The Booch Method* 这样深入浅出的面向对象的教材，以及大量关于面向对象设计的精彩讨论，这些资源又都指向鲍勃大叔。

于是，当鲍勃大叔在新闻组积极回应关于极限编程的争论、召集美国当地的敏捷用户组、介绍自己参与撰写的新书《极限编程实践》时，他的中国读者们逐渐意识到，这个叫"敏捷"的东西可能有其重要性，因此他们开始翻译相关的文章并建立相关的网站。当"鲍勃大叔"回复孟岩说他预订的 *Designing Object-Oriented C++ Applications Using The Booch Method*（第 2 版）"演化超越了'软件设计'的范畴"，因而更名叫《敏捷软件开发》时，中国这些年轻的先行者已经通过网站、杂志、图书出版等形式完成了第一批敏捷基础材料的引进、本地化和传播，并在 2003 年陆续引进了包括这本《敏捷软件开发》、Highsmith 的《自适应软件开发》、Fowler 的《重构》等一批具有代表性的敏捷相关著作。从代表着思想阵地的出版物的这个角度看来，急切渴望知识与能力升级的中国软件业似乎已经敞开了胸怀，准备迎接敏捷带来的冲击与变革。

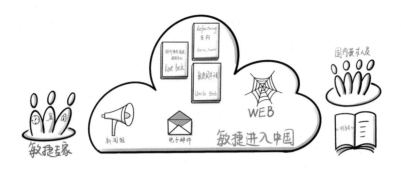

结语

　　当中国软件业的主流寻求工业化、工程化、严密的流程控制、少量精英和大量"软件蓝领"的发展方向时，美国制造业正在逐渐转向小批量、重定制、响应变化的"敏捷制造"方向。同样为了响应外部商业世界愈发剧烈的变化，IT 社区也萌生了一批与传统软件工程方法相对的、"轻量级"的软件开发方法，并共同形成了"敏捷"软件开发方法群。在极限编程社区的领导者的推动下，尤其得益于 Martin Fowler 的文笔和"鲍勃大叔"Robert C. Martin 的影响力，这些新的方法学很快引起了全世界软件开发者社区的广泛关注。中国一批受困于现状的年轻软件开发者通过互联网，尤其是 Usenet，在很早的阶段便接触到了敏捷的进展，并在不到一年的短时间内完成了对敏捷基础材料的引进和传播，在 2002 年快速形成了一股敏捷的风潮，在业界造成了一定的影响。

敏捷如何应对软件工程四大挑战

以 CMM 为代表的传统软件工程准确地指出了需求管理、项目管理、配置管理、质量保证四大挑战，却没有给中国软件业提供切实有效的解决办法。一批年轻的从业者转而从强调实践的极限编程方法那里寻找答案。重构、测试驱动开发、持续集成、短迭代、用户故事等敏捷实践看似零散，却有机地组成了一套完备而实用的研发管理办法。

"这是怎么回事啊？为什么年检功能又坏掉了？我下午才测试过的呀，有人改过吗？"何晓东着急地嚷嚷着，嗓门比平时又提高了两分。

2003 年岁末将至，淅淅沥沥的小雨在杭州已经下了几天，只等下一波寒潮带来降雪。北大青鸟杭州公司的一支项目实施团队在项目经理何晓东的带领下，正在杭州市工商局信息处的一间大会议室里加班加点地完成系统上线前的最后工作。这时的杭州北大青鸟，除了与 APTECH 合作的认证培训之外，也承接政府和银行信息化系统实施业务。何晓东负责的这个项目的目标是在 2004 年元旦之前将杭州市企业网上注册和年检系统上线，1 月 4 日就要开始接受上万家企业在线办理业务。交付"死线"日渐逼近，各种 bug 还在层出不穷，也难怪他着急上火。

"没道理呀……哎唷，可能是我这儿的问题……"沈瑜一边看着面前的电脑屏幕一边挠头，几天没洗的头发有点起油，被他这么一抓，愈发乱成了一个鸟窝。

"你干了什么了？你不是在搞注册吗？怎么会把年检给弄坏的？"

"哎呀～我这不是看表单组件的代码质量不太好嘛，就想重构一下，谁想到重构一下就给搞坏了呢……在注册这边是好好的呀，我就忘了年检也用了这个组件，你看这事闹的……"沈瑜懊恼地嘟囔道。

"你说你，好好的搞什么重构呢，我们系统马上就要上线了呀，这个时候不出新问题最要紧呀。"何晓东皱着眉头对沈瑜说。

"我也是想把质量做好一点嘛……上次石一楹给我们培训不是还讲，代码质量很重要，看到坏味道要马上重构，你看这个代码，坏味道很明显……"沈瑜有点不服气地回答。

"石一楹还讲要做单元测试呢。你的代码有多少单元测试覆盖呀？单元测试还能通过不啦？一改就出错，石一楹讲的重构不是这样吧？"

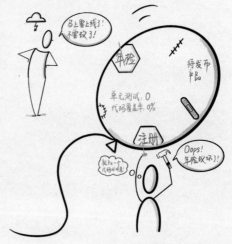

敏捷如何应对软件工程四大挑战

沈瑜被何晓东呛得还不上口，只好尴尬地笑笑，继续埋头解决问题。窗外，已是一片灯火夜色。

软件质量：模式还是重构

"重构"（refactoring）这个概念最初是在 1990 年由 William Opdyke 在一篇会议论文中正式提出的 [98]。当时 Opdyke 就读于伊利诺伊大学，他的导师是 Ralph Johnson。要了解重构的来龙去脉，还得从他这位导师这儿说起。

作为面向对象领域的顶尖专家学者，Ralph Johnson 的集大成之作当属 1995 年出版的《设计模式》。由于这本书的影响力太大，计算机行业提到的"四人组"（Gang of Four，GoF），指的一定是包含 Johnson 在内的合著此书的四位作者。在《设计模式》一书中，四位作者以 23 个模式的形式记录了一批面向对象软件的设计经验，每个模式系统地命名、解释和评价了面向对象系统中一个重要而常见的设计。作者们期望设计模式帮助人们更加简单、方便地复用成功的设计，从而更快更好地完成系统设计，并且得到的设计能够更好地适应新需求和已有需求的变化，使系统在变化发生时具有健壮性 [99]。一言以蔽之，设计模式的目标是提高软件设计的质量。

用"模式"（pattern）作为语言来记录设计经验，这种做法最初发端于建筑领域。建筑学家 Christopher Alexander 在他 1977 年的著作《建筑模式语言》[100] 中说："每一个模式都描述了一个在我们周围不断重复发生的问题以及该问题的解决方案的核心。这样，你就能一次又一次地使用该方案而不必做重复劳动。"他规定了描述模式的统一格式：首先是一张照片，呈现该模式的原型实例；然后说明该模式在周遭环境，尤其是在更高层模式内的定位；随后是该模式尝试解决的问题；第四部分是模式的核心，即针对问题的解决方案；最后会列举一些完善、修饰和充实该模式的低层模式。

Alexander 对模式做了分层，高层的模式作用于区域和城镇的规划（如"指状城乡交错""乡间小镇""公共交通网"），低层的模式作用于住宅组团、住宅、房屋、房间等（例如"不高于四层楼""综合商场""朝南的户外空间"）。按照他的设想，他在《建筑模式语言》中列举的 253 个模式能够穷尽城市规划和建筑设计中的问题，未来的设计师只要使用这些模式共同组合而成的"模式语言"就能巨细靡遗地描绘一个城市的设计。在后来的《俄勒冈实验》一书中，Alexander 就展示了这样一个用模式语言描绘城市设计的真实案例。

从"四人组"开始，软件从业者开始注意到 Alexander 提出的"模式语言"概念，并尝试用类似的格式来记录软件开发中的模式。《设计模式》记录模式的元素包括名称、分类、意图、别名、动机、适用性、结构、参与者、协作、效果、实现、代码示例、已知应用、相关模式等，后来其他模式文献也大多采用了相似的元素。通过逐渐积累模式最终穷尽软件开发中的问题，用一套统一的模式语言指导软件开发活动，这是当时模式社群期望的愿景。

然而软件行业的迅速发展给模式社群带来了巨大的挑战。一方面，在社群的共同努力下，新的模式不断被总结提炼出来，已知的模式数量飞速增加。世界各地的研究者与实践者用模式语言的形式归纳自己在软件设计中的经验，以会议演讲和文章的形式发表，并结集出版。1995 年到 2006 年间，仅"程序模式语言"（Pattern Language of Program，PLoP）一个国际会议，就出版了 5 卷大部头的模式集。其他机构和个人发表的模式文献更是汗牛充栋。另一方面，随着软件开发技术的更新换代，很多模式也随着旧的技术过时。尤其是《设计模式》一书中列举的 23 个设计模式，有很多被批评是为了迎合 C++ 落后的语言特性。早在 1998 年就有人指出，如果使用 LISP 或 Dylan 等动态语言实现，这 23 个模式中有 16 个可以被大幅简化甚至完全不需要①。2002 年 OOPSLA 会议的一篇论文认为，如果采用 Java 和 AspectJ 实现，这 23 个模式中有 17 个可以被大幅简化或去除[101]。考虑到 Java 在企业应用，尤其是 Web 应用中逐渐占据着主流位置，AspectJ 也是应用颇为广泛的开源框架，可以认为此时《设计模式》中列举的具体模式内容已经基本过时了。

一边是新的模式如潮水般不断涌现，另一边是"经典的"模式在短短几年内就变得过时，这种快速变化的状态使得模式在实际软件开发中的有效应用变得非常困难：软件开发者必须了解数量爆炸式增长的模式，记住它们的适用场景和约束条件，才有可能在相同的场景出现时做出正确的选择——用或者不用某个模式。而这些知识中最著名、最广为人知的部分正在逐渐变得过时。因为这些困难，即使在设计模式最受关注的几年，行业中实际出现得更多的是两个极端情况：大部

---

① 参见 Peter Norvig 维护的 Design Patterns in Dynamic Languages 网站。

分人很少使用设计模式；少数人热衷于使用设计模式，但又经常因为不恰当的误用或滥用，不但没有达到提高软件设计质量的效果，反而使软件设计更加复杂、脆弱、不易维护、不易修改。Joshua Kerievsky 记录了他自己的心路历程：学习设计模式一段时间后，他几乎忘了如何写出简单好用的代码，在使用简单的条件逻辑就足够的情况下却使用了更复杂的 Strategy 模式，为一个很简单的打印输出逻辑引入 Decorator 模式，平白增加了几倍的代码量[102]。快速涌现的设计模式文献，让软件开发者们看到了良好设计可能呈现的形态，但其中大多数人并不清楚应该如何到达这一状态。

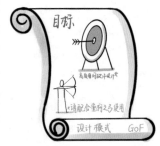

模式社群的先驱们很早就认识到，重构可以作为获得高质量面向对象设计的路径。"四人组"认为，如果没有在设计初期识别并使用恰当的模式，在系统建成之后，仍然可以通过重构来逐渐演进软件的设计，此时设计模式则可以为重构提供目标[99]。然而《设计模式》的读者大多忽视了这段发生在全书末尾处的讨论，直到几年后 Martin Fowler 正式将重构的概念带到世人面前。

重构原理简介

在他 1999 年出版的《重构》一书中，Martin Fowler 如是定义"重构"这个概念[103]。

- 重构（名词）：对软件内部结构的一种调整，目的是在不改变软件可观察行为的前提下，提高其可理解性，降低其修改成本。
- 重构（动词）：使用一系列重构手法，在不改变软件可观察行为的前提下，调整其结构。

这个定义包含两个重点。首先是重构的目的：Fowler 认为重构是为了"提高[软件代码的]可理解性，降低其修改成本"，或者用"四人组"的说法，"使系统在变化发生时具有健壮性"。区别于《设计模式》在"健壮性"话题上较为笼统的讨论，Fowler 非常具体地列举了 22 种有可能导致代码不易理解、不易修改、面对变化不健壮的情形，将它们称为"坏味道"[103]。这些"坏味道"大多有非常明确的特征（例如"重复代码""过长函数""过大的类"等），并且其危害也大多能得到广泛认同。于是，通过明确列举"坏味道"，Fowler 把"代码质量"这个抽象且多有争议的概念转化为清晰、有共识、可度量的指标：坏味道的数量或密度。而重构的目的也就由此明确：消除代码中的坏味道。

重构的定义中包含的另一部分信息，与重构的目的同等甚至更加重要，那就是重构的方法。Fowler 指出重构应该"在不改变软件可观察行为的前提下"进行，或者用 Opdyke 的说法，重构应该是"行为保持"的。为了最大限度地减少在调整软件设计的过程中引入错误的概率，必须采用"一种经过千锤百炼形成的有条不紊的程序整理方法"；而不采用这类严谨的程序整理方法，不特别考虑行为保持而进行的设计调整，则是"胡砍乱劈的随性行为"。

William Opdyke 在他的博士论文 "Refactoring object-oriented frameworks" 中讨论了一个看似简单实则意义深远的问题：对程序代码做哪些修改，不会改变软件可观察的行为？他给出了一些平白得近乎幼稚的答案，例如"增加一个不被调用的函数，软件的行为不会改变"。类似这样的修改手法，他列举出了 5 大类，26 种。随后他又指出，由多个行为保持的修改手法组合而成的修改手法也是行为保持的。前面列举的简单修改手法，加上这显而易见的论断，构成了重构理论的基础：理论上，所有重构手法都应该是已知行为保持的修改手法的组合；如果你只使用这些手法修改代码，那么你的修改必定是行为保持的。

我们可以通过一个例子来认识严谨的重构与"胡砍乱劈"之间的差异。假设一名程序员想重命名一个函数，直觉的方式可能是直接动手修改这个函数的名字，然后找到所有使用该函数的地方，逐一修改这些调用点。然而这个看似简单的修改动作却有可能给程序员带来麻烦：一旦修改了函数的名字，所有调用该函数的代码都将处于失败状态（结果取决于编程语言和系统设计的不同，有可能是编译失败，也可能是运行时失败）。为了避免留下一个处于失败状态的系统，这名程序员必须一次性完成所有调用点的修改，在某些时候，这可能涉及跨多个工程的成百上千个调用点。更糟糕的是，他可能在修改到一半时发现其中一些调用点无法修改（例如他可能无权向另一个工程提交修改），这时他就会发现自己处于一个尴尬的境地：即使要放弃这次修改，把函数名字改回原状，他也必须再次找出自己已经修改过的所有调用点，逐个撤销所有的修改。在这个过程中犯错误的概率丝毫不小于起初的修改过程，疲劳与沮丧则会让他更容易犯错误。就连"给函数改个名字"这么简单的事都可能带来这么多麻烦，程序员普遍不愿意在功能完成后调整和优化软件设计也就不足为怪了。

同样是"给函数改名"这件任务，Fowler 给出的做法要繁复得多。

1. 声明一个新函数，将它命名为你想要的新名称。将旧函数的代码复制到新函数中，并进行适当调整。

2. 编译。

3. 修改旧函数，令它将调用转发给新函数。

4. 编译，测试。

5. 找出旧函数的所有被引用点并修改它们，令它们改而引用新函数。每次修改后，编译并测试。

6. 删除旧函数。

7. 编译，测试。

这个做法的关键在于，在修改函数的调用点，令其使用新名字调用被重构的这个函数时（步骤 5），修改的步伐是小而可控的：可以只修改一部分调用点，可以把整个修改过程分拆到几天，由几个人来完成。在整个修改过程中，不论修改进度的完成程度，软件始终处于可用的状态。通过类似这样"有条不紊的程序整理方法"，调整软件设计的风险得以降低，从而使软件设计的持续演进成为可能。

在上述的重构做法中，有一个特别值得注意的地方：在第 1 步到第 6 步之间，系统中同时存在着新旧两个函数（尽管旧函数已经将调用转发给了新函数）。考虑到第 5 步（"逐一修改所有引用点"）可能是一个相当漫长的过程，新旧两个函数并存的时间可能相当长。通过引入一个新函数，Fowler 实际上把"修改"转化成了"先添加，再修改，最后删除"的过程。后来他又对这种操作手法做了提炼，指出这一做法的本质是对想要修改的目标（或称"供应方"）引入一个抽象层，然后通过逐步修改使用方代码来使用抽象层，最后就可以在抽象层的掩盖下快速而低风险地改变或去除原来的供应方[①]。这个过程在《重构》书中多次出现，Fowler的同事王健将其总结为"十六字心法"[②]：

旧的不变

新的创建

一步切换

旧的再见

在一段时间同时维护"旧的""新的"和抽象层3个元素，与一步把"旧的"改为"新的"相比，路径更迂回，操作更复杂，其目的是将一个大步修改转化为多个小步的、风险受控的修改。换个角度，也可以将其视为修改代码时买的保险：如果大步修改能一次成功，那么将其转化为小步所带来的额外操作就都浪费了。选择可能成功也可能失败且失败时会带来较大损失的大步修改，还是选择操作相对麻烦但几乎不可能失败的小步修改，反映出实践者不同的风险评估与风险取向。通过细致到近乎琐碎的做法，实施重构的难度将得到极大降低，从而使"提升软件质量"不再是悬在半空的口号。

应该注意，对于编译型语言（尤其是 C++ 和 Java），Opdyke 列举的行为保持的修改动作中，有一些只需要编译就能确认修改正确，另一些修改动作仅靠编译还不足以确认正确。例如在上面的例子中，步骤3（将旧函数的调用转发给新函数）和步骤5（修改调用点使之调用新函数）在 Opdyke 的论文中属于"语义等价"的修改。换言之，如果这些修改出错，编译器并不保证能捕捉到错误。所以，执行完这些步骤之后，整个软件可观察的行为是否仍然保持不变，只能通过测试来判断[③]。

---

① 参见 Martin Fowler 于 2014 年 1 月 7 日在其个人网站上发表的《Branch by Abstraction》。

② 参见王健于 2017 年 5 月 8 日在 ThoughtWorks 洞见上发表的《重构之十六字心法》。

③ 虽然步骤6的后面也紧跟着"编译、测试"的步骤，但步骤6（删除不被调用的函数）本身是行为保持的。步骤7应该被视为对整个重构手法的最终检查。

*   *   *

"晓东呀，你们的测试已经失败了呀，我运行一下很多都是红的呀。"平时满脸笑容的石一楹，此时神情严肃，"你们怎么在搞呢？测试有没有在运行？提交代码的时候有没有看测试运行的结果？"

在杭州的 IT 圈子里，石一楹是个小有名气的人物。除了在浙大灵峰科技担任技术总监，还有几家当地的软件公司邀请他做兼职顾问，请他在架构和开发方法上给些指导。北大青鸟就是他做顾问的公司之一。杭州工商的项目启动之前，石一楹给这个项目组制定了一套从极限编程裁剪而来的开发流程，这个流程尤其强调单元测试。刚搭好技术架构，石一楹就亲手演示了如何写单元测试，如何通过运行测试来观察结果，然后手把手地教几个开发人员各自写下第一个测试用例。项目进展的过程中，他还专门来检查过两次。临近上线之前，项目组去工商局驻场闭门攻关一个月，回到公司以后测试就失败了一大片，难免让他有些失望。

"主要是在工商局临时改了好多东西，改得又急，加班加点的，就没顾得上更新测试，"何晓东有点不好意思，红着脸说道："怪我没留意，赶着做功能那几天只看了我那一小块代码的测试，不知道是什么时候，其他测试失败了好多，还没抽出功夫来修复。"

"我不是跟你们说过吗？提交代码之前一定要先运行所有测试，都通过了才能提交呀。"

"以前在公司的时候大家坚持得好一点，测试结果一直没有问题，就是去驻场开发那段时间，赶得太紧，客户就在旁边催着要看修改的效果，好多时候就忘了要运行测试。"

重构原理简介

069

"哎，对了，我不是叫陈总给你们找了一台电脑，专门用来监视测试通过的情况吗？"石一楹口中的"陈总"叫陈志刚，当时在杭州北大青鸟担任技术总监，"怎么没看见你们的监视器在哪儿呢？"

"那台监视器用了一段时间，陈总看上面也没什么特别的东西，每天都是一块绿色，可能觉得也没什么用吧，就分配给新入职的员工了，"何晓东答道，"后来我们去工商局驻场的时候都忘了这事。可能还是应该有这么一个监视器好些，不然也不至于测试都失败了我还不知道。"

"唉，你们呀，叫你们做的事情，几天不来看全都走样了，也难怪你们项目赶得辛苦。"石一楹长叹一口气，"好在你们项目总算也上线了，有点小bug 修修补补，大问题不会有了。下一个项目争取把这些流程做得再标准一点吧。"

重构伴侣：测试驱动开发

重构的目标是通过调整代码结构来改善软件的内部质量。为了让程序员有意愿、有勇气频繁地进行这种调整，Fowler 在 Opdyke 的研究的基础上给出了一系列具体的、行为保持的重构手法。但归根到底，重构是否改变了软件可观察的行为只能靠测试来验证。

广义而论，软件测试是指根据预先设定的测试用例执行软件的活动。软件测试有两个重要的目标：找出软件中可观察的失败行为，或者演示软件正确的执行方式[104]。从这个意义上，软件测试并不一定是自动化的：用纸笔把测试用例书写下来，用人工手动逐一执行测试用例，同样是可能的测试方式。实际上，2004 年前后，这也是行业中普遍的测试方式。但高频度的重构给测试带来了新的挑战。按照 Fowler 的演示，程序员可能在一个小时的开发工作中进行数次重构[103]。如果每次重构之后都必须手动执行测试用例（即使只是一部分测试用例）来验证软件的行为是否被改变，会使重构变成一件极其麻烦而高风险的事，从而使程序员丧失频繁重构的意愿与勇气。因此，极限编程有另一个与重构如影随形的实践：测试驱动开发，或称测试优先编程。

在测试驱动开发的上下文中，"测试"必须可以自动运行。这些测试本身也是软件程序，通过特定的编程语言和框架来编写，可以在特定的测试工具中执行。当它们被执行时，它们会自动运行需要被测试的软件，验证其行为与预期是否吻合。极限编程将自动化测试分为两类：单元测试采用与开发软件相同的编程语言，使用 JUnit 等工具，用于测试软件中基础的小单元（如类、函数）；验收测试通常采用某种更贴近自然语言的脚本语法，使用 Selenium 之类的工具，模拟最终用户的行为来直接操作软件。

不管是哪类测试或者使用何种测试工具，都有一些共同的约定俗成，例如测试失败时的提示为红色，测试成功时的提示为绿色。极限编程的观念认为，在接到任务时，开发团队应该首先编写"红色"的测试来描述自己想要完成的任务；然后编写代码实现该任务，使测试变成"绿色"；接着通过重构调整优化代码结构，此时测试仍然保持"绿色"，这就是一个完整的开发周期。"鲍勃大叔"Robert C. Martin 称这个周期为"红 – 绿 – 重构"①。极限编程社区认为，这样一个周期通常应该在数分钟到数十分钟内完成，从而确保程序员的注意力高度集中。为了满足这种高频执行的需要，除了自动化之外，极限编程的实践者们对于测试还有一些常见的要求，例如：

- 一键执行——输入一个快捷键组合或一条命令可以执行所有测试用例；
- 快速——应该能在很短的时间（通常不超过几分钟）内执行所有测试用例；
- 可重复——在不修改程序和测试的前提下多次执行、在不同电脑上执行会得到同样的结果。

在亲身体验测试驱动开发的快节奏之前，程序员很难通过想象获得对这种工作方式的准确认知。例如国内较早实践极限编程的石一楹曾说："我曾经认为自己是很好的程序员，认为自己的代码几乎不可能出错……另一方面，我认为太多的测试于事无补，测试只能停留在理论之上，或只有那些实力强劲的大公司才能做到。这个观点在 1999 年我看到 Kent Beck 和 Gamma 的 JUnit 测试框架之后被完全推翻了……JUnit 的简单、易用和强大的功能几乎让我立刻接纳了单元测试的思想……测试已经成为我所有代码的一部分。"②测试驱动开发只能身教、不易言传的特点不利于其在行业中的大范围传播。后来在敏捷逐渐普及的过程中，围绕着测试驱动开发的可行性与必要性有过很多争论，其中持反方观点者大多缺乏实际运

① 参见 Robert C. Martin 于 2014 年 12 月 17 日在其 Clean Code 博客上发表的《The Cycles of TDD》。

② 参见石一楹的《Refactoring Patterns：第一部分》。

用测试驱动开发方法的经验，也再次反映出这种方法在传播时的困难。

伴随这样快节奏的周期循环，一支普通规模的开发团队（通常包含 4 ～ 10 名开发人员）会很快积累起大量的测试用例。例如 ThoughtWorks 的一个项目在 6 个月中进行了约 2 400 次代码提交，平均每一对程序员（该项目采用结对编程的工作方式）

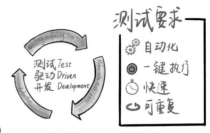

每天提交 6 次，积累了约 8 600 行生产代码和约 13 000 行测试代码。在这样高频度、快节奏的开发过程中还能保持所有测试随时成功，整个软件随时处于可用状态，单靠程序员的自觉肯定是不够的，必须有严明的纪律，以及便利的工具来确保纪律落实。

持续集成：极限编程的质量基础

对于"如何保障软件质量"这个问题，极限编程给出的答案是：靠自动化测试保障软件可观察的外部质量，靠重构保障软件内部设计质量。正如前文所说，在通常为期数月的项目交付过程中，能保证不断增加的自动化测试用例始终处于成功状态就已属不易，能持续关注和改进内部质量的团队更是罕见。极限编程保障这些严格的纪律落到实处的办法，是一系列配置管理的实践。

软件配置管理（Software Configuration Management，SCM）也称为变更管理，包括标识变更，控制变更，保证恰当地实施变更，以及向其他可能的相关人员报告变更等活动，其目的是"协调软件开发以最大限度地减少混乱"[105]。在软件从无到有被开发出来的过程中，最核心的变更就是对源代码的添加、修改和删除。在一支软件开发团队中，每个程序员都会对代码做自己的变更，从而产生一个独一无二的代码版本；同时程序员们又会将各自的代码版本合并成团队共同的版本，以便最终发布软件。因此配置管理也常被称为"源码控制"（source control）或"版本控制"（version control）。

配置管理常用树形结构作为比喻：整个团队共同拥有的代码版本被称为"主干"（trunk）；从主干复制出来，专门承载特定人员、特定目的的变更的代码版本则被称为"分支"（branch）。在分支上发生的变更只对使用该分支的特定人员可见，对整个团队是不可见的，因此需要通过提交（commit）或合并（merge）等操作将其与主干同步。由于同一时间可能有多个分支在发生变更，且多个分支的变更可能影响同一个文件，因此提交和合并都有可能遇到冲突（conflict）。极限编程的配置管理实践，最具特色的部分就体现在看待主干和分支的态度上。

首先，极限编程提倡采用单一代码库，而不采用多分支开发：程序员可以在一个临时分支（包括在自己电脑上签出的本地代码库）上做开发，但临时分支与团队共有的主干版本应该频繁保持同步，两者不同步的状态不应该超过几个小时 [106]。这个实践要求程序员非常频繁地向整个团队提交他们的工作进展，极限编程的团队协作方式（结对编程、轮换结对等）对频繁提交也起到了促进作用。但即使没有结对编程，单一代码库仍然是一个很容易检查、度量和可视化的实践，如果有必要的话，团队领导者可以从配置管理工具（如 CVS、Subversion）上很容易地了解到每个程序员是否每天至少有一到两次提交，从而大致了解临时分支与团队主干的同步情况。容易检查、度量和可视化，是极限编程中这一系列配置管理实践的共同特征，也是这些实践能成为纪律保障机制的重要原因。

当程序员能够习惯每天数次提交最新的代码修改，极限编程提出了更进一步的要求：他们不仅应该随时保持团队主干版本的更新，而且应该随时保持团队主干版本的高质量，也就是说，所有自动化测试都应该成功。Martin Fowler 在 2000 年 9 月题为"持续集成"的文章里介绍了 ThoughtWorks 一支项目团队的实践：以很高的频率（每天多次）构建整个软件并执行自动化测试 [1]。后来 Fowler 更加明确地阐述了持续集成的实践方式：每当有人向团队主干版本提交新的修改，立即执行完整的软件构建过程，将源代码编译、打包成可执行的状态，并执行所有自动化测试用例 [2]。

当持续集成得到严格执行时，也就意味着只要软件代码发生一点变更，持续集成系统就会每天多次全面、自动地测试整个软件。这个机制能有效地保障软件的质量，并且测试用例也不会因为长期失去维护而大面积失效。但如何严格执行持续集成是一个难题。Fowler 指出持续集成的实施需要流程和技术的双重保障 [3]。

- 从流程上，持续集成的工作方式要求开发者遵循一系列具体的操作规范，

---

① 参见 Martin Fowler 于 2000 年 9 月 10 日在其个人网站上发表的《Continuous Integration (original version)》。

② 参见 Martin Fowler 于 2006 年 5 月 1 日在其个人网站上发表的《Continuous Integration》。

③ 参见 Martin Fowler 于 2006 年 5 月 1 日在其个人网站上发表的《Continuous Integration》。

尤其是在开始编程之前更新本地代码副本，结束编程任务之后在本地执行完整构建，提交代码之后确保团队主线上的构建成功。

- 从技术上，持续集成的工作方式需要构建自动化、测试自动化、部署自动化等技术手段的支持，并且通常需要用到专门的持续集成服务器工具。

持续集成在版本控制的基础上，用一组流程与技术手段对软件的变更过程进行控制，对接纳变更的方式、保障变更质量的手段、变更通知的机制都给出了明确且可操作的答案。从这个意义上，持续集成应该被视为极限编程方法中核心的配置管理实践。然而，在落地实施时，尽管在流程和技术上的挑战同样不容忽视，但一支刚开始实施敏捷的团队往往会首先面临另一个更直接的问题：为什么需要以这种节奏开发软件？这个问题的背后，是两种项目管理理念的冲突与交锋。

＊　＊　＊

"戚主任，这个问题我们再调一调，花不了多少时间，就这两天，保证给您改好。"何晓东拿着电话，满脸笑容，似乎希望他的笑意能感染电话线另一头的听者。

"两天两天，你们老是这个样子，怎么做点事情就不能按起初定好的时间完成呢？我再给你三天时间，这个星期五之前，把所有的修改都完成并上线。要是星期五还完不成，你就带着人再到局里来驻场吧！"不等何晓东回答，戚红军"砰"的一声挂了电话。

打完电话，戚红军端起茶杯，慢慢喝了两口，脸上并没有怒容。他在杭州工商局信息中心从科员干到主任，经他手采购的信息化项目大大小小也有几十个，项目的拖拖拉拉实在看得太多了，尤其是软件开发、系统集成的项目，严重的可以超期几个月。听其他地市兄弟机关交流，整个项目彻底失败，完全不能上线实用的情况也不罕见。相比之下，北大青鸟这个项目的进度已经算不坏了，至少第一期赶在年底前将年检和注册功能上线并投入使用。对何晓东这个团队的能力，他还算有些信心，在电话里吓唬一下就行，估计他们完成这个阶段修改的问题不大。

这个信心是在过去几个月的项目过程中逐渐形成的。项目签给北大青鸟是在夏天，戚红军本来期望起码到 11 月以后才会看到软件，再集中提一批修改意见，这是软件项目典型的节奏。不料这个项目才做了一个月，就开始邀请他看功能展示，随后每过两周就给他做一次展示，听取他的意见。起初的两三次展示的功能还很粗糙，等在界面添加上美工设计之后，项目就有了一点成型的样子，戚红军感觉能看到这个系统在逐渐生长成该有的样子。他给项目组提的意见起初多是在纠正他们理解上的偏差，后来常常是在展示和试用的过程中发现自己的想法也有所偏差，或者跟业务口的同事针对测试软件进行交流后有了更好的想法。这样的节奏一直保持到 11 月，虽然这支团队压力不小，但其实戚红军并不特别担心：照这个势头，即使到年底完不成所有功能或者有些小 bug，这个项目大差不差是能成功的。

回想着这个项目的过程，戚红军又拿起手边一份打印出来的项目月报。这是另一家供应商承接的另一个软件实施项目，月报上写着"开发完成80%""项目整体进度60%"。可是直到今天，戚红军连这个软件的雏形都还没见到一眼，那么这份报告里写的 80% 和 60% 到底是什么意思呢？现在项目的开发时间倒是已经过去了大半，剩下的工作能在 40% 的时间里完成吗？想到这儿，戚红军起身拿起外套，打算去这家公司走走。

迭代：敏捷项目管理的基本单元

软件工程理论将软件生产过程中的活动分为五大类，称为 5 种"框架活动"，它们分别是：

- 沟通——理解利益相关者的项目目标，并收集需求以定义软件特性和功能；
- 策划——定义和描述软件工程工作，包括需要执行的技术任务、可能的风险、资源需求、工作产品和工作进度计划；
- 建模——利用模型来更好地理解软件需求，并完成符合这些需求的软件设计；
- 构建——编码（手写的或者自动生成的），并测试以发现编码中的错误；
- 部署——软件（全部或者部分增量）交付给用户，用户对其进行评测并给出反馈意见 [105]。

经典的软件工程并不强制要求这 5 种框架活动以顺序的方式执行，较晚近的软件工程理论著作甚至会明确指出，以迭代的、多次重复的方式执行 5 种框架活动是可行的 [105]。但在较早的软件工程理念中，"各活动顺序执行"是一个广泛存在的甚至不言自明的假设；如果在进行较为靠后的活动时不得不回过头去重复进行较为靠前的活动，那多半是因为前面的工作没有做好而造成了返工，这样的情况虽然在实践中总会出现，但被视为是一种应该也可以被避免的异常情况。例如在 2001 年的一本软件工程教材中，作者这样写道：[107]

软件开发包含下列活动：需求分析和定义，交流设计，程序设计，写程序（程序实现），单元测试，整体测试，系统交付，维护。理想条件下一次进行一项活动，当到达列表尾部时，人已经完成了一个软件项目。

这种认为软件生产的各个活动应该顺序执行，正常情况下不应回头重复执行前序活动的软件工程模型被称为"瀑布模型"。这种模型的起源可以追溯到 1956 年，最初应用在防空系统"贤者"的软件开发中①，"瀑布"（waterfall）这个词则是在 1970 年首次被用于描述软件开发方式的 [108]。瀑布模型起初的提出，至少有部分原因是这些早期的 IT 项目（其中很多是军方项目）需要建设的不仅是软件，而是包含软硬件在内的整个计算机系统。在这种项目的早期阶段，没有办法开始启动软件代码的编写，因为执行软件的硬件尚未设计制造出来，软件代码即使被编写出来也无法编译，有时连编程语言都必须到项目后期才能选定。因此在这些项目的大半时间里，软件团队只能不断地细致推敲软件的设计，寄望在硬件设计制

---

① 1956 年美国海军研究办公室（Office of Naval Research）举行的数字计算机高级编程方法研讨会（Symposium on Advanced Programming Methods for Digital Computers）。

造出来之后尽可能快速而准确地完成软件的编码和测试[71]。即使在后来 IT 项目只需要在通用的硬件上开发软件，计算机硬件资源的短缺仍然制约着软件开发者的工作方式，使他们不能随时编译和运行自己开发的软件。而瀑布模型则通过投入更多的精力在前期的需求分析和设计上来减少编译和测试软件的次数，因此是一种以节省计算资源为出发点的软件开发方式。

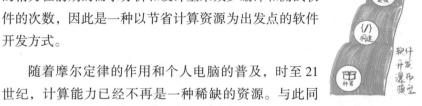

随着摩尔定律的作用和个人电脑的普及，时至 21 世纪，计算能力已经不再是一种稀缺的资源。与此同时，软件生产过程的灵活性不足，无法应对市场环境快速的变化，无法满足消费者对创新和定制的要求成为更为显著的问题。与制造业一样，IT 业在新千年也遭遇了"快速、残酷与不确定的变化"带来的挑战。整套极限编程的实践都是为了应对这一趋势，其中最关键的实践就是快速的迭代，即在很短的时间内完整执行软件生产的 5 种框架活动，向用户提供可以真实使用的软件，并在整个项目周期内多次重复这一过程。

对于"快速的迭代"应该多快，每个迭代周期应该多长，并没有统一的答案。一般认为，迭代周期应该控制在 1 ～ 4 周：短于 1 周的迭代会使团队过于频繁地进行迭代的启动、展示和回顾，打乱他们的"心流"状态；长于 4 周的迭代又不利于经常获得反馈。早期的极限编程团队倾向于采用 3 周的迭代[106]，Scrum 实践者们也曾经推荐 3 周的迭代[109]。不过"鲍勃大叔"Robert C. Martin 则推荐了为期 2 周的迭代[110]，并且至少不晚于 2003 年，已经有实践敏捷的团队采用长度为 1 周的迭代[111]。

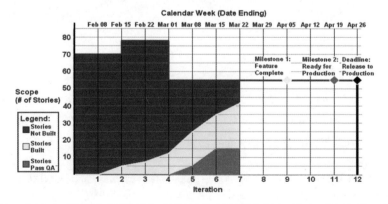

ThoughtWorks 某项目的范围燃起图，迭代长度为 1 周（图片来源：《软件开发沉思录》，图 8.1）

迭代：敏捷项目管理的基本单元

不论迭代周期的长短，迭代开始时应该允许客户选择优先级最高的需求（在极限编程中被称为"用户故事"或简称"故事"）进入迭代计划并澄清其相关的需求细节，迭代结束时应该给客户演示当前可运行的程序，要求客户基于可运行的程序提供评价和反馈[110]。以这种方式，一次迭代至少包含软件生产过程中的沟通、策划、建模、构建活动，以及部分的部署活动——可运行的软件程序至少应该被部署到一个可以给客户展示的环境中，但并不一定总是被发布到真实的生产环境。

尽管敏捷开发方法追求更频繁地发布产品到生产环境，但实际情况并不一定允许非常频繁的发布，例如不联网的软件无法随时更新，或者软件的使用环境有严格规定的发布时间窗①。因此，实际上敏捷方法满足于提高软件的"可发布性"——在需要发布的时候能尽快地发布[112]。前文介绍的持续集成实践，最重要的价值就在于在快速的迭代中随时保持软件处于可用、可发布的状态。

在针对一系列需求进行沟通、策划、建模、构建、部署的完整生产流程之外，一些敏捷实践者还提倡在每个迭代结束时进行"回顾"（retrospective），讨论团队在迭代中哪些事做得好，哪些事做得不够好，从而及早识别团队运作中的问题，并在后续迭代中做出改进。加上"回顾"这个实践之后，以迭代方式不断完善的不仅是软件产品，还有开发软件产品的团队[111]。

敏捷方法如何管理需求：用户故事

使快速的短迭代成为可能的，除了持续集成（以及自动化测试）带来的保持软件随时可用、可发布的技术能力，另一项不可或缺的能力是需求管理：如果采用瀑布模型中常见的"华丽而厚重的需求文档"，势必很难在 1～4 周的迭代中

---

① 不过，这些发布时间窗的规定（例如"每周二凌晨 3 点到 5 点间可以发布"），往往又是因为软件发布无法做到不停机、不引入缺陷。敏捷方法，尤其是持续交付的一些拥护者认为，通过提高发布的效率和质量，很多类似的发布时间窗规定完全可以取消，从而实现更频繁的发布。

快速应对变化做出调整。敏捷实践者们认识到他们"不能完美地预测软件开发项目",因此他们不再把需求文档视为软件需求的权威、准确表述,而是将分析需求的过程视为"一种协同工作的方式",不追求"在项目开始时就做一套包罗万象的决策",而是建立"一个获取信息的过程,越早越好,越频繁越好"[113]。这种分析、记录需求的方式和过程的载体,就是"用户故事"(或简称"故事")。

敏捷宣言的签署人之一 Ron Jeffries 将用户故事的特征概括为"3 个 C":卡片(Card)、对话(Conversation)和确认(Confirmation)[114]。后面两个"C"清楚地体现了用户故事作为一种协作方式的定位:它不仅仅是一份文档,更重要的是用这份文档来承载需求获取、澄清、细化、开发、验收整个过程中的信息传递。理论上,所有这些交互都发生在为期 1～4 周的一次迭代中。"卡片"则是用户故事的常见形态:早期常见的是纸质的卡片,后来一些适用于敏捷项目的管理软件也沿用了这个隐喻。这种卡片的形式,很可能与源自日本的精益生产方法,尤其是其中的拉动式生产系统("看板"系统)有着渊源[115]。

为了用故事卡拉动软件生产过程的流动,需求的拆分和故事卡的编写是有讲究的。极限编程实践者们提出了 6 个单词的指导原则"INVEST"①,即高质量的故事应该是:

- 独立的(Independent)——尽量避免故事间的相互依赖,从而降低优先级排序和迭代计划制定的难度;
- 可讨论的(Negotiable)——故事不必包含所有具体需求,只是对功能的简短描述,细节将在客户团队和开发团队的讨论中产生;
- 有价值的(Valuable)——故事必须呈现用户(软件的使用者)或客户(购买软件的人)关心的某些价值;
- 可估计的(Estimable)——开发人员至少应该能大致估计故事的大小和开发的工作量;
- 小的(Small)——故事的大小应该适合制定迭代计划,通常这是指一个开发人员能在一个迭代内完成多个故事的开发;
- 可测试的(Testable)——故事必须是可测试的,即有明确的边界定义故事是否完成。

---

① 参见 2003 年 8 月 17 日 Bill Wake 在 Exploring Extreme Programming 网站上发表的《INVEST in Good Stories, and SMART Tasks》。

从这个指导原则可以看到，不同于瀑布模型中使用的需求文档，用户故事并不要求对一块软件功能做完整的描述，同时也允许甚至鼓励对同一块软件功能进行多次加工，在多次迭代中不断完善软件功能。瀑布模型中的需求文档（例如用例文档）描述的是软件开发完成时的结果状态，用户故事则描述了软件逐步迭代生长的过程。用户故事，以及极限编程中围绕用户故事进行的需求分析、项目计划、测试验收等实践，都是服务于短迭代交付模型。

结语

对于"为什么要以短迭代方式交付软件"这个问题，极限编程给出的答案是"应对风险"：软件项目的进度可能延迟，甚至整个项目被取消；软件团队可能误解了用户的需求，业务的变化也可能导致需求变更。极限编程通过快速的短迭代及早交付价值最大的功能，并及时获得真实有效的反馈，从而消减上述风险[106]。另一些敏捷实践者还指出，采用短迭代方式交付软件可以将软件上线运营和创造经济效益的时间提到，从而改善整个项目的现金流。

为了让短迭代交付方式成为可能，极限编程提出了一系列相互关联的实践：

- 需求管理角度——以用户故事的形式分析和记录需求，使软件需求以一种允许乃至鼓励多次迭代交付的形式出现在软件团队面前；

- 项目管理角度——围绕用户故事开展的迭代管理方法，包括计划会议、成果展示、每日站会等，加上对进度与质量的度量和可视化呈现，使项目随时处于透明、受控的状态；

- 配置管理角度——以持续集成为核心，对修改动作的频度和方式作出了严格要求，使软件在迭代演化的过程中始终保持可用状态；

- 质量管理角度——测试驱动开发使软件获得很高的自动化测试覆盖率，在自动化测试的保护下，通过频繁而小步的重构改善软件内部质量，从而消减软件的频繁改动带来的质量风险。

　　尽管 CMM 热潮指出中国软件业在需求管理、项目管理、配置管理、质量保证这四大领域存在明显差距，但 CMM 的实践者们把主要精力放在了快速通过等级认证从而获得政府补贴，在给出切实有效的实践指导方面着力不多。就在 CMM 留下的空白之中，一些视野领先的实践者看到，以极限编程为代表的敏捷方法针对这四大领域给出了明确的、具有可操作性的实践指导。这个问题与答案的意外相遇，或许能解释为何 CMM 与极限编程这两个后来近乎水火不容的软件过程方法，却几乎在同一时间段受到了中国从业者较多的关注。

　　不过，当这些最早接触到极限编程的从业者从国外的网上技术社区走回国内的行业现实的时候，他们会更加清晰地感受到现实的阻力。快速迭代交付这个敏捷方法的核心要件，在当时的中国软件行业中远未得到广泛认同。这个基本出发点的缺失注定了以极限编程为代表的敏捷方法在当时的中国是水土不服的。在快速集中的发声之后，敏捷在中国即将经历长达数年的蛰伏期。

水土不服的敏捷

与美国成熟而重实效的 IT
行业大环境不同，2005 年前后的
中国 IT 业仍然是以政府导向为
主，软件项目周期长，不重视最
终的用户感受，还经常成为面子
工程、政绩工程、领导工程。在
这样的行业土壤中，敏捷核心的
重视价值、尽早交付、频繁反馈
等原则无用武之地。另外，行业
主流普遍褒 CMM 而贬敏捷，令
行业整体能力停滞不前。

李国彪眉头紧锁，聚精会神地盯着屏幕，不时在手边的小本上记下几句笔记。他精神如此专注，连同事叫他吃饭都没听见。

"嘿，比尔，你在看什么呢，这么认真？"经常一起吃午饭的同事安迪走到旁边，拍拍他的肩膀问道。安迪是多伦多本地人，性格开朗，胖乎乎的脸上永远挂着笑容。每次看见李国彪神情严肃地思考问题，安迪总会乐呵呵地对他说："比尔，你太认真了，轻松一下。"

李国彪冲着安迪笑笑，指着电脑屏幕说道："看见一个有意思的网站，叫'control chaos'（控制混乱），这个网站介绍了一种敏捷的软件开发方法，叫作 Scrum，据说可以很好地管控项目中的冲突和混乱。"

"哦？是吗？"安迪倾身向前，靠近李国彪的屏幕，"咱们的项目最近冲突还挺多的，这个方法对咱们有效吗？"

安迪和李国彪在多伦多的一家电信运营商工作，两人都隶属于 IT 部门，日常工作是为处理电信运营的业务部门开发软件工具和提供 IT 解决方案。李国彪自从 2000 年来到加拿大就在这家公司工作，到此时已经在 IT 部门干了 4 年多。最近一段时间，他明显感到业务部门给他们的压力越来越大。以前刚来的时候，一个项目会进行大半年，项目启动时做好需求分析工作，到项目完成时也不会发生太大变动。然而最近的几个项目，可能因为是新业务，很多功能细节连业务部门自己也说不清，做了几个月之后又有很大的变动。IT 部门对此意见很大，业务部门也不满意，抱怨 IT 不能响应市场变化，双方的关系闹得越来越僵了。

"我觉得有可能有效，"李国彪沉思一会儿说道，"从这个网站上看，Scrum 会用迭代、增量的方式开发产品，很适合需求快速变化的情况，而且特别强调了改善沟通和协作。咱们现在跟业务部门的沟通和协作确实有点问题。"

水土不服的敏捷

"对，听起来真的很棒！"安迪拍着肚子说，"比尔，你真的对工作很认真……咱们先去吃饭好吗？吃完饭再来拯救这个世界。"

"好，等我一秒钟，马上就来。"李国彪把网页上的一个日期记录下来，然后关上了显示器。这个网站上说，最近在多伦多会有一次 Scrum 爱好者的交流活动，他打算去看看。

美国 IT 业一瞥

加拿大的人口和经济规模都相当于美国的 10% 左右，而且大城市都聚集在临近两国边境的南部地区，政治和经济的高度相关，使得加拿大的 IT 行业也与美国非常相似，只是规模较小。2005 年前后，美国 IT 业在全球范围占据着高端霸主的地位。产值方面，在全球 8 000 亿美元的软件产值中，美国占了近 40% 的份额，同期中国所占的份额在 5% 左右 [116]。人才方面，美国软件从业人员约 300 万①，人均收入 6 万～8 万美元，同期中国软件从业人员约 90 万 [59]，人均收入不足 9 000 美元②。这几个简单的数字背后，是美中两国软件行业和从业者的巨大差异。理解这种差异能帮助我们更好地理解敏捷是如何在北美出现和发展，又是如何在中国遭遇困境的。

然而，过去关于美国 IT 从业者的出版物大多在谈论少数优秀的企业高管、黑客和创业者，甚少触及这 300 万人中的"大众"：美国大多数软件从业者和软件企业是什么状态，他们在做什么、想什么，我们知之甚少。好在互联网上还有这些"普通人"留下的痕迹：在 Twitter、Facebook 之类的社交网络出现之前，Usenet 是互联网上最重要的信息交流与讨论机制。在主题为软件工程的 "comp.software-eng" 讨论组里，大部分发帖都来自北美。参与 Usenet 讨论的人群也鲜见行业精英，大多是在各家公司打工的普通 IT 从业者。Usenet 这种非正式的、随意的讨论形式，给了我们一个缝隙，得以一窥北美软件从业者在当时的所见所想。

和中国 IT 行业的爆炸式增长不同，美国的 IT 业是从 20 世纪 60 年代开始逐步成长的，因此从业者从业时间普遍较长、经验较为丰富。在 2004 年 4 月一个题为

① 参见萧清志和刘建民的《美国软件外包述评》一文。

② 参见上海研发公共服务平台上 2005 年 9 月 2 日发表的《美国信息技术外包现象浅析》。

"Programming is not as much fun/more fun than it used to be"（编程不像从前那么有趣）的讨论中，一位程序员感叹 Java 和 C# 在消除了从前编程工作中的很多麻烦事（例如内存分配、跨操作系统移植、Windows API、DLL 地狱）的同时，也使编程少了从前那种从零开始创造整个软件的乐趣。这个讨论勾起了众多程序员对"美好旧时光"的回忆，有人说起自己当年写的程序运行在 2MHz 主频的 CPU 和 48KB 内存上，有人宣称自己在 20 世纪 80 年代用 Forth 和 Abundance 编写的程序比现在的 Java 程序要容易维护得多，也有人谈及自己曾在 IBM 360/370 上编程的经验[1]。在 2005 年 7 月一个题为 "Career choices – specialize or generalize"（职业选择：专才还是通才）的讨论中，一位有 20 年编程经验的老程序员希望与网友讨论，程序员应该成为专才还是通才，回复他的网友中，有人曾在 20 世纪 80 年代为 PDP-11/45 机型开发过软件，有人经历过纸带机和打孔卡的年代。不论这些网友的观点如何，从这些讨论中可以明显地看到：这些老程序员自己以及与他们讨论的较为年轻的程序员乃至尚未毕业的大学生，都没有对他们如此长时间工作在行业一线表现出任何特别的态度。由此可见，拥有 20 年以上经验的老程序员仍在从事一线软件开发工作，这一现象在美国的 IT 行业中并不稀奇，应该是一件相当常见的事。

因为多年在行业中浸淫，美国的老程序员们对层出不穷的方法和工具有一种实用主义的审慎态度。例如在一个题为 "Recommendations on requirements/project management tool"（推荐需求管理 / 项目管理工具）的讨论中，一位网友指出 "20 世纪的硬件设计师在飞机驾驶舱里添加了太多的灯和开关，飞行员根本来不及掌握"，来类比说明良好的项目管理不需要依赖多么先进的软件工具，纸质的索引卡和大幅的手绘图表就足以胜任。这位网友给出的具体建议是：把所有工程师安置在一个房间里，使他们能知道其他人是否遇到困难；把项目需要开发的功能名称（而非细节）写在纸卡片上，按照业务优先级排序，再把这些卡片钉在一块板子上，完成一个功能就摘掉一张卡片；在板子旁边贴一张大白纸，画上坐标轴，横坐标是时间，纵坐标是完成的功能数，每周画出一条折线，就能看到项目的进展趋势。他所建议的这些做法，实际上就是极限编程的需求管理和项目管理方法。

美国的从业者们也会遭遇软件研发基础能力缺失的情形，例如在题为 "Software testing in small companies"（小公司的软件测试）的讨论中，题主所在的公司没有专职测试人员，也没有成型的测试流程。一位在小公司中工作了 20 多年

---

① IBM System/370 是 1970 年发布的机型，于 1990 年被后继的 System/390 取代。

的网友认为，软件工程所建议的测试方法在这种环境中难以实施，而测试驱动开发（TDD）实施的成本也会很高。另一位网友给出的建议是从一些最核心的度量和实践开始逐步建立测试体系，例如可以首先记录开发者用于修复缺陷的工作量，让开发者认识到提高质量的重要性，然后引入一些白盒测试，并制定基本的测试覆盖率规则。在类似的讨论中可以看到一个趋势：美国的从业者倾向于结合实践经验讨论方法和工具的实用效果，较少表现出对某种特定方法或工具的盲目轻信。

从发包方角度看离岸外包

另一个对于美国 IT 产业和从业者有着深远影响的因素是日益普遍的离岸外包趋势。美国向印度外包软件研发工作，这一趋势大约是从 20 世纪 90 年代后期开始的。为了快速检查和修复大量可能存在 Y2K 问题[①]的软件，美国和澳大利亚等发达国家向印度的劳动力代理商雇用了很多"软件蓝领"；到 2000 年前后，当"Y2K 热"已过，大量软件蓝领赋闲待工的时候，发达国家的 IT 组织就开始利用这些劳动力进行其他需求较明确、技术要求较低的软件开发和服务工作。在 2001 年高科技市场出现危机的时候，美国和澳大利亚的 IT 公司大量裁员，并将工作离岸外包到印度，进一步推动了印度外包行业的发展[117]。到 2005 年前后，印度软件服务外包已经达到每年上百亿美元规模[②]，从业人数超过 65 万[③]，外包中心班加罗尔的 IT 工程师人数甚至超过美国硅谷[118]，包括摩根大通等金融企业也计划在印度成立数千人规模的外包中心。

在 2005 年的一个题为 "How to handle outsourcing? "（如何处理外包）的讨论中，

---

① Y2K 问题也被称为"千年虫"，是指计算机程序设计的一些问题使计算机在处理 2000 年 1 月 1 日以后的日期和时间时，可能会出现不正确的操作。一般来说，如果计算机程序中使用两个数字来表示年份，如 1998 年被表示为"98"、1999 年被表示为"99"，而 2000 年被表示为"00"，就会导致某些程序在计算时得到不正确的结果，如把"00"误解为 1900 年。排查 Y2K 问题没有什么通用的自动化方案，需要对已有软件系统的源代码做大量的人工检视。

② 参见王静波 2005 年 9 月 1 日在上海情报服务平台上发表的《印度软件产业——产业发展概况》。

③ 参见中华人民共和国驻印度共和国大使馆网站上 2006 年 7 月 14 日发布的《印度软件外包发展简记》：http://in.china-embassy.org/chn/ssygd/IT/t263055.htm。

我们可以看到在美国一侧，离岸外包是如何开展的。为了将工作量离岸外包到印度，美国的软件工程师们需要对软件需求做分析，形成相当详细的软件设计文档，然后将文档交给印度的外包团队，让他们开发软件，并监控印度团队交付软件的进度与质量。有时这种监控需要在非常细的粒度上进行，每天都需要检查印度团队的进展。美国的软件工程师还经常需要出差到印度，与印度的"软件蓝领"们在一起工作一段时间，以便更好地管理外包。

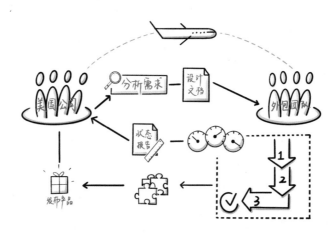

有数量充裕、调度灵活的离岸外包劳动力来承担软件开发中劳动密集的部分，美国的 IT 岗位自然就会精简。尽管美国 IT 协会宣称美国在 2001 ～ 2002 年将面临 42.5 万个 IT 职位空缺 [117]，但事实证明这些空缺是为低成本的海外软件蓝领准备的，而美国软件工程师的失业率则在 2000 年底到 2003 年间翻了一番，达到 4.6%[118]。同时美国企业也更有底气提高对国内员工的能力要求，以至于在美国应聘软件相关工作的成功率只有 2%[117]。因此，美国的软件从业者的平均水平较高，从事的也是较有技术挑战的工作，并且普遍有较多的思考。

另一方面，在与离岸外包团队协作的过程中，美国的从业者们发现，尽管 CMM 宣称能解决外包团队标准化的问题，但实际情况可谓"道高一尺魔高一丈"。例如 2004 年 8 月，有一位中国的软件从业者在讨论组中介绍自己在一家外包公司的工作情况。这家公司给出的每人月报价是 1500 美元（约合 12 400 元人民币），并且老板为了接单，强迫团队用 14 人月完成项目，尽管工程师估计整个项目需要 30 ～ 50 人月工作量。参与讨论的美国网友表示，这种情况非常普遍，很多外包公司会用低价竞标拿下项目，然后一边压榨开发团队，一边向甲方诉苦要钱。对这些接地气的问题，学院气浓重的 CMM 并没有给出有效的回答。

* * *

这天刚到下班时间，李国彪没有像往常一样再多写一会儿代码。他起身收拾好案头的文件，背上自己的双肩包，跟同事们一起走出了办公室。多伦多的 Scrum 爱好者聚会还有一个小时就要开始，他想赶去看看。

聚会的场地是一家咖啡馆。李国彪赶到时，主办方已经拉起了投影幕布，早到的人三两成群，或坐或站各自聊着，不时又有人走进店门。李国彪点了一杯饮料，加入了旁边几个人的寒暄。又过一会儿，一位像是主持人的小伙子走到投影幕前面，宣布聚会活动开始。众人停下闲聊，把目光聚焦到小伙子身上。小伙子介绍了一位满脸胡须，穿着牛仔裤和格子衬衣的中年人，他今天的分享嘉宾，一位通过认证的 Scrum 教练（Certified Scrum Master）。

接下来的 40 分钟里，这位留着胡须的男士介绍了他在公司里实施 Scrum 的经验。李国彪发现，此人介绍的情况与他在公司的体会颇为相似：项目周期长，需求变化大，业务和技术关系紧张。从这位男士分享的经验来看，采用 Scrum 确实带来了情况的改善。李国彪想再去多讨论一点细节，可是这位男士好像很赶时间，讲完以后没有多做交流就匆匆离开了。咖啡馆的工作人员撤掉了投影幕布，众人又回到三两成群的闲聊状态。

对西方人这种端杯饮料闲聊的社交方式，李国彪并不太习惯。正在感到有些无聊，准备起身离去时，他忽然瞥见人群边站着另一个黄皮肤、黑头发的东方人，圆脸上戴着眼镜，他背着双肩包，神情腼腆。靠近打个招呼，对方果然也是中国人。

"我在多伦多大学，计算机系，对软件工程挺有兴趣的。"这位叫邵栋的年轻人自我介绍。

"刚才听那哥们儿介绍，好像 Scrum 还挺有用的，我想回头在公司试一试。"李国彪说着自己的打算，"我也想去考个 Scrum Master，未来可能整个行业都会认可这个认证。"

"我对认证倒是兴趣不大，"邵栋扶一下眼镜，笑呵呵地说道，"相比之下，还是更在意把敏捷的实践，尤其是极限编程的实践给落地。我大概是在2001年了解到极限编程，这几年我们在学校里有很多的研究和讨论，极限编程的效果是很实在的。我希望从高校开始做起，把这些实践普及到行业里。"

　　"哦？你会在多伦多大学任教吗？"

　　"没有，我接到南京大学的一个录用通知，过段时间就回国去教书了。"邵栋还是笑呵呵的，"在这儿学了很多东西，终归还是带回国去，给咱们国家的行业发展做点贡献嘛。"

　　"说得好，祝你前程似锦。"李国彪诚挚地说道。

美国 IT 从业者看低 CMM

　　当低技术的、劳动密集的任务逐渐被离岸外包给印度的团队，留在美国的是经验丰富、能力强大的从业者，他们处理着更贴近业务第一线，因而动荡也更剧烈的任务。在他们的视野中，以 CMM 为代表的瀑布式软件工程方法正在经历着越来越多的挑战甚至是失败。

　　2005 年 1 月，美国联邦调查局（FBI）的一名高管承认，FBI 可能不得不中止一个软件开发项目。该项目是从 2001 年"9·11"恐怖袭击后启动的，目的是开发一个重要的反恐软件工具"虚拟案例文件"系统，方便一线探员组织、分析和交流与犯罪和恐怖主义相关的案例信息。在历经 4 年、耗资 1.7 亿美元以后，FBI 承认开发出来的软件系统"不可用"，甚至无法给出预计完成该系统的准确时间表和预算。针对此项目的调查报告认为，FBI 的首要使命从罪案调查转向阻止恐怖袭击，是导致项目失败的重要原因，糟糕的项目管理则加剧了问题的发展。

在 Usenet 讨论组中，一位网友猜测该项目在早期就已把需求锁定，并在长达数年的项目过程中拒绝需求变更，然后厂商花了几年时间按照预先定义的需求文档开

发出一套不符合用户真实诉求的软件系统。另一位网友则不无讽刺地回复说，FBI是否听说过"敏捷"这个词呢？

类似的论调在当时的 comp.software-eng 讨论组中相当普遍。2004 年 11 月，有人在讨论组中请网友推荐软件工程的好书，一位网友在回复中指出：很多软件工程的著作并没有对软件开发的日常实践给出具体的指导，结果到实际工作中就变成了"边做边改"（Code-and-Fix）。在另一篇题为"How much Maturity is in CMM assessment？"（CMM 评估有多成熟）的讨论中，题主观察到 CMM 评估流于形式，例如评估小组只是询问文档在哪里而并没有认真查看文档的内容，因此他感到 CMM 成了"一个笑话"。参与讨论的网友们对此颇有共鸣。一位网友指出，CMM 所关注的"成熟度"与软件开发过程的"有效性"脱节，通过了 CMM 5 级认证的团队照样开发出没人买单的糟糕软件。另一位网友则认为，CMM 评估体系认为质量可以被量化，过程可以完全受控，不需要了解软件开发过程的内部情况就可以评价其效果，这些基本假设很幼稚。只关心文档而不关注真正的软件开发实践，使得 CMM 难免流于形式。

在这样的行业氛围中，重视实践，用可工作的软件说话，强调快速反馈的敏捷方法受到较大范围的青睐是情理之中的事。2004 年到 2005 年间，comp.software-eng 组的讨论中经常推荐敏捷方法，其中最常被提及的是极限编程、Scrum，以及 Poppendieck 夫妇倡导的精益/看板方法。饶有兴味的是，2005 年 7 月，伊斯曼柯达的一位招聘经理发布了一个招聘帖，招募有经验的敏捷开发和支持工程师。就在 3 个月前，柯达发布年报亏损 1.42 亿美元，标准普尔评级将其信用调低至"垃圾"级，百年摄影业巨头已经一蹶不振。在时代浪潮中，步履维艰的传统巨头会选择敏捷作为最后一根救命稻草，一方面映射出行业对敏捷的认同，另一方面也给敏捷添上了几分无奈。这个模式在几年后的中国 IT 业也会反复出现。

政府大力支持中国软件业

不过此时的中国 IT 业还没有进化到这一步。2005 年前后的中国软件与 IT 服务市场，在政府有关鼓励软件产业发展政策的积极推动和行业与企业信息化需求的持续拉动下快速发展，规模已经超过千亿元人民币。在这个市场中，全面复苏的管理软件市场是关注焦点，集团企业对集团财务、集团人力资源管理软件需求的快速释放和中小企业对 ERP 软件的投资增长成为主要驱动因素；金融、电信、交通、教育等重点行业信息化建设的持续推进也促进了行业软件市场的增长[119]。简言之，此时的中国软件业是以政府导向为主、以重点行业信息化应用为主的行业。

得到政府支持的重点行业信息化项目有其特点。首先，这类项目通常周期较长，一般按照年度编制预算、规划项目，并争取在同年内验收；跨年的大型项目也不罕见。例如从 2005 年《中国计算机用户》发表的一个案例[120] 中可以看到，一位信息主管在春节时"奋笔疾书，向老总坦陈信息化对公司工作的重要意义"，从而申请到"几百万元的资金"；在立项和商务谈判之后又过了至少 4 ~ 5 个月，项目才进行到一半，由此可以推测上线和验收最快也要安排在 11 月进行。并且此时项目的范围已经发生了膨胀，扩展到公司真正需要的范围之外。加上前期的准备工作太过拖沓，导致进度也远远落后于时间表。这位信息主管不得不重新对需求的重要性进行排序，将需求分为"必须""应当具备""锦上添花"三大类，严格坚守核心功能，并在此后的项目过程中一直不断跟踪，以便将预算保持在控制范围之内。然而时间已然流逝，项目延期已经无可避免。

几位行业专家对这个案例提出了分析和建议。上海企业资源管理研究中心的咨询顾问吴晗之认为，"这个项目是一个典型的范围不清造成的预算超支案例"，可见这个项目运作的方式和节奏本身在当时是常规的，专家认为需要改进的只是在立项阶段与高层深入沟通，在选型阶段明确实施范围和目标。常州依维柯客车有限公司信息中心主任裴丽华指出，"CIO 必须首先得到 CEO 的支持，每年年底便做好下一年度的资金预算，这预算不但要做得详细，还要留有余地"，并提出了几条精确控制、避免预算超支的建议。由此可见，这种以年度为周期开展预算和项目的方式是业界的普遍情况。赛迪顾问信息化咨询中心高级咨询顾问吕庆领博士指出这个案例中"项目周期过长直接增大了人力成本"，并建议"企业的信息化建设要有符合企业发展的 IT 总体规划，在规划中明确界定各 IT 项目，给出各项目详细的 IT 预算，制订实施计划"，这个建议应该说是切中要害的。

同时，这一阶段的行业信息化几乎都聚焦内部应用系统。不论是办公自动化、公文流转、政务协同，还是 ERP、CRM，此时的行业趋势都是在解决线下信息与流程的数字化、自动化问题，系统都是政企内部员工在使用。用户只能给系统提意见，除非业务流程有重大缺陷，否则用户基本无权决定是否使用 IT 系统。即使是如金融、电信等直接用 IT 系统服务终端用户的行业，此时都由几家央企主导，市场竞争性不强，用户选择的余地很小。以银行业为例，招商银行从 1999 年开始建设网上银行，其良好的用户体验长期遥遥领先于其他国内银行的网银系统，但这也并不妨碍"中农工建交"五大行牢牢占据"第一梯队"的位置，招行直到 2018 年才在收入和利润上超越五大行最末的交行。IT 系统对业务上限的影响不大，主要意义在于内部协同增效，于是企业信息化建设的重心也主要落在可靠性、安全性等基础能力上，并不特别在意用户的反馈。

对终端用户的不重视，很多时候折射出一个更深层次的特点：得到政府支持的信息化项目容易成为面子工程、政绩工程、领导工程，反而 IT 系统本身应该承载的价值模糊不清。这个特点在之前几年集中建设的政府网站上得到了集中体现。据赛迪顾问的评估，全国各地接受评估的共计 800 多个政府网站普遍存在六大问题：网站定位不科学，政府网站与电子政务发展脱节；"政府中心"痕迹严重，"用户中心"意识没有建立；政务公开内容狭窄，真正需要公开的内容公开力度不够；需求把握不好，用户针对性不强，网站服务不实用；网站栏目复杂，页面布局不科学，不便于用户使用；门户网站与部门网站内容整合度差，二者相互脱节[121]。赛迪顾问给各级政府门户网站提出的建议包括"求真务实"：要把握"实用、好用和够用"的原则，不要做表面文章，不仅要关注网站能够提供服务，更要关注社会公众使用网站的实际效果。实际上，这一阶段各重点行业的信息化项目中，不够求真务实，缺乏关注用户实际使用效果的系统绝非罕见。

政府网站不好用的问题，即使在十年后也没有得到很好的解决。2015 年国务院第一次全国政府网站普查情况的通报显示，截至当年 11 月，各地区、各部门共开设政府网站 84 094 个，其中普查发现存在严重问题并关停上移的有 16 049 个，比例达到了 19.08%。信息更新不及时、页面功能不可用、链接错误无法打开等情况广泛存在于基层政府网站。在抽查的 600 家网站中，有此类问题的网站数量占比分别达到了 87%、80% 和 90%。作为政府网站的榜样，英国和美国政府网站鲜明地把"服务公众"和"信息公开"置于优先位置，中国的政府网站则主要扮演宣传平台的角色，政策宣传和新闻在网站中仍占据很大空间，而与普通民众密切相关的服务却往往被置于不起眼的位置。

敏捷没有用武之地

得到政府支持的重点行业信息化项目具有周期长、用户选择余地小、价值定位模糊等特点，这就决定了这类项目与敏捷方法的不兼容。尽管能给一线从业者提供实践的指导，但敏捷方法最重视的目标"通过持续不断地及早交付有价值的软件使客户满意"，对于此时的中国软件业而言是一句陌生的话。

首先，"有价值的软件"在这个语境下究竟如何解读，是颇可玩味的。时任科学技术部部长的徐冠华在全国制造业信息化科技工作大会上专门提到，"部分企业存在把信息化建设当作'面子工程'，一味追求采用高端软硬件、高层次人才的信息化建设'高消费'现象"[①]，可见这种现象相当常见，乃至引起了政府高层的注意。即便是认真做软件的项目，为了顺利通过验收，也会把功能完备、数据安全等能够在项目验收时量化检验的技术指标放到更高的优先级。至于软件是否好用，能否为最终用户欢迎，以及能否带来用户工作效率的提升，反而常常被忽视了。从政府门户网站的评估结果中已经反映出了这一问题。敏捷方法认为，软件价值最直接的体现方式就是通过运行可工作的软件为企业创造收入（或降低成本）。放在当时中国 IT 业的语境下，这种观点即使不算错，起码也是太过片面了，因为对这些信息化工程而言，经济效益不是唯一，甚至不是最重要的价值考量。

当信息化工程被赋予如此丰富的价值期望，"持续不断地及早交付"就成了不可能的任务。对于中国特色的"献礼工程"而言，最关键的价值交付只发生在那个有特殊意义的日子，在那之前，项目团队只能排练，无法及早交付价值。即便不是献礼工程、面子工程，项目的预算管理机制和内部导向、专家导向、领导导向的价值期望也决定了到项目结束时，组织统一验收是唯一可行的确认项目达成预期的方式。

① 参见中华人民共和国科学技术部网站上 2006 年 10 月 24 日发布的《关于印发全国制造业信息化科技工作会议有关文件的通知》：http://www.most.gov.cn/fggw/zfwj/zfwj2006/200610/t20061024_54402.htm。

正因为有这些国情，当中国软件企业的管理者们初次接触敏捷，他们的反应是茫然的。当 Martin Fowler 在 2006 年中国软件产业发展高峰论坛上发表演讲时，这种茫然得到了集中体现。当时 Fowler 讲述 ThoughtWorks 在北美"给投资银行做的项目，这个项目本身计划 8 个月后完成，但是通过迭代式的开发，两个月的时候已经有部分功能上线给客户带来价值。这一部分功能已经可以让客户使用，而且可以为客户带来真正的经济效益。整个项目所有的预算、所有的投资在这一部分功能上线后的几个星期就收回来了"①。台下的一干听众们表现出的并不是赞同或反对，而是一脸茫然。茫然的不是语言（时任 ThoughtWorks 中国区技术总监的郭晓给 Fowler 的演讲做了逐句翻译），而是观念。"为期 8 个月的项目在两个月时已经上线开始收钱"对于这些听众而言，是一个前所未闻的概念，他们还来不及理解，更谈不上赞同或反对 [122]。

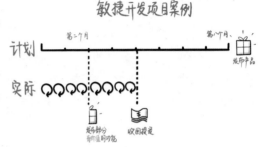

*   *   *

　　"邵老师，这句话的意思是要先写测试再写代码吗？"课堂上一个男生举手提问，"没有代码的时候，怎么写测试呢？"

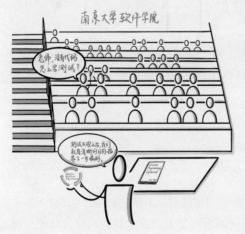

　　"这位同学提的问题很好，这就是测试驱动开发的精髓所在。"讲台上的邵栋习惯地推一下眼镜，笑眯眯地答道，"在极限编程的开发循环中，我们先写一个测试，并运行这个测试，这时候因为功能代码还不存在，所以测试一定会失败，这样我们就有了一个清楚的目标，指导接下来要编写的功能代码……"

---

① 参见新浪科技 2006 年 6 月 1 日发表的《思特沃克首席科学家 Martin Fowler 发言》。

南京大学的这间大教室里坐了一百多名学生，有本科生也有研究生，人人手里捧着一本英文版的《解析极限编程》（*eXtreme Programming Explained*）。邵栋从加拿大回国以后，在南京大学软件学院任教。学院的院长希望他把国外先进的经验带到南大，他也当仁不让，开设了两门实践性很强的课程，一门是《设计模式》，另一门是《敏捷软件开发》。软件学院提倡与国际接轨，用英文教材授课，邵栋自己也觉得原汁原味的教材读起来更有味道，于是就选了 Kent Beck 这本极限编程的开山之作当作教材。回国不久的他还不知道，唐东铭已经翻译了这本书，不然或许会考虑同时给学生推荐中文版作为参考，以降低一点难度。

"邵老师，刚才您讲的测试驱动开发过程，其实我还是没太理解。"下课铃响，学生们鱼贯而出，邵栋正在收拾讲义，刚才课堂上提问的男生走到讲台边来继续问道，"就是，想象不出'先写测试再写代码'应该怎么操作。您能不能演示一下让我看看？"

"好呀，回头你去我教研室，我演示给你看。"邵栋仔细打量这个认真的学生，他满脸稚气，应该是个本科生，"我带研究生做项目都是这样做的，你可以来看看师兄们的操作。"

"邵老师，我在网上看别人评论极限编程，说极限编程就是不写文档，只适合做小项目，做不了正经的大项目。软件工程的正道还是应该学 CMM 和 RUP，您怎么看呢？"

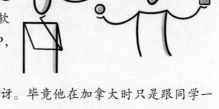

"有这样的评论吗？"邵栋有些惊讶。毕竟他在加拿大时只是跟同学一起学习研究极限编程，也并没有用极限编程实施过大型项目，一时竟不知该如何作答。

行业主流对敏捷的打压

对于敏捷这种逐渐从"草根"生长起来的软件开发方法，一些已经在 CMM 上进行了投资的软件工程专家首先做出了反应。上海交大软件学院的副院长林德璋教授曾在课堂上说："UP 是正楷，XP 是草书。先学好了 UP，才能学好 XP；先学 XP 再学 UP 就会乱套。"①——此处的"UP"很可能是指 Rational 统一过程（Rational Unified Process，RUP），在当时被认为是可以用于达成 CMM 要求的一种软件过程②。据说林教授还曾在课堂上说过"等上到 CMM5，简直就是一位武林高手已经到了自废武功、无招胜有形的地步"，对 CMM 的偏爱可见一斑。不过考虑到当时 CMM 重认证、重文档、轻实践、轻能力的实际情况，林教授这个"无招"的点评倒是歪打正着。

尽管有所偏好，林德璋教授终归还是学术界人士，不涉足业界的利益分配，给出的评价自然也以感性为主。真正在业界打拼的软件工程专家们对于敏捷的反应则更加直接和激烈。这些熟悉 CMM、占据当时软件工程舞台中央的业界专家，对于敏捷的评价，大致有以下几类。

第一类观点宣称敏捷方法是自由散漫的"牛仔的工作方式"。例如 2006 年独立软件工程顾问张恂的一篇文章[123]声称，"有些 XP 拥护者鼓吹几乎不留设计文档，主要依赖源代码说明"，并说这种做法"得到了我国许多本来就不善于用抽象表达设计的程序员们的热烈'拥戴'"。不论这种"鼓吹"是否真的存在，诚如作者所言，这种印象足以使习惯了"强调过程文档化、数字化的 ISO 9000、CMM 理念"的软件客户和技术主管们对敏捷望而却步。在后来相当长的时间里，国内大型企业在实施敏捷时的一个常见的担忧就是"据说敏捷不写文档"，这种给敏捷的推广带来了一定阻碍的观点，与此时这些专家片面的乃至不负责任的言论脱不开关系。

在第一类观点之上，很容易推导出第二类观点：敏捷只适用于个人或小型项目，不适用于大型项目。知名软件工程专家林锐博士的一篇文章称："敏捷开发方法对于提高个人、小型团队的工作效率是很有帮助的（如果用对了的话）。但是企图用它指导大型、中型软件机构的研发管理是有很高风险的。它的某些主张是局部观点而不是全局观点，如果把握不好分寸的话可能导致整体混乱，而'整体的混乱'会淹没'局部的好处'。"[124] 广州市信息中心的吕晓峰也在文章中称："敏捷方法，主张以人为本，将过程控制，尤其是文档弱化……小项目可适用敏捷方法，大项目则应加强过程的监控。"[125]

这类观点看似一分为二、不偏不倚，但谈及的"大"和"小"都是非常主观的印象，从来没有一位专家明确指出，多大预算规模、多少人天工作量即可作为标准划分项目的大小。但考虑到重点行业信息化项目的期望、规模和预算周期，参与这类项目的软件组织无疑不会将自己定位为"小型团队"，无论甲方还是乙方

---

① 参见 Allen Young 于 2009 年 3 月 9 日在其博客园博客上发表的《林德璋先生语录》。

② 参见 IBM 于 2003 年 3 月 1 日在 IBM Developer 上发表的《利用 RUP 达到 CMM 2 和 3 级》。

都必定会强调"全局观点"，因此评价敏捷方法"适用于小团队、小项目"，实际效果是将敏捷方法排挤出当时市场主流的重点行业信息化项目。后来从华为等通信企业实施敏捷的实际情况来看，成功的试点项目中不乏代码量上千万行、团队规模数百人、时间周期超过 6 个月的项目，这些项目显然不算"小"，可见当时的这种专家观点也并非很能站得住脚。

从 2001 年"CMM 始祖访华"以来，CMM 对于业界能力提升效果的缺乏有目共睹。到 2005 年上下，即便是熟悉 CMM 的软件工程专家，也不得不承认 CMM 一线落地不力的现实。基于这一状况，于是又有了针对敏捷的第三类观点：敏捷是 CMM 的一种实现方式。例如张恂 2006 年的这篇文章指出，"2005 年标志着 CMM 时代的结束，取而代之的是 CMMI（集成的过程能力成熟度模型）。CMMI 框架相比 CMM 更加成熟、健全，也更加灵活和敏捷"，具体的建议则是"参考 CMMI 框架，结合 RUP、XP、Scrum……提出有中国特色的软件过程评价标准和参考模型"。长沙理工大学和国防科技大学的几位研究人员则对"CMM 框架下实施极限编程"进行了更细致的研究，并得出结论："XP 实践基本符合 CMM 目标和 KPA，满足了 CMM L2–L3 的大部分 KPA 的要求，但基本上没有涉及 CMM L4–L5 的 KPA，XP 缺少使良好的工程和管理实践制度化的关键基础设施和管理要件，从而说明了 XP 与 CMM 在方法和目标上的一致性，因而 XP 能用于软件组织的 CMM 过程改进"[126]。这种观点，尽管强行把敏捷置于 CMM 的从属地位，至少对敏捷的可行性给予了肯定，同时也为软件工程专家们未来转型为"敏捷专家"埋下了伏笔。

在行业，尤其是在甲方广泛认同的软件工程专家这个群体有意无意地抹黑、贬低和打压之下，敏捷方法尽管得到"民间"一线软件从业者的小范围认同，但在其时主流的重点行业信息化项目中几乎得不到应用，只有一些爱好者零星地试用，而这又进一步强化了敏捷"只适用小团队"的印象。敏捷在业界的发展在这一阶段受到了明显的阻碍。

CMM 无助于行业能力的提升

敏捷在得到政府支持的重点行业信息化浪潮中不受青睐，带来的一个副作用是整个 IT 业界的基础软件研发能力迟迟不能得到补齐。但是中国的某些 IT 行业媒体，一来有报喜不报忧的传统，二来缺乏掌握研发一线真实情况所需的耐心与技术基础。要了解一线真实的研发能力水平，我们只能暂时放下出版物材料，更耐心地把梳一线技术人员出没的网上论坛。

2003 年 9 月，身在上海的程序员范凯在学习使用开源的 Java 数据库访问框架 Hibernate 的过程中，为了便于开展相关的技术讨论，创办了一个叫作"Hibernate 中文站"的论坛。很快，这个论坛聚集了一批对 Java 开源技术感兴趣的技术人员，话题也从 Hibernate 扩展到 J2EE 的各个方面乃至软件工程等相关领域。于是 2004 年 1 月，范凯将这个网站改名为"Java 视线"（JavaEye），域名也改为"javaeye.com"[122]。此后的几年中，JavaEye 论坛成了这一批"热心于提升知识与能力的年轻软件开发者"几乎唯一的讨论阵地。透过这个论坛的讨论，一定程度上可以还原当时中国 IT 业界的状态。

浏览当时的讨论，可以得到的第一个印象是，需求管理和项目管理的能力在当时的业界普遍是比较薄弱的。例如，2004 年 1 月一位广州的从业者在论坛中提及①，他所在的前一家公司，项目组的内部沟通形式只有两次每周例会："每星期一有一个例会，总结上周工作，安排本周工作。而周五则有一个类似培训的集会，用于解决组员问题，或培训一些'新'的知识。"而他现在供职的公司连每周例会都没有，内部沟通呈现自发的、极度缺乏的状态。另一位网友透露②，他正在参与一个锻造行业生产管理系统的开发工作，对于行业背景知识和系统需求都了解很少，且客户以一种非常随意的方式频繁变更需求。从其他网友的讨论中可以看到，上述这些情况在国内的软件研发团队中绝非罕见，网友针对团队内部沟通、需求采集与管理等问题也没有给出实质性的建议。由此可以看出，当时国内业界对于软件项目中常规的需求的采集、团队内部管理实践的开展是缺乏理论与实践的。

另外两项软件研发的关键能力是配置管理与质量保证。当时的中国 IT 业同样普遍处于较低水平。在 2005 年 5 月的一个讨论③中，一位对 CMM 了解颇深的网友指出，在小团队下，CMM 同样是可行的。假设只有 3 个人的小团队，其中一人可以兼任配置管理员的角色，负责制订配置管理计划，建立 VSS（Visual Source Safe，微软的配置管理工具）仓库，规定大家代码的上传位置，并每个月检查一次大家的代

① 参见 2004 年 1 月 29 日 ITeye 上的帖子《请教一些团队管理和软件开发的问题》。

② 参见 2004 年 3 月 1 日 ITeye 上的帖子《软件开发中的一些困惑》。

③ 参见 2005 年 5 月 26 日 ITeye 上的帖子《CMM 到底给我们带来了什么？》。

码是否都上传了。由这个讨论可以看出，当时中国的 IT 行业中，"每月向团队共有的代码仓库提交一次代码"还不是得到广泛认可和普遍实施的实践，遑论更频繁的每日乃至持续集成。2005 年 12 月在 CSDN 的一个讨论[①]中，一位网友不知道是否应该给新同事提供自己所开发模块的源代码。另一位网友曝光，一家"在本省业内算得数一数二"的软件公司"在产品即将发布光盘刻录……的时候突然发现很多问题……按测试组负责人的说法就是'简直就是没测过'"[②]。从这些讨论可以看出，没有明确的代码访问权限管理机制和测试流程，这样的情况在当时的行业中并不罕见。

此时的中国 IT 业是一个非常年轻的行业，以上海市为例，2005 年从事一线编程工作的程序员平均年龄仅 26.3 岁，平均从业经验 3.8 年[③]。这些大学毕业直接入行、在一线工作寥寥数年的工程师并没有太多经验积累，更谈不上反思和总结出良好的实践。这个年轻的行业亟须外来的成熟研发体系提供指导。按照国务院"国发 18 号文"的导向，CMM 本应该扮演指导行业实践、提升行业能力的角色。但是从效果来看，得益于政策红利、忙于评级获取政府补贴的 CMM 咨询公司和软件企业，在切实提升一线能力上做出的努力有限。

一位网友在 JavaEye 论坛上维护 CMM 说，"CMMI 是标准不是方法，所以 CMMI 不会告诉你解决方案的细节"，并举了一个例子："CMM/CMMI 规定必须做配置管理。它要求在项目中，必须有一个角色来负责配置管理的工作。但是，测试代码是否需要管理？它没有做出规定。你们项目中如果不做测试，或者认为测试不重要，那么，测试代码完全可以不做管理。"[④]然而，令在行业一线打拼的年轻从业者们感到困扰的，恰好就是这些"解决方案细节"的缺失。他们希望有人给他们一个明确的指导，告诉他们需求管理、项目管理、配置管理、质量保障每天的工作应该如何开展。他们的困顿与求索，为敏捷在不远的将来的蓬勃发展积蓄着力量。

① 参见 CSDN 论坛 .NET 技术的非技术区的帖子《疑惑：新来的同事要看我的源代码，我该不该给他？》。

② 参见 2005 年 8 月 1 日 ITeye 上的帖子《软件产品发布后出现重大质量问题，谁来负主要责任？》。

③ 参见张元于 2005 年 8 月 1 日在搜狐 IT 上发表的《上海软件行业薪情出炉 高离职率高工资高福利》。

④ 参见 2005 年 5 月 26 日 ITeye 上的帖子《CMM 到底给我们带来了什么？》。

上下求索的敏捷实践者

尽管被行业主流打压，一线的敏捷实践者仍然孜孜不倦地上下求索。依托在线论坛、线下技术社区活动、《程序员》杂志等阵地，同一批来自研发一线的实践者，同时推广开源的、轻量级的 J2EE 架构方案和敏捷的开发方法。前者的流行一定程度上为后者的广泛传播做了铺垫。

下午1点半，浙江大学玉泉校区的300人阶梯教室已经陆续有人进来落座。石一楹和何晓东在教室门外抽完一根烟，进门走向第一排座位。熊节坐在第一排角上的位置，正对着笔记本电脑屏幕念念有词。

"今天人不少呀，都是冲着小熊你来的咯，"石一楹打趣道，"你等一下上台可不要紧张呀，哈哈哈……"

"哎呀我都紧张死了，从来没上台讲过东西，你还搞了这么大一个场地，一会儿讲砸了可怎么办？"熊节抬起头，满脸愁容地说道。

"你就放心吧，你都翻译过《重构》了，就书里的东西讲讲么大家也是爱听的。"石一楹安慰道，"别怕，这个主题你就是最懂的人了，台下谁也没有你懂得多，都等着你来普及知识呢，你尽管大胆讲。"

"就是，万一讲不好还有一楹的演讲在后面压轴嘛，反正一大半人是冲着一楹的名气来的，你只是暖个场，不要想太多啦，哈哈哈哈……"何晓东也拍着熊节的肩膀打趣他，熊节把头埋在桌上，摆出一个"不要理我"的姿态。

挂钟的时针指向2点，浙大软件学院的一位副院长做了个简短的开场，就邀请熊节上台演讲。熊节起身走上讲台，把自己的笔记本电脑接上投影视频线，转头确认背后大屏幕上的投影显示是否正常。大屏幕的上方，一条红色横幅写着"ERPTAO软件技术讲座"几个大字。再看向台下，全是求知若渴的眼神。熊节深吸一口气，开始了演讲：

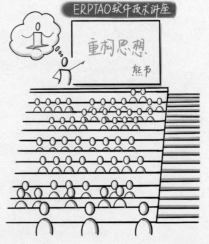

"今天我想跟大家分享的主题是'重构思想'。什么是重构呢？要讨论这个话题，我们先来看一段代码……"

J2EE 新趋势：没有 EJB

中立于厂商的、纯属分享性质的线下技术交流活动，在中国软件行业里最初的发起者可能是 CSDN。2002 年春节后，CSDN 与北京软件行业协会（BSIA）共同发起了"优程–CSDN 技术沙龙"线下活动。在一次较小规模的试水后，这个技术沙龙在随后 3 个月里先后邀请了微软、Borland、Sun 的技术布道师进行分享交流，不偏不倚覆盖了当时在应用软件开发技术领域最重要的 3 家厂商[1]。在此之前，软件业内的技术会议都是厂商赞助，以宣传厂商产品为主。CSDN 的创始人蒋涛在发起这个活动时，希望改变厂商导向的价值定位，立足于服务广大从业者，尤其是软件开发者，为他们提供中立、客观和有实用价值的信息。这种价值定位在 4 月发生的第 3 次技术沙龙中体现得淋漓尽致：尽管演讲嘉宾李维是 Borland 的技术布道师，他却从行业角度客观讨论程序员的职业发展，并不宣传 Borland 的产品，甚至提出"程序员应该正确认识自己的发展方向，而不要把注意力集中于某种语言或讨论工具的优劣之上"的建议。

CSDN 技术沙龙在行业里开了一股新风气。在随后 CSDN 主办和协办的一系列活动里，这种受众导向的定位继续得到发扬，再加上邀请了如"C++ 之父"Bjarne Stroustrup 这种技术人员眼中的"大神"[2]，受到了从业者，尤其是技术人员的广泛青睐。"C++ 之父中国行"定位为大型学术交流系列活动，在西安、北京、杭州、上海举办了多场技术讲座，讲座的内容包括多范型程序设计（multi–paradigm programming）、异常安全的容器设计等。公正地说，这些内容在 C++ 的庞大体系中属于非常艰深、罕用的部分。即便在华为、联想等具备核心研发能力的超大型团队中，在工作中用得上这些内容的人也是寥寥可数，对于绝大多数应用开发者来说完全是屠龙之技。尽管如此，这一系列讲座还是场场爆满，可见当时从业者对高质量技术交流的渴求。

在 CSDN 引领的风气之下，各地陆续有一些民间组织开始效仿这种技术交流的形式。例如杭州的 ERPTAO 组织模仿 CSDN 技术沙龙的形式，在浙江大学举办了软件技术讲座，主题既有与敏捷方法相关的"重构思想"，也有纯技术性的"O/R Mapping（对象 / 关系映射）技术"[3]——后者的主讲人是最早在 IBM

---

[1] 对这一系列技术沙龙的报道见于《程序员》杂志 2002 年 4 ~ 6 期。

[2] 参见互动出版网 2002 年 11 月的文章《C++ 之父中国行精彩回顾》。

[3] 熊节于 2004 年 2 月 29 日在 CSDN 博客上发表的《杭州 ERPTAO 组织成功举办第一次技术讲座》。

developerWorks 网站上连载重构相关文章的石一楹，此时他关注的技术热点之一，是在企业应用中使用 Hibernate 作为 O/R Mapping 实现工具，从而避免使用 EJB。

1998 年，发明了 Java 技术的 Sun 公司将 JDK（Java 开发包）的版本升级到 1.2 版。这次升级伴随着大量的新特性、新方向，尤其是在标准 JDK 的基础上提供了支持企业应用开发和移动应用开发的大量工具和类库，是 Java 历史上一个重要的里程碑版本。从这个版本起，Sun 公司将 Java 定位为一个"平台"（而不仅仅是一种编程语言），使用了新名称"Java 2 平台"，并将其分为 3 个主要分支：用于一般编程任务的"标准版"（Standard Edition）J2SE、用于移动应用开发的"微型版"（Micro Edition）J2ME 以及用于企业应用开发的"企业版"（Enterprise Edition）J2EE[①]。经过几年的发展，到 2003 年发布 JDK 1.4 版本时，J2EE 已经成为行业信息化领域中最重要的技术平台。

J2EE 在行业信息化领域独领风骚的原因有几个。首先，因为采用了虚拟机架构，Java 语言具有"一次编写、到处运行"的可移植性，因此生产系统可以在 Linux 服务器上运行，而不必绑定微软的 Windows，为甲方提供更大的采购灵活性。其次，Java 语言与当时大学编程教学所用的 C 语言在语法上有很大相似之处，从业者学习门槛较低，掌握该语言的人数很多，给了乙方更大的人员灵活性。最后，J2EE 为企业级计算的许多领域设立了标准，促使各家应用服务器厂商基于标准提供常用的软件组件，从而缩短了企业应用的开发周期，提高了程序员生产力[127]。例如，如何访问数据库，如何编写 Web 应用的逻辑与界面呈现，如何集成企业中已有的若干软件系统，这些在行业信息化浪潮中普遍存在的问题在 J2EE 中都有现成的标准和工具可以解决，这就使软件开发团队更有信心选择 J2EE 来实施项目。

在 J2EE 的若干标准中，EJB（企业级 Java Bean）处于核心的地位。作为 Java 平台上的组件技术，EJB 定义了企业级应用中的服务端组件规范。按照 Sun 的设计，企业应用的开发者应该把业务逻辑都包装在 EJB 中，并且 EJB 也只承载业务逻辑；而企业应用中常见的"横跨性"（cross-cutting）问题，例如分布式、数据存储、事务管理、异步通信等，都交给 EJB 容器来处理。

按照不同的应用目的，EJB 又细分为三大类：Session Bean 用于承载企业应用的业务逻辑，Message Driven Bean 用于处理企业应用的多系统集成，Entity Bean 则用于处理数据库存取。在 2003 年，以石一楹为代表的一批一线的企业应用架构师

① 参见维基百科的"Jakarta EE"词条。

开始旗帜鲜明地反对使用 EJB，其中首先被他们批评的技术，就是用于处理数据库存取的 Entity Bean。

JavaEye 的诞生

Gavin King 是最早对 Entity Bean 正面提出批评的技术领袖之一。他直言"Entity Bean 正在快速失去在业界的流行度"，因为"EJB 2.1 中的 Entity Bean 在实际应用中就是灾难"[128]。由于规范设计上的不足，Entity Bean 并不是完善的 O/R Mapping 解决方案，也就是说，它不能很好地弥合面向对象的 Java 语言与关系型数据库之间普遍存在的"范式不匹配"。基于对 Entity Bean 的不满，2001 年，时年 27 岁的 King 单枪匹马在很短的时间里开发了开源的 Hibernate 框架。随后的两年，Hibernate 在业内迅速蹿红，到 2003 年，国内如石一楹等技术领袖已经在项目中实际使用 Hibernate，并积极地向同业者宣传推广自己的经验。2004 年 2 月由 ERPTAO 组织的在浙大软件学院举办的技术讲座上，石一楹所讲的"O/R Mapping 技术"主题，实际上就是在介绍 Hibernate 框架的设计理念与实用经验。

同一时期，另一位较早使用并积极传播 Hibernate 框架的从业者是上海的范凯。2003 年 6 月，他以"robbin"的 ID 在当时一个小有名气的论坛"解道"上参与了一个题为"最佳 J2EE 方案讨论之 O-R Mapping"的讨论①，前后发表了数十篇、上万字相当有技术深度的回复，解答了关于 Hibernate 的事务处理、跨表查询、集群部署、架构设计等方面的诸多问题，受到很多同行的关注，一位论坛网友回帖说

① 参见 2003 年 4 月 1 日解道 JDON 网站上的帖子《转帖：最佳 J2EE 方案讨论之 O-R Mapping: Hibernate v.s. CMP，请大家讨论》。

"一口气看完 5 页帖子，有一种观赏华山论剑的感觉"。

　　然而这个帖子的讨论并不止于技术。最初的发帖人就指出了 Hibernate 相比于 Entity Bean 的六大优点，范凯在讨论中也提出"不要轻易使用 Entity Bean"的建议。而解道论坛的版主彭晨阳（论坛 ID 是"jdon"）则倾向于严格遵循 J2EE 规范的建议和使用 Entity Bean，并提出对作为开源软件的 Hibernate 的担忧："选择框架软件最好是主流，Hibernate 可能很好，但是生命力有多长？如果主要开发者停止了，你的产品也就陷入停顿发展"。正如彭晨阳后来所说，这场讨论"实际是先进的非标准技术和成熟的标准技术之争"，他认为"技术本身是中立的……EJB 本身的优点大于缺点"，而业界讨论的 EJB 的若干问题都是由于"没有学会正确使用 EJB，或者胡乱使用 EJB"。这种观点，显然与 Gavin King 所发起的、一路流传到范凯这里的观点大相径庭。

　　于是，在随后的几个月里，范凯在解道论坛发起了一系列更有针对性的讨论，用大量实证的论据阐述 EJB，尤其是 Entity Bean 本身的设计缺陷，以及 Hibernate 相比于 Entity Bean 的优势。彭晨阳也积极地回应了这些讨论。两人间的讨论很快变得火药味十足，从技术的探讨延伸到了对个人专业能力的怀疑。大约在 9 月，彭晨阳删掉了范凯一批帖子，并单方面总结"这个争论本身实际是毫无意义的……在 Java 世界，之所以是百家争鸣，乱但是不失去章法，关键是有标准……标准在 Java 中是主心骨，具有非常重要的地位"。

　　显然范凯并不认为这个争论是毫无意义的。被彭晨阳删帖之后，范凯自己开了一个论坛，这就是当时的"Hibernate 中文站"，即后来的"Java 视线"（JavaEye）。

建站之初，范凯颇有所指地在一个帖子里说"在 Hibernate 中文论坛里面提出批评 Hibernate 的帖子，是不会被删除的……只有不遵守'论坛提问的智慧'的帖子才会被删"①。后来的 JavaEye 的确坚守了这一原则，一方面强调讨论的高质量，另一方面鼓励观点的多样性②，在业内名声很好。到 2011 年被 Oracle 强迫改名为"ITeye"之前，JavaEye 已有 80 万注册用户，每天 130 万页面浏览量，很可能是当时全球最大的在线 Java 技术社区③。

* * *

　　"其实我以前也用 EJB 的呀，"范凯的嗓门有一种穿透性，一下子就把全桌人的注意力吸引过来，"前两年我做过一个规模很大的项目，当时就是用 EJB，在那个项目过程当中发现 EJB 有很多问题，然后才开始找别的替代方案。"

　　"就找到了 Hibernate？"庄表伟问道。虽说都在上海，JavaEye 这一群网友此前还没在线下聚过，这次是借着《程序员》杂志几位编辑来上海出差，顺道拜访当地作者，才聚在一起吃了一顿饭。庄表伟跟范凯在论坛上时有交流，真人还是第一次见。

　　"没有呢，那会儿大概是 2002 年吧，Hibernate 还没发布，我都想过自己做一个轻量级的框架来替代 EJB。后来到 2002 年底的时候就知道了有 Hibernate。那时候 Hibernate 刚发布，很多地方不成熟，但是方向一看就知道

① 参见 2004 年 6 月 29 日 ITeye 上的帖子《Hibernate in Action 里这样评价 entity bean 的》。

② 参见范凯于 2015 年 8 月 5 日在微信公众号"CTO 肉饼"上发表的《Teahour 访问谈 JavaEye 网站》。

③ 参见范凯于 2011 年 4 月 2 日在 CSDN 上发表的《JavaEye 为何被迫改名 ITeye》。

是对的，所以我就开始研究，后来做项目也用，也推荐别人用。"

"对对，我记得你在彭晨阳的论坛上也推荐过 Hibernate，跟他还吵起来了。"

"可不是吗，"范凯感叹道，"那段时间我发现呀，有很多人完全是不认可开源软件的，他们觉得必须要按照大公司的技术方案做架构才靠谱，你拿个什么二十几岁的年轻程序员做的开源框架出来推荐呀，他们觉得你不靠谱，你宣传的这都是些什么异端邪说。"

"其实要说软件的能力和架构的水平，还真不见得谁优谁劣。"

"对，不见得，而且这些人对开源方案多半是不熟悉的，不像我呀，我对 EJB 很熟，所以我是真的对比过优劣取舍。他们的论点经常就是说你这是个开源框架，所以就不靠谱。是不是开源框架就不靠谱而大厂商的方案就靠谱，我看也不一定。"

"我觉得很多人也不是真的要维护 EJB，只是要一种确定性。"庄表伟沉思一会儿说道，"有一套完整的架构方案，就可以照着做了，哪怕里面有坑，也是别人趟过的，自己没有风险。如果放弃了 EJB 而用另一套开源框架，可能就要遇到很多未知的坑。没有了确定性，很多人会感到不安全吧。"

"当然，也能理解，"范凯说道，"不过我相信，轻量级架构这套方案也会逐渐成熟，你看现在有 Hibernate、Spring、WebWork，用这些框架开发真的比 EJB 要轻松得多。越来越多的人会转到上面来贡献和积累，完整的架构方案很快就会有。"

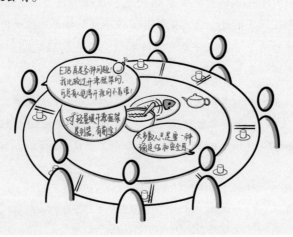

EJB 与敏捷格格不入

彭晨阳一直认为，EJB（包括 Entity Bean）的能力是没有问题的。他甚至遵循 J2EE 推荐架构重新搭建了解道论坛，使用了 Session Bean 和 Entity Bean，试图"从实践角度来证明成熟技术的合理使用是多么重要"[1]。然而以 Hibernate 为代表的一批开源 Java 框架的支持者对构建在 EJB 基础上的"经典"J2EE 架构提出的挑战，其重点很大程度上不在于功能的完备。开源先锋们对 EJB 的批评，首先是过度复杂，然后是开发效率低下。

EJB 的设计初衷是要支持基于远程过程调用（Remote Procedure Call，RPC）的分布式应用架构，即把另一个进程（很可能位于另一台机器上）当作一个普通对象，像使用普通的 Java 方法一样发起跨进程乃至跨网络的方法调用[129]。为了达成这一目的，J2EE 应用服务器，尤其是 EJB 容器需要提供大量复杂的基础设施支持，也因而极大地增加了使用 EJB 技术开发应用程序的复杂度。一般而言，每个 EJB 组件至少需要 3 个 Java 类：业务接口、业务实现、RMI 骨架（skeleton），以及若干 XML 配置文件。即便应用服务器厂商提供了预编译工具帮助生成部分代码，使用 EJB 开发应用的复杂度仍然远高于使用普通 Java 对象（Plain Old Java Object，POJO）。

EJB 这种复杂度使大厂商能够顺理成章地把应用服务器软件卖出高价，因此厂商的态度很明确：EJB 的复杂度是应对企业应用的复杂度所必需的。时任深圳金蝶中间件有限公司技术总监的袁红岗声称"如果项目中没有使用 EJB，就不能算是真正使用了 J2EE 技术"[130]，表达的就是这样一种态度。

然而敏捷的技术领袖们对此并不买账。Martin Fowler 提出的"分布式对象设计第一法则"就是"不要分布你的对象"[2]。以他为代表的一批技术领袖推荐的架构思路是在一个 Java 进程里完成所有业务逻辑，用集群解决单台服务器负载过重的问题。通过把 Java 服务端进程设计成无状态，当负载上升时，直接把部分负载分发到新的进程、新的服务器即可，从而使这种架构具有几乎无限的水平扩展性。这种架构风格实际上就把 Web 应用简化成了一个单进程编程的问题：不是"使远程调用变得透明"，而是根本没有远程调用[131]。这样一来，是否必须使用 EJB（并

---

① 参见 2003 年 4 月 1 日解道 JDON 网站上的帖子《转帖：最佳 J2EE 方案讨论之 O–R Mapping: Hibernate v.s. CMP，请大家讨论》。

② 参见 Martin Fowler 于 2003 年 4 月 1 日在 Dr. Dobb 软件开发世界网站上发表的《Errant Architectures》。

承受其带来的复杂度），就不再像袁红岗所宣称的那样毋庸置疑了。

倡导敏捷的技术领袖们拒绝 EJB 带来的复杂度，关键原因是这种复杂度造成了开发效率的损失。尽管应用服务器厂商努力通过代码生成和预编译手段减少业务逻辑之外的代码编写量，但这些措施又延缓了修改代码之后看到反馈的节奏：对业务逻辑的每次修改必须经历漫长的"预编译－编译－打包－部署"过程才能生效，这

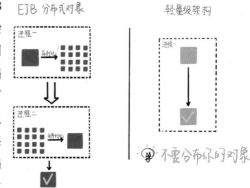

个过程短则耗费数十秒，长则数分钟的时间，这个时间间隔看似微小，每天却会无数次打击程序员频繁执行测试的积极性，从而对测试驱动开发等强调"小步前进"的开发方法造成致命的打击 [132]。而这种在开发过程中频繁响应的能力，采用瀑布式开发方法的团队并没有强烈的诉求。支持与反对 EJB 的两群人彼此都会感到与对方难以沟通，开发方法的差异是重要的原因之一。

以 Gavin King 为代表的一批年轻的企业应用架构师在他们职业生涯的早期就深受 Kent Beck、"Bob 大叔"、Martin Fowler 等敏捷先驱的影响，极限编程于他们而言是习以为常的工作方式。基于敏捷的习惯，他们提出了对 Entity Bean，继而对整个 EJB 体系的批评，不仅针对其能力，更针对其对快速反馈的影响。并且他们表现出了极强的技术主动性：没有等待大厂商主导的 J2EE 规范委员会回应，他们开发出了像 Hibernate 这样的替代框架，同时以开放源码的形式将其发布给全行业使用。时至 2004 年左右，敏捷与开源这两股细流汇集，形成了全面反对 EJB 的风潮，站在交汇处的也是一位深受极限编程熏陶的年轻架构师：Rod Johnson。他开发的开源框架有一个好听的名字，叫作"Spring"。

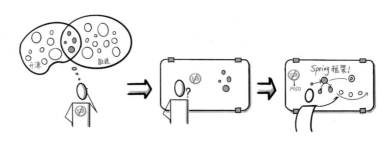

Spring：敏捷的轻量级 J2EE 方案

正式指出"所有 J2EE 应用都应该使用 EJB"这种说法其实是个迷思（myth），Rod Johnson 可能是第一人。他用大量实践经验雄辩地指出，滥用 EJB 很可能"导致代价高昂的错误"，而所谓"不滥用"，在 Johnson 看来，只有 EJB 的很小一个子集（无状态 Session Bean）是值得使用的，其他部分都应该打上问号，使用无状态 Session Bean 的理由也只是提供远程方法调用（Remote Mathod Invocation，RMI）的一层封装；然而转过头来，他马上又提出，即使需要给其他应用程序提供服务接口，这种接口也可以用 HTTP 协议上的 Web 服务（例如当时流行的 SOAP 和后来流行的 REST）来实现，因此也不一定需要 EJB[133]。

为了让这个"没有 EJB"的架构在企业应用环境中切实可行，他提出了"轻量级容器"架构：用轻量级（基于 POJO 的）容器管理业务对象，通过容器提供声明式事务等基础设施能力，从而"享用 EJB……结构上的优势，又不受困于 EJB 的缺陷"。Johnson 认为，这种架构的缺点只有 3 个：第一，它不能直接支持 RMI 远程客户端，但正如他之前所说，他首先就认为 RMI 并非必要；第二，与 EJB 技术规范相比，目前轻量级容器还没有标准，但同时 POJO 对象本身就没有标准化的需求；第三，与 EJB 架构相比，这种架构对于开发者来说还有点陌生[134]。说得更直白一点，Johnson 认为轻量级容器架构全面优于 EJB 架构，J2EE 应用开发已经不需要 EJB。并且他开发了名为 Spring 的轻量级容器，实现了自己阐述的架构。

当时国内有一大批年轻的一线技术人员正在积极地寻找着 J2EE 企业应用架构和研发管理的实操指南，Spring 则提供了符合他们期待的答案：这个框架不仅提供了企业应用开发所需的数据库访问、事务管理等基础设施能力，还从工程结构、测试管理甚至代码风格等方面提供了具体而可落地的参考。Rod Johnson 对极限编程的偏好，以框架设计的形式具象化。例如，Spring 框架专门针对持久层、业务逻辑层和 Web 层分别设计了单元测试脚手架，鼓励对各层组件开展测试驱动开发[134]。这种对于一线工程实践的重视，在 EJB 乃至此前的任何应用框架中都是没有的。基于 Spring 提供的参考，一个对 J2EE 经验并不丰富的架构师可以在很短时间内建立起企业应用开发的基本结构与团队协作机制，这是 Spring 在国内迅速积累起一批拥趸的原因。

从 2003 年 9 月建站开始，就有这样一批与范凯经历相似的一线技术人员加入了"Hibernate 中文站"的讨论。这些人围绕 Spring 展开了大量高水平的讨论，例如杨戈（ID：Younger）和陶文（ID：taowen）翻译的《Spring 框架简介》[①]，在很短时间内积累了超过 5 万次浏览，并被很多网站转载。这些高质量内容的聚集，使范凯的网站很快成为华东地区一个小有知名度的技术论坛。同时，这些讨论也把论坛的主题方向由 Hibernate 带向更为广泛的 J2EE 架构、技术与开发方法，这也是 2004 年初范凯将网站改名为"JavaEye"的原因。随后的一段时间，JavaEye 论坛的一些高质量的内容在整个 J2EE 社区都有较大的影响，例如钱安川（ID：moxie）在业余时间编写的 WebWork 教程[②] 在 JavaEye 有超过 11 万次浏览，作为国内第一份针对 WebWork 框架的学习材料，被很多一线技术人员竞相传阅。

不过，在相当长的一段时间里，JavaEye 的名声仍然局限于一个较小的范围。这个发源于上海的技术社区在全国、全行业有一定的知名度，并把以 Spring 为代表的轻量级 J2EE 架构风格与敏捷的开发方法推向更广的范围，契机是 2005 年 Martin Fowler 的访华之行。

＊　＊　＊

早上 10 点，庄表伟就来到上海交通大学徐汇校区工程馆 212 教室。这是个大阶梯教室，大约能容纳 200 人。走进教室门，就见范凯正在后面拉红色横幅，条幅上写着"软件工程大师讲座——Martin Fowler 上海行"。再四下一扫眼，又看见了曹晓刚、钱安川、熊节这几位 JavaEye 的老朋友。熊节走上前来热情地和他打了个招呼，又给他介绍正在前门安装易拉宝的女生。

"老庄，这位是熊妍妍，以前在清华大学出版社，引进了很多好书，汪颖的《人月神话》和我的《最后期限》，都是她做的责任编辑。眼下在 CSDN 工作，负责技术社区建设。"

庄表伟正在跟熊妍妍寒暄，熊节的手机突然响了起来。他看了一眼来电显示，按下接听键，跟庄表伟挥手示意，转身走到门外去讲电话。教室里一干人等继续聊天叙旧，其乐融融。这一天是 2005 年 5 月 31 日，Martin Fowler 首次中国之行的第一站公开演讲就定在了上海，下午他将分享原汁原味的敏捷思

① 参见陶文于 2004 年 5 月 2 日在 ITeye 上发表的帖子《Introducing to Spring Framework（中文修订版）》。
② 参见钱安川于 2004 年 6 月 29 日在 ITeye 上发表的帖子《最新 WebWork 教程》。

想。庄表伟对这次活动还是很期待的，虽然他自觉英语水平很差，但毕竟面对面机会难得，他还是准备了几个问题，打算向 Martin 当面讨教。

不多一会儿，熊节从教室外面回来，一言不发地站在门口，脸上表情复杂。钱安川走到他旁边，拍拍他肩膀。

"嘿！想什么呢？"

熊节盯着钱安川看了几秒钟，突然抬头冲着阶梯教室后面的范凯喊道："Martin 来不成了！他生病住院了！"

"什么？"范凯停下手里的活儿，转头看着熊节，"你逗我吧？"

"没逗你。刚才 Sid 打电话跟我说的。Martin 吃坏了肚子，现在已经住进中山医院了。"

范凯把横幅放下，朝前排走过来，几个人站成一圈，来回对视，面面相觑。

BJUG：草根技术社区的代表

2005 年 2 月，ThoughtWorks 在中国正式注册营业。这家在全球范围倡导敏捷方法的 IT 咨询公司在中国亟须快速建立知名度，打开招聘与销售两端市场。他们的办法是邀请首席科学家、敏捷宣言的签署人之一 Martin Fowler 来华进行一系列公开演讲。由 CSDN 承办的 "Martin Fowler 中国行" 系列活动，从 5 月初就开始多方宣传造势，不料第一站就出现状况：由于饮食不习惯引发急性胃炎，Fowler 没能出席原定在上海交大举行的讲座 [122]。这段小插曲把 JavaEye 推上了前台，JavaEye 的站长范凯和我、曹晓刚、杨戈、蒋芳等论坛网友在 Fowler 缺席的情况下，临时拼凑了一场技术讲座 [122]，也使更多的从业者通过 CSDN 的宣传获知了这个高质量技术论坛的存在。

3 天后，"Martin Fowler 中国行"第二站"敏捷技术专家圆桌会"在北京举行，Fowler 从病中稍有恢复，虽然精神状态仍然不佳，还是坚持完成了演讲和圆桌讨论 [122]。在这次圆桌讨论中，当时 CSDN 论坛软件工程版的版主刘新生指出，中国软件企业普遍面临人员基础差、技术实践缺位的状况，实施任何一种软件开发方法都会遇到困难。Fowler 的回应是，"经验不多的团队，永远不可能比有经验的团队效率更高"，但周期更短的迭代式开发，尤其是测试驱动开发有助于缺乏经验的编程人员快速提升能力。北京红工场软件公司总经理黄海波也用实例说明反馈周期更短的极限编程确实能让缺乏经验的团队的能力得到快速提升：在项目之初

只有 3 个月经验的 Java 程序员，经过 6 个月的项目磨炼之后，"让管理层刮目相看，跟他们请来的做了很多年做的人做得差不多"。

随后，黄海波和北京思维加速软件公司架构师徐昊又指出，"只有在从上往下推动的情况下，敏捷 [在] 公司最容易做、最容易成功……实施 XP 的过程中……需要有一些上层的认可"。徐昊指出，他在金山实施极限编程的时候，有一个领导对他非常支持，允许他在一定限度内拖延项目进度，这是他得以顺利推行敏捷的重要原因。以管窥豹，这两个讨论折射出了当时敏捷在中国的境遇：少数思想领先的一线实践者和团队领导看到了敏捷方法对团队实际困难的帮助，但大多数企业的高层领导者并没有鼓励甚至推动这一变革的动力，因此一线的实践者们常会感到阻力重重。

刘新生、黄海波、徐昊这几位技术专家被选中坐在台上与 Fowler 展开圆桌讨论并非偶然。他们 3 个人都是"北京 Java 用户组"（简称"BJUG"）的成员。BJUG 是成立于 2005 年 1 月的民间技术社区组织，核心成员以北京几家软件公司的技术骨干与架构师为主，年纪多在二十五岁上下。组织成立以后，BJUG 保持了每月至少

一次的聚会频率。与此前业内技术沙龙普遍采用的"提前设定主题的专家演讲"形式不同，BJUG 的形式更显松散自由：聚会活动不设主题，有兴趣参加者都可以提出话题，提前把话题发在邮件列表里即可，也可以在现场提出话题；现场听众投票决定话题先后顺序；话题的范围不限于 Java，与软件开发相关的话题均可；形式也不限于演讲，也可以是圆桌讨论的形式。从他们 2005 年讨论的话题中不难看出，BJUG 的成员也多是轻量级架构与敏捷方法的拥趸，与华东的 JavaEye 社区南北呼应——实际上 BJUG 的核心成员也多是 JavaEye 论坛的活跃会员。

直到 Martin Fowler 的专家座谈会，BJUG 还只是一个小圈子。随后的一个意外使这个组织获得了更大的知名度。6 月 21 日，BJUG 创始人之一李默听闻一名成员王俊罹患被称为"骨髓增生异常综合征"的致命疾病，需要大笔医疗费用。李默号召 BJUG 发起"爱心拯救程序员王俊"的活动，通过建立求援网站，转发博客文章，在 MSN 悬挂"拯救王俊"绿色头像，举办慈善技术讲座等形式，为王俊筹得善款 8 万余元，帮助王俊顺利完成了手术。由于借助了博客这一新兴事物，"拯救王俊"事件被《竞报》《人物点击》等大众媒体报道，称其"重塑博客共享精神"。BJUG 由此名声大噪，吸引了大量新成员加入，并在 9 月 Sun 公司主办的 JavaChina 大会上被评为"全球 50 佳 Java 用户组"。

作为敏捷实践者言论阵地的《程序员》杂志

发生在 JavaEye 论坛与 BJUG 每月聚会的讨论，如果没有纸质媒体的沉淀，它们影响行业的深度与广度都仍然有限。在所有行业媒体中，《程序员》杂志对这个倡导敏捷、轻量级架构、开源框架的一线技术群体的偏向是明显的。2001 年到 2016 年间，中文期刊发表的与敏捷软件开发相关的文章大约有 1000 篇，其中超过 20% 来自《程序员》杂志，与其他任何报纸杂志都不在同一个数量级上[1]。2004 年至 2006 年，敏捷在中国 IT 业遭遇水土不服的这 3 年里，《程序员》杂志发表了共计 27 篇与敏捷相关的文章，累计篇幅超过 15 万字，从各种角度全面介绍了敏捷理论与实践。这些文章的作者与 JavaEye 和 BJUG 的成员有相当高的重合度，可以说，《程序员》杂志在敏捷处于低谷的 3 年中为这个实践者群体提供了唯一的言论阵地，使他们得以不断打磨和传播自己的思想。透过这些文章，我们也得以一窥

---

① 参见熊节于 2017 年 8 月 15 日在博客"透明思考"上发表的《敏捷在中文期刊中的投影》。

当时一线团队实践敏捷的情况。

2006 年 6 月，BJUG 的成员莫映在《程序员》杂志发表的文章中介绍了他以教练身份向一支团队引入敏捷的过程 [135]。这支项目团队的处境很有代表性：项目管理散乱，需求没有明确细化，技术熟悉程度低，缺乏质量管控手段。针对这个团队的实际情况，莫映没有一上来就引入极限编程的核心技术实践（如测试驱动开发、持续集成等），而是首先引入迭代的项目管理方式，尽快打消团队成员对项目进度的疑虑，随后又引入用户故事来明晰需求，在交付范围上精挑细

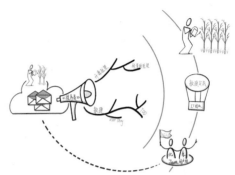

选，从而减少团队加班。直到最后，单元测试与持续集成也没有在这支团队中得到全面实施。但仅凭需求管理与项目管理的实践，已经给这支深陷泥潭的团队带来了显著的收益。这个案例所呈现的敏捷路径，与"经典的"极限编程强调的以测试驱动开发和持续集成为核心的敏捷实践体系，已经开始出现了明显的差异。

稍早之前，同为 BJUG 成员的黄海波已经在《程序员》杂志讲述了他在团队中实践极限编程的经验 [136]。作为公司总经理，黄海波对研发方法有更大的影响力，他的团队采用了包括测试驱动开发在内的很多技术实践，但从一线开发人员的感受来看，效果最明显的是比用户故事颗粒度更小的任务细分。这种细粒度的任务拆分使工作量评估变得相当准确，开发人员也感到工作很充实、明晰且进度很快。

另一位 BJUG 成员、时任 ThoughtWorks 商务分析师的李默同样注意到了需求管理和项目管理实践在敏捷过程中的重要地位。正如他在 2006 年 4 月的文章 [137]里所说，当时行业中很多人认为"敏捷软件开发就是类似黑客的过程，是程序员最爱的勾当"，然而实际上围绕着用户故事进行的敏捷需求分析和敏捷项目管理是"敏捷方法实施成功的秘诀之一"。李默还以 ThoughtWorks 在厦门的"网游物品交易平台"项目为例，介绍了商务分析师在迭代式交付的节奏内如何"把需求分析过程分散到整个开发的过程中，让开发和需求分析并行进行"。

借由《程序员》杂志这个言论阵地，分散在全国各地的敏捷实践者们总结和分享着各自的心得体会，又从别人的心得体会中学习并改进自己的实践。由项目经理、技术骨干等一线带头人自主发起的"草根"敏捷，如同星星之火，逐渐播

撒开来。即使一时没有让开发人员掌握配置管理和质量保障相关的技术实践，只是实施用户故事、故事墙、迭代开发等需求管理和项目管理的实践，也让这些年轻的开发团队迈出了坚实的敏捷第一步，并感受到了实实在在的收益。

ThoughtWorks 初入中国

从李默的文章内容及插图可以看到，敏捷实践的开展在 ThoughtWorks 厦门的这个项目中是全面而彻底的，用于项目管理的故事墙颇有形式感。相比之下，莫映所经历的项目，以及黄海波在红工场开展的极限编程实践，从用户故事的拆分，到故事墙的管理，到持续集成的应用，再到项目信息的可视化，都有明显的差距。从进入中国开始，ThoughtWorks 就在行业中扮演了敏捷先锋的角色。

2005 年，被西安丰富的高校资源和高新区政府的热情态度所吸引，ThoughtWorks 在西安软件园落户，目标是服务中国本土客户[1]。同年，ThoughtWorks 在国内获得了 3 个项目：与某市高新区政府合作的单点登录系统建设项目、与某省地税局合作的电子政务项目以及与厦门好望角信息技术有限公司合作的网游物品交易平台项目。其中第 3 个项目是唯一来自私企的项目、唯一的互联网项目，客户对敏捷方法的配合程度很高。ThoughtWorks 在这个项目上也投入了很大的资源，Martin Fowler、Fred George、Jim Webber、Perryn Fowler 等全球敏捷和开源社区的知名人物都曾参与过这个项目的架构与开发[2]。在后来的几年中，好望角是 ThoughtWorks 在中国最重要的标杆项目。

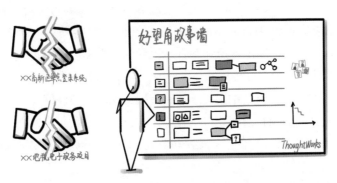

---

① 参见 Martin Fowler 于 2005 年 10 月 8 日在其个人网站上发表的《ThoughtWorks China》。

② 参见豆瓣小组"Python 编程"上"赤月凝"于 2011 年 3 月 17 日发表的《好望角邀 Fred George 来华　敏捷大师再度分享经验》。

Martin Fowler 的中国之行后，一批 BJUG 和 JavaEye 的网友（如徐昊、李默、我、陶文、钱安川等）陆续加入 ThoughtWorks，为 ThoughtWorks 在中国业务与影响力的初期发展做出了贡献。除了在网络社区和以《程序员》杂志为主的报刊发表言论之外，ThoughtWorks 开始积极参与国内的行业会议。2005 年 12 月，我代表 ThoughtWorks 出席了微软企业决策者峰会金融行业论坛，并做了题为"敏捷软件开发"的主题演讲[122]。2006 年 6 月，Martin Fowler 再次来华，出席第十届中国国际软件博览会暨中国软件产业发展高峰论坛，并发表了演讲①。第十届软博会由当时的信息产业部、发展改革委员会、科学技术部三部委主办，发言嘉宾包括信息产业部和科学技术部的领导，以及来自东软、用友、神州数码、CA 等知名企业的高管，是当时国内档次最高的 IT 行业会议②。

但 ThoughtWorks 在这些行业会议上的亮相并不成功。我在微软企业决策者峰会上的演讲反响平平，几乎没有得到任何反馈。Fowler 在软博会的演讲中介绍了 ThoughtWorks 给国外一家投资银行做的项目案例：这个原定计划 8 个月完成的项目，由于采用了迭代式的开发方法，在两个月的时候已经有部分功能上线，并给客户带来真正的经济效益，随后几个星期就收回了整个项目的投资。当时台下的听众一片茫然。由于得到政府支持的重点行业信息化工程固有的特点，在当时绝大多数中国从 IT 业者的观念中，软件项目就只有一次预算和一次交付（多发生在年初和年末）。一个项目中有多次交付、多次上线且项目还没结束软件已经开始赚钱，这样的事情对于很多人来说不是信不信的问题，而是根本无法理解。

对敏捷方法、迭代式交付的基本理念和运作方式缺乏了解，使中国的 IT 同行一时无法认识到 ThoughtWorks 独特的价值。在早期的 3 个本地项目中，ThoughtWorks 与某市高新区政府和某省地税局的合作都出现了不愉快，为时不长即宣告结束，只有与厦门好望角的合作持续了较长时间。Martin Fowler 在短暂的中国之行中已经看到，当时的中国市场并不特别重视软件的价值，行业更关注压缩项目成本，包括缩短项目周期和挤压人力成本，因此更倾向实施成型产品而非定制开发③。这种对软件独特价值的忽视和对成本的极度重视，使得 ThoughtWorks 在

---

① 参见新浪科技 2006 年 6 月 1 日发表的《思特沃克首席科学家 Martin Fowler 发言》。

② 参见新浪科技 2006 年 6 月的"2006 第十届中国国际软件博览会"专题。

③ 参见 Martin Fowler 于 2005 年 10 月 8 日在其个人网站上发表的《ThoughtWorks China》。

与北大方正等典型的本土 IT 企业谋求合作机会时屡遭尴尬[122]。为此，ThoughtWorks 决定自行营造行业氛围，主办大型行业会议，倡导 IT 同行对软件价值的重视。

＊　＊　＊

"你还不走吗？"熊节问郭晓。

此时已经是夜里 11 点多，熊节跟 CSDN 的一名工作人员正在调试会场的音响设备，猛然回头，发现郭晓坐在会场中间的座位上，两眼呆呆地望着天花板。

"噢，"被熊节问到，郭晓好像突然回过神似的，"再等一会儿。你们不是也没忙完嘛。"

说完，郭晓又进入了入神的状态。他低头看一张纸卡片，然后又抬头望着天花板，过一会儿开始念念有词，手还不时挥舞两下。熊节好奇地走到郭晓身旁，探头看他手上的卡片写了什么。

"这是我明天的 cheat sheet，"郭晓主动拿起卡片给熊节看，只见卡片正反两面密密麻麻地写着英文小字，"明天不是我第一个讲吗？得抓紧时间练啊。"

"总共 40 分钟演讲还需要准备？"熊节诧异地问道，"你这种外企高管不是张口就来吗？"

"哪儿啊，"郭晓笑着说，"你可不知道，我最怕对着一大群人演讲了。紧张啊，紧张起来腿都会抖，跟筛糠似的。何况这是第一次在中国做这么大规模的演讲，更紧张。所以我得先练好，练得熟了就不那么紧张了。"

说完，郭晓又把注意力放回他的卡片上，继续一时抬头呆看天花板，一时念念有词手舞足蹈。直到其他人调好所有设备准备关灯，他才离开会议室回房间睡觉，这时时间已过午夜。

"敏捷中国" 开发者大会

首届 "敏捷中国" 开发者大会于 2006 年 6 月 3 日在北京新世纪日航饭店举行，大会的主题是 "敏捷释放软件价值"。这次会议由 ThoughtWorks 和 CSDN 共同主办，JavaEye 等网上社区以协办单位身份帮助宣传。除 Martin Fowler 外，ThoughtWorks 还派出了来自澳大利亚的 Scott Shaw 和来自英国的 Liv Wild 作为演讲人，ThoughtWorks 公司创始人 Roy Singham 也专程到中国参会。现场到会听众约 600 人。

在时任 ThoughtWorks 中国区副总经理郭晓的开场演讲[①] 中，他一方面迎合了行业对成本的重视，列举 Forrester 的数据说明采用敏捷开发方法可以大幅节省软件项目成本。然而在他给出的数据中，产品总体缺陷率的大幅下降或许可以用测试驱动开发和持续集成等实践来解释，但项目速度（如果 "速度" 定义为项目完工的总体时间的话）的大幅提升是敏捷解释不了的，只能解释为实施敏捷的团队（ThoughtWorks 的团队）能力更强。另一方面，他也指出 "软件的功能不等于价值"，因为 "实际上很多功能最终用户根本不会用"，反而造成软件的维护和扩展困难。敏捷方法借由充分的沟通避免开发不必要的功能，借助技术和管理手段保障软件的可维护性与可扩展性，从而释放软件的价值。这个演讲用一种贴近中国市场现状的方式阐述了敏捷的价值：没有超越时代地谈论 "迭代式发布"，而是从避免功能浪费和延长软件生命周期的角度提出论述。后来几年的实践证明，这个演讲的逻辑，比起 Fowler "原汁原味" 的敏捷论述，在中国市场上更容易受到认可。

在随后的主题演讲中，来自英国的业务分析师 Liv Wild 具体介绍了如何进行 "充分的沟通"[②]。当时的 ThoughtWorks 在启动项目时会采用一套被称为 "QuickStart"（快速启动）的信息收集方法，以高互动、可视化的工作坊形式厘清项目的愿景、利益相关人、业务流程、功能范围、设计风格、技术架构，并形成明确的交付计划。当时典型的 QuickStart 需耗时 4 周，后来这套方法在中国被压缩到两周甚至一周。即使不谈迭代式开发，这套需求获取的方法本身也大大领先于当时国内 IT 企业普遍的水平。

主题演讲之外，ThoughtWorks 的咨询师还在会场组织了一系列 "敏捷游戏"，邀请现场听众参与。"折纸帽子" 游戏阐述了在开发过程中与客户频繁沟通和反馈

---

① 参见郭晓于 2006 年 6 月 3 日在 CSDN 上发表的《敏捷技术在中国　如何使软件能够真正为业务提供价值》。

② 参见 Liv Wild 于 2006 年 6 月 3 日发表的主题演讲 "一种高效的项目启动方式——QuickStart"。

的重要性，"搬运气球"游戏阐述了迭代式交付对于降低项目风险的价值。这两个游戏都是 ThoughtWorks 在印度举行的新员工入职训练营"ThoughtWorks 大学"（简称"TWU"）的课程内容，这种参与性强、寓教于乐的形式，在中国 IT 行业的专业会议中前所未见，令与会者耳目一新。

大会结束后，李默建立了"敏捷中国"邮件列表，并根据签到记录将与会者邀请加入其中。在后来几年中，这个邮件列表中发生了一系列颇有深度的讨论，成了国内的敏捷先行者们又一个重要的在线言论阵地。这个邮件列表随着一年一度的"敏捷中国"大会不断成长，正是中国敏捷社区在逆境中砥砺前行的剪影。

结语

在行业信息化项目的甲方与软件企业的高层领导都对敏捷缺乏兴趣的几年时间里，在一线打拼的一批敏捷实践者并没有停下脚步。他们在探寻轻量级开源架构方案的同时，也在各自的工作中采用敏捷方法，尤其是用户故事、迭代管理、持续集成和测试驱动开发等实践，在需求管理、项目管理、配置管理和质量保障等方面获得了扎实的能力提升。他们在 JavaEye 等在线论坛交流心得，并在 BJUG 等线下社区展开深入的探讨和分享，在交换信息、答疑解惑的过程中，他们也结识了同道的朋友，获得了并肩前行的动力。在整个行业对敏捷缺乏认同的情况下，《程序员》杂志为这些"草根"实践者们保留了一块难得的言论阵地，使他们得以持续发声。当全球敏捷社区的领导者 ThoughtWorks 进入中国，这些敏捷实践者们迅速在其周围聚集，并以行业大会的形式喊出了响亮的宣言。随后，一些对于软件能力有着最迫切诉求的大企业回应了这一号召，向着"敏捷中国"这面大旗靠拢。

通信行业的敏捷

在严峻的外部压力面前，诺基亚和华为相继启动了敏捷转型。这两家通信大厂固然存在规模庞大、系统复杂、积习深重等问题，但得益于深厚的技术力量基础，敏捷落地取得了显著的成效，并且在大系统持续集成、大团队精益管理等方面延展了敏捷的边界。通信大厂的敏捷转型，给行业树立了标杆、培养了人才，为敏捷的扩散打下了基础。

"我也不绕弯子，很简单一件事儿，我们马上要启动一个新项目，想问你愿不愿意加入团队一起做。"吕毅微笑着对徐毅说。

"新项目吗？是做什么的项目？"徐毅有点诧异。在诺基亚杭州研发中心，吕毅算是个技术明星，经常跟外国专家一起高谈阔论。而自己呢，本来都不是诺基亚的正式员工，是从外包公司派遣到诺基亚来做测试工作的，最近因为对技术的好奇心主动加入新成立的 Linux 平台部门，这才有机会跟吕毅打打交道。不过吕毅一向没什么架子，说话率直，徐毅倒是并不觉得怕他。

"这个项目叫 ATCA-IPA，是一个 3G 网络平台产品，"吕毅还是一贯的快速而坚定的语调，"不过比起'做什么'，你更应该问'怎么做'。这个项目我们会用一套新的软件开发方法，跟公司以前的做法不一样。"

"新的软件开发方法？是什么方法？"

"我们会采用 Scrum 方法，这是一种敏捷的软件开发方法。"看徐毅满脸意外的样子，吕毅解释道，"我们的外籍专家 Bas 会指导这个团队，现在除我以外，还有 3 个开发在团队里，都是技术水平很好的，现在还缺一个测试，我看你就挺合适的。"

"开发和测试在同一个团队里？不按开发部和测试部这么分吗？"徐毅疑惑地问道。

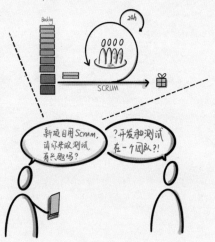

"这是个好问题呀，"吕毅笑道，"这样吧，我这里有两本关于 Scrum 的书，你拿去看看，了解一下这个工作方法，然后再决定要不要加入我们团队一起搞。不着急，想清楚再说。"说着他给徐毅递过两本书来。

徐毅接下书，扫了一眼，是两本英文书，上面的一本是绿色封面。他把书放下，认真地点了点头。

诺基亚的敏捷转型

2005 年初，诺基亚网络事业部启动了名为"灵活研发"（Flexible R&D）的项目，其中一个目标是"找到 1 ～ 2 个项目试点敏捷软件开发"。到 2005 年底，在"灵活研发"的支持下，诺基亚网络全球已有 9 个项目在开展敏捷试点[138]。"灵活研发"的主要发起人 Bas Vodde 当时在杭州研发中心领导了其中一个试点项目，吕毅、徐毅等人都在其中①。

2001 年，来自荷兰的 Vodde 在万里之外的北京加入了诺基亚这家北欧公司。在职业生涯早期，在荷兰工作时，他已经接触过极限编程。加入诺基亚公司以后，他继续尝试极限编程。2003 年，Vodde 被调动到杭州研发中心，担任一个大型产品组的质量经理，工作方式也回到了非常传统的、瀑布式的开发。他很快发现，即使对于大型电信产品研发，瀑布式方法也有很多不足。于是他自作主张引入了极限编程的实践，用敏捷的方法来运行大型产品项目。

与此同时，诺基亚网络对尝试更多的敏捷开发也变得有兴趣了。他们开始在组织内部寻找有敏捷开发经验的人，Vodde 是为数不多的几个人之一。诺基亚总部邀请他在内部领导一个变革项目，Vodde 欣然应邀，并因此转到芬兰总部工作，启动了"灵活研发"项目。在面向对象领域颇有声名的 Craig Larman 和 Scrum 创始人、敏捷宣言签署者 Ken Schwaber 都为这个项目担任了咨询顾问②。

在芬兰工作两年后，Vodde 再次来到杭州，启动了"灵活研发"项目下在中国的第一个敏捷试点项目。在此之前，国内的敏捷项目几乎都参考了极限编程方法，主要关注测试驱动开发、结对编程等开发阶段的实践，对需求管理和项目管理的关注较少。诺基亚网络的这个试点项目可能是国内最早的 Scrum 项目。据 Vodde 的回忆，诺基亚选择 Scrum 作为敏捷实施的起点，可能是因为 Scrum 在大型团队中实践起来较为容易。这种说法虽然不无谈笑的成分，但 Scrum 以团队协作实践为主、对技术实践要求较少的特点，确实使其更容易被传统的大型团队接受。

① 参见徐毅于 2013 年 3 月发表的《诺记敏捷之前世今生》。

② 参见 2015 年 3 月 25 日 InfoQ 中文站上发表的 Shane Hastie 的《Bas Vodde 访谈：LeSS 框架与 Scrum》。

Scrum 最早的发端可以追溯到《哈佛商业评论》1986 年 1 月发表的一篇题为 "新的新产品开发游戏" 的文章 [139]。在这篇文章中，竹内弘高和野中郁次郎两位作者指出，新产品开发的游戏正在发生变化，想在市场上胜出，产品团队不仅需要高质量、低成本和差异化的特性，还必须具备速度和灵活性。他们率先提出 "橄榄球式产品开发方法"：团队作为整体尽力向前冲刺一段距离，然后把球传出。与传统的 "接力赛式开发方法" 相比，"橄榄球式" 团队强调全功能团队、自组织管理、端到端交付、持续学习。尽管当时竹内和野中谈论的是打印机、照相机、计算机等硬件的设计开发，但从这篇文章中已经可以看到 Scrum 最初的雏形——他们确实用了 "Scrum" 这个词。在橄榄球术语中，"Scrum" 是指两队并列争球的活动。由一次并列争球开始，进攻方将开始新一轮的冲刺（sprint）。这些隐喻，从这篇文章开始，被应用到产品开发的上下文中。

在软件开发领域，Scrum 方法定义了项目运作的 3 种关键工件（artifacts）：产品待办列表（product backlog）、迭代待办列表（sprint backlog）、增量（increment）。这 3 种工件由大及小，分别用于跟踪整个产品的范围、单个迭代（通常时长 2 ～ 4 周）的范围以及迭代内已经完成的范围——这里 "范围" 的单元是来自极限编程的用户故事。Scrum 定义的 5 个关键事件（迭代、迭代计划会议、每日站会、迭代评审会议、迭代回顾会议）同样是主要围绕着用户故事的流动、范围的监控来开展。

站在敏捷宣言第二句 "工作的软件高于详尽的文档" 的视角来看，Scrum 强调的关键工件和关键事件，其关注的核心都是 "文档"，即用户故事的流动和跟踪。至于用户故事 "完成" 之后是否得到可工作的软件，Scrum 采取了一种妥协的态度：只要求 "每个团队成员必须对完成工作意味着什么有相同的理解"，并且承认 "不同 Scrum 团队之间或许会存在显著差异"[①]。在实际的项目运作中，这种妥协常常就意味着团队回避测试驱动开发、持续集成等难度较高的技术实践。

不过在 Vodde 的领导下，诺基亚的试点项目实际也采用了极限编程的主要技术实践。尤其是在持续集成方面，试点团队取得了可观的成果。据徐毅的回忆，在启动试点项目前，该网络平台产品光是编译打包就需要一天时间，每次给测试团队提供一个可测的软件版本需要两周时间；经过试点项目以后，持续集成系统能够无人值守自动完成软件构建，每天都能得到可测试的软件版本。到 2006 年

① 参见 Scrum 中文网上发表的 Ken Schwaber 和 Jeff Sutherland 的《Scrum 官方权威指南》（周建成译）。

底，这个试点项目受到了公司内部的公开表扬。

2007 年，诺基亚与西门子两家公司的电信设备业务合并成立了诺基亚西门子网络公司（简称"诺西"），"灵活研发"试点项目结束，以 Scrum 为主的敏捷工作方式则被原先诺基亚网络的员工带到了新的合并团队中。在与原西门子员工的配合中，双方的工作方式乃至价值观出现了激烈的冲突，例如西门子员工对于持续集成的纪律遵守不严格，倾向于首先确定所有需求再启动开发等，与诺基亚试点团队的工作方式都有抵牾。此时，Vodde 在诺西整个研发体系起到了重要的推动作用，促成敏捷转型在这支更大的团队中继续推行下去。

从 2005 年初启动试点，到 2007 年末，诺基亚 / 诺西全球的 Scrum Master 人员从 10 人增加到超过 600 人。Vodde 发明了用于检验 Scrum 团队是否真的敏捷，是否确实用好了 Scrum 的"诺基亚测试"，尤其是关于敏捷程度的 3 条标准，后来被广泛引用：

- 迭代时长不应超过 4 周；
- 每个迭代结束时软件功能必须经过测试且可用；
- 迭代必须在需求规格完成之前启动。

第三条标准引发了很多争议。一种常见的批评意见是，如果可以在迭代开始之前明确需求规格，为什么不能这样做？一名 Scrum 教练 Bob Hartman 认为，这条标准是为了强迫负责需求分析的人承认自己不可能预先知道所有明确需求，并与开发团队展开对话[1]。从这个意义上讲，应该将这条标准视为一种矫枉过正的要求。

这些判断敏捷程度的标准不仅被应用在诺基亚自己的项目中，也被用于要求诺基亚的供应商团队。通过 Vodde 发起的这场变革，诺基亚证明了敏捷在通信行业的广泛可行性，让所有的同行企业看到了一种新的可能。

融合趋势推动通信企业走向敏捷

通信业是软件技术应用最早、最广泛的行业，在历史上对软件开发技术和方法的革新起到过巨大的推动作用。2007 年，中国有 26.2% 的软件开发者从事电信

---

[1] 参见 Bob Hartman 于 2008 年 9 月 20 日在 Agile For All 网站上发表的《Are you agile – the Nokia test》。

行业相关应用开发，在各垂直行业中高居榜首[140]。然而，此时的通信行业整体已经开始显露疲态。2005 年至 2009 年间，全球电信设备市场规模年均增长不到 9%，与狂飙突进的政企信息化和互联网行业相比，只能算"稳步增长"。由于竞争日益激烈，价格战愈演愈烈，导致了传统的基站和网络设备的利润空间越来越小，因此设备制造商不得不寻找新的市场①。

时任信息产业部电信研究院通信信息研究所所长的宋彤在 2006 年中国通信产业年会上提出，通信产业当下的关键词是"融合"②。在技术层面，IP 技术的快速成熟使得基于不同的网络来提供服务成为现实，使设备底层的融合成为可能，大大降低了过去提供通信服务的门槛。以移动通信为例，3G 网络还没有全面 IP 化，导致底层 4 种技术标准（CDMA2000、WCDMA、TD-SCDMA、WiMAX）差异较大，设备商只能"押宝"选择某种标准，很难兼顾多种标准；4G 网络则全面 IP 化，制式也只有 TD-LTE 和 FDD-LTE 两种，且两者在底层技术上差异不大，运营商和设备商都能兼顾两种制式。这种融合降低了底层设备不兼容带来的门槛，对运营商而言是能够降低成本的利好，对于设备商而言则意味着产品更加同质化、竞争更加激烈。3G 时代在标准选型上押对一次宝就可以卖几年设备的卖方市场行情，到 4G 时代已经不复存在。

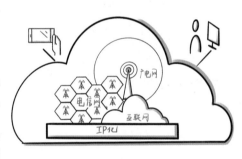

在 IP 化的基础上，运营商业务也开始融合。2006 年发布的信息产业"十一五"规划中列入了电信网、互联网和广播电视网的"三网融合"。当时广播电视网由国家广电总局负责管理，电信网和互联网由信息产业部负责管理。而随着信息技术的发展，三网合一已经是大势所趋。3 个网络实现融合后，网络层可以实现互连互通，业务层相互渗透，使话音、数据和图像这三大基本业务的界限逐渐消失③。

IP 化与三网融合不仅会模糊运营商之间的业务界限，而且会打破原有的商业

① 参见 2007 年 7 月 18 日光电行业资讯网上转载的《2006 年全球通信设备产业发展概述》。

② 参见新浪科技 2006 年 11 月 30 日发表的《信产部电信研究院信息所宋彤所长演讲》。

③ 参见中华人民共和国科学技术部官方网站上 2005 年 12 月 2 日发布的《中国将"三网融合"列入"十一五"规划》：http://www.most.gov.cn/gnwkjdt/200512/t20051201_26559.htm。

模式，改变原有的行业竞争主体。过去的电信业格局是运营商独大，三网融合之后，有线电视、互联网的 ISP、媒体公司也加入这个行业中来，使整个通信行业的竞争更加激烈。尤其是在 IP 网络上提供内容服务的互联网企业抓住了终端用户流量入口，使通信网络服务成为日用品。于是运营商对供应商的需求也从"提供可靠的硬件"迅速升级到"提供有竞争力的软件和服务"，力求提升在终端用户面前的价值定位。以业务运营支撑系统（Business Operation Support System，BOSS）市场为例，各家电信运营商相继提出了"以客户为导向""注重客户体验"等从终端客户角度出发的诉求[①]，这对于习惯于运营商集中采购模式、按技术规格开发产品的通信设备商来说，是一个全新的挑战。

在技术融合、业务融合、商业模式融合的行业大趋势下，诺基亚网络启动大规模敏捷转型的意图就更容易理解了：通信设备商希望尽量缩短产品研发与市场反馈的周期，尽量跟上日益剧烈的市场变化，尽量减少长周期瀑布式研发过程造成的浪费。不久，诺基亚的敏捷实验引起了中国同行的注意。第一个紧随其后迈出自我变革步伐的中国通信企业是华为。

* * *

"这天儿可真够热的。"徐昊投出一个篮，投短了，篮球砸在篮筐前沿，越过陶文的头顶飞到了场外。这是 2006 年 2 月，虽然已是傍晚，地处热带的班加罗尔还是骄阳似火。徐昊胖胖的脸上汗珠不停往下淌，身上的 T 恤湿了一大片。

"都跟你说这么热的天儿没人打球了吧，你还非要来看看，也就你干劲大。"陶文把球扔给徐昊，嘴里抱怨着。他们一行 4 人被 ThoughtWorks 中国区派到印度参加为期 6 周被称为"ThoughtWorks 大学"的入职培训，下课闲暇时徐昊就喜欢去公司近旁的篮球场打打球，陶文虽然不爱打篮球，也常被拉着作陪。

"哎，你瞧，这不就有人来了吗？"徐昊手搭凉棚望着远处走来的几个人影，看清之后招手打起了招呼，"嘿，哥们儿，来啦？"

[①] 参见《华为技术》2007 年 5 月第 17 期上发表的曹学珊、李勇和赵泓的《转型时期业务运营支撑系统的关键特征》。

"来了来了，你们挺早啊。"新来的几个都是中国人，穿着同样红色的篮球背心，胸前写着"华为"两个大字。"我们这才刚下班，也不知道等会儿还要不要加班。"

"管他那么多，先打几个球再说。"说罢，一伙人热火朝天地打起了三对三。

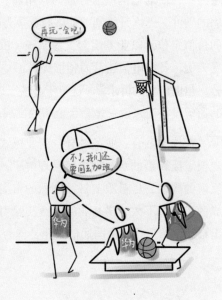

"一起喝杯啤酒去呗？"打完球，徐昊一边擦着汗，一边邀请这几位华为的外派员工。他们几人远赴印度培训，平时没人说中国话，难得认识几个同胞，挺想多聊聊的。

"算了，改天吧，我们一会儿还得回公司加班，最近发版本，问题特别多。"一位稍显年长的华为员工拿起手机，看看时间说道，"你们公司挺好啊，不用加班？"言语中透着羡慕。

华为的敏捷初接触

华为很早就注意到了研发周期长、研发效能低的问题。1999年起，华为在IBM的指导下开始建立整合产品研发（Integrated Product Development，IPD）流程，并在同一时期引入了CMM[141]。到2006年，华为基于IPD的研发管理变革告一段落，中等复杂度项目的项目周期从84周下降为50周[142]。但潮流不等人，在日益剧烈的市场变化面前，一年的项目周期还是太长。而且，长周期、大批量的瀑布式产品研发方法造成了产品中存在大量功能浪费。时任中国电信集团公司总工程师的韦乐平在华为公司工程与技术大会上称，华为生产的某款交换机2 000多个功能只用到了1%，路由器网管软件的告警只有0.01%是有意义的，业务软件产品线为运营商提供的上万种业务套餐有80%以上使用者不到10人。在IPD和CMM在华为达到成熟巅峰的同时，研发链路长、反应慢、远离市场和客户价值的问题，越来越明显地暴露出来，成为华为研发的一大症结。

设立在印度"硅谷"班加罗尔的华为印度研究所是其最大的海外研究所，2002 年时就已有 500 多名员工，其中 1/3 是从国内派遣去的。在考量印度研究所的优势时，华为管理层发现，印度有世界上最好的 CMM 环境：印度拥有大量通过 CMM 认证的软件企业，印度软件从业人员对 CMM 的了解程度和接受速度都非常之快。正是由于这些"本地化"优势，华为决定将印度研究所列为整个企业引入 CMM 的先锋。2001 年，印度研究所一次通过 CMM4 级认证，后来一直被视为华为内部实施 CMM 的标杆。考虑到这层背景，敏捷与华为的初接触发生在印度，是一个颇可玩味的巧合。

2006 年，华为中央软件部（简称"中研"）下属的 iSAP 产品在班加罗尔的研发团队在办公楼里遇到了一群有趣的邻居。当时华为印度研究所还没有独立办公楼，因此在位于班加罗尔市东侧的 Diamond District 小区租了一层写字楼办公。在华为办公室的楼上，恰好是 ThoughtWorks 当时在印度的办公室。机缘巧合之下，iSAP 团队参观了 ThoughtWorks 的工作环境和工作方式，对这种被称为"敏捷"的工作方式产生了浓厚的兴趣。随后他们邀请 ThoughtWorks 提供了简短的咨询服务，在一个较小范围尝试实施了结对编程、测试驱动开发、持续集成等敏捷实践。

据 iSAP 团队提交给总部的报告称，这次试点取得了很好的效果，开发效率、产品质量、团队氛围等方面都获得了明显的提升。对于这样的报告，应该持谨慎的态度来看待。一方面，参加试点项目和接受咨询指导，这本身就会使团队成员感到受重视，从而激发他们的热情，并得到更好的产出，这在心理学上被称为"霍桑效应"，这种效应对于敏捷试点的效果也必然是有正面影响的；另一方面，若没有特别的原因，试点项目一定会宣称有显著的收获，甚至不排除夸大试点效果的可能性。但无论如何，这份积极的试点报告增加了华为对敏捷的好感，并直接促成了华为，尤其是中研继续深化试点探索敏捷之路的决定。

2007 年 12 月，中研下属的网管平台产品 iMAP 研发团队启动了华为在国内的首次敏捷试点，ThoughtWorks 派出的 3 人咨询团队为该试点项目提供教练服务。在为期 6 周的咨询教练过程中，咨询师向试点团队引入了用户故事和迭代管理方法，建立了基本的项目自动化与持续集成机制，并用了大半时间与试点团队成员结对编程、手把手地向华为的研发人员传授测试驱动开发和重构技术[143]。

回头来看，中研 iMAP 这次敏捷试点只进行了很短时间，并且只涉及华为 IPD 流程中很少几个阶段，前期需求产生和后期集成部署上线的过程都没有触及，敏捷技术实践只在一支小团队实施，并未推广到整个产品团队。但正是这次略显青涩的初次接触，不仅让华为总部坚定了敏捷转型的决心，也使年轻

的 ThoughtWorks 中国团队建立了对外输出敏捷咨询能力的信心。从这里开始，两家公司共同成长，在业内兴起了一轮敏捷浪潮。

华为敏捷"三步走"策略

2008 年，徐直军出任华为产品与解决方案总裁，主抓产品研发。甫一上任，"小徐总"就提出了"三年把华为建设成为中国从事研发人员向往的地方"的战略目标[1]。这一目标拆解到产品与解决方案体系下属的系统工程部，就落实到了全面推行敏捷上面。在网上流传一份题为《华为敏捷软件开发解读》的材料（下文简称《敏捷解读》），在 CSDN 等多个网站都可以找到。我无法确认这份材料是否真是华为内部流传出来的，但如果大胆假设这份材料的真实性，那么就可以透过这份材料一窥当时华为在研发体系内推行敏捷的导向与举措。以下对华为敏捷"三步走"策略的解读，很大程度上基于上述材料，请读者自行判断其可信性。

从《敏捷解读》中可以看到，经过 2008 年在核心网、无线等产品线的试点，华为研发体系内部达成共识：敏捷/迭代开发已经成为业界主流软件开发方法，与瀑布模式相比，其在应对需求变化、提升产品质量、加快需求响应、缩短交付周期、提前暴露风险、及时激励员工以及平滑人力资源的使用等方面具有明显优势。系统工程部定义出了公司敏捷推行的"三步走"策略，将敏捷实施分为项目级、版本级和产品级，要求 2009 年重点全面推进项目级敏捷（即此前试点中主要触及的单一项目团队的持续集成、迭代管理、自动化测试、一体化团队等实践），版本级敏捷进行试点，计划 2010 ～ 2011 年在版本级敏捷试点基础上进行逐步推

---

[1] 参见 2017 年 3 月 14 日多家媒体发表的《华为难产的继承者：职业经理人与皇太子的终极对决》。

广。所有项目经理都被要求成为合格的 Scrum Master，并在项目经理任职资格中增加该项要求。素以执行力闻名于世的华为，一旦认准方向，就迅速地把敏捷转型变成了一场雷厉风行的运动。

这里所说的"三步走"策略以及对敏捷实施的三级划分，与华为原本采用的 IPD 流程有着紧密联系。IPD 流程将产品开发分为 6 个阶段：概念、计划、开发、验证、发布、生命周期。从产品立项，
到产品发布使用之前，总共有 7 个技术评审（Technical Review，TR）点：TR0，确认项目愿景；TR1，要求完全冻结需求；TR2 和 TR3 分别表示完成系统设计和概要设计；TR4，完成编码开发（后来又增加了 TR4A，即完成模块内自测）；TR5，完成系统集成；TR6，完成系统测试，产品做好发布准备 [142]。

以 IPD 流程为基础，《敏捷解读》将敏捷实施分为项目、版本和产品三级。所谓"项目级敏捷"就是只触及单一模块项目组，覆盖范围从 TR2（系统设计已完成）至 TR4A（完成模块内自测），即模块内的软件设计和开发过程，聚焦单个项目组或多个项目组协同的开发过程和能力改进，对 IPD 流程的对外交付点及非研发领域（用服、营销等）没有影响。版本级敏捷实施的范围则外推至 TR1（需求冻结）到 TR6（完成系统测试），使整个系统版本具备按特性向最终客户分批交付的能力，加快对用户响应的速度。产品级敏捷实施范围则更进一步扩展到产品的全生命周期（含所有版本），以更小的需求包接纳客户需求，为用户提供更快的市场响应速度，触及规划、组织结构、主流程、市场、财务、供应链、商务等非研发领域。

从上述"三步走"策略可以看出，华为在这一阶段试点和推广的敏捷，聚焦在软件开发，甚至在聚焦软件开发过程中的技术实践。《敏捷解读》显示，2009 年一年中，PSST 总裁徐直军签发了 3 个与推行敏捷相关的文件，除描述"三步走"策略的《关于敏捷推行的指导意见》外，还有《关于全面推广持续集成的决议》和《软件代码质量要求及样例》，后两个文件都着眼于软件研发的核心技术能力。这种对技术实践和技术能力的高度重视，与 ThoughtWorks 这批咨询顾问扎实的技术背景和对极限编程的推崇是密不可分的。同时，在敏捷推行第一阶段，对需求和大型产品研发管理缺乏关注，相当程度上也是由于 ThoughtWorks 当时的咨询顾问缺乏相应的能力和经验。

* * *

"你们现在很厉害呀，当领导了，管几百人的团队了。"郭晓笑呵呵地打趣胡凯，"我应该叫你胡经理还是胡顾问呀？"

"你就别逗了，我们心里慌得很，第一天走进那坐了一百多人的实验室，密密麻麻的全是人头和电脑，整个空间里都是风扇的嗡嗡声，我们完全都不知道该干啥。"一说起咨询项目之初的窘境，胡凯就打开了话匣子，"幸亏有AMM评估这个宝贝呀，我们花了一周时间做评估，一个个项目组挨个访谈，本来觉得一团乱麻的局面，'咔咔'就理顺了。"

"我可不是跟你们开玩笑，"郭晓赞赏地点点头，"你看我这个总经理，手下还不到一百人呢，你们管理的团队比我还大。团队大了，复杂度会呈指数上升，管理上需要更多的方法和工具，对你们是个全新的挑战。"

"我们和深圳、西安的咨询项目团队经常在互相沟通，从他们那儿学了很多管理经验。我们还在自学丰田生产方法和精益，很多想法和套路用得上。"

"你们这几个项目，是一个大台阶，"郭晓收起笑容，严肃地说道，"对华为的敏捷转型来说是一个大台阶，对我们自己的能力也是一个大台阶。ThoughtWorks 自己的管理是扁平松散的风格，没有那么多理论、套路和工具。但是未来我们也会成长，必然也会遇到规模增长带来的管理挑战。这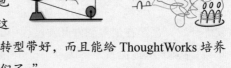个台阶上去了，不但能把华为的敏捷转型带好，而且能给 ThoughtWorks 培养一批领导者。公司的未来，可就靠你们了。"

AMM：敏捷成熟度模型

在项目级敏捷进入全面推行阶段的同时，华为已经启动了版本级敏捷的试点。

无线产品线在西安研究所的试点、网络产品线在南京研究所的试点，以及业务软件产品线横跨深圳和南京两地的试点项目，都覆盖整个系统的大版本研发流程，时间在半年以上，团队在 100 人以上。在这一阶段，ThoughtWorks 仍然是敏捷转型咨询顾问服务最主要的供应商。2008 年，还在带领十多人的项目团队开展敏捷技术实践的这一批咨询师，到 2009 年时就需要带领上百人的大团队，进行整个系统研发范围的敏捷转型。对这些年轻的咨询师而言，迈上这一步台阶既是机遇，也是挑战。

这批缺乏大型研发团队管理经验的敏捷顾问们遇到的第一个难题，是如何快速有效地摸清一支上百人的软件研发团队的基本情况，然后对问题作出诊断并并提出对策。当时这些敏捷咨询项目的一般情况是，由 3 名咨询师组成的团队需要在 1 ～ 2 周时间内完成对试点团队的初步调研和诊断，提出研发过程改进的方案，在随后的 2 ～ 3 个月时间里指导试点团队落实改进方案。为了做好开头一两周的调研和诊断工作，ThoughtWorks 的敏捷顾问们引入了一个后来颇受争议的工具：敏捷成熟度模型（Agile Maturity Model，AMM）。

2006 年 6 月，ThoughtWorks 北美的咨询师 Ross Pettit 首次提出了 AMM 的概念[①]。Pettit 指出，敏捷 IT 组织的转型过程涉及需求采集、项目管理、软件开发等多个领域，过程改进的方法也多种多样，因此需要一套评估现状、设定目标、监控持续改进、度量敏捷成效的基准。为此，他发明了一套敏捷成熟度模型。

在 Pettit 起初的构想中，这套成熟度模型包含 6 个维度：需求、测试、代码集体所有、协作、保障和治理、简单性。每个维度又由"最不敏捷"到"最敏捷"分为若干级别，每个级别用可观察、有代表性的现象和行为作为标志。咨询师会根据这些维度对目标团队进行评估，根据真实看到的现象和行为选择最贴切的级别评分。例如在"测试"维度上，如果咨询师观察到"测试由测试人员负责，功能测试是一次完整的检查，而未集成进构建过程中"，那么该团队在这个维度上的得分大致是 0 或者 -1，即没有敏捷倾向甚至有阻碍敏捷的倾向；如果观察到"测试由测试人员和开发人员共同负责"，则团队在这个维度上的得分大致在 1 分以上，即有一定的敏捷倾向。

可以看到，Pettit 最初的 AMM 模型很不详尽，不论是维度的划分还是级别的定义，他都大量使用了"可能"（might）、"可以"（would）这样模糊的表述。但他

---

① 参见 Ross Pettit 个人网站上的《An Agile Maturity Model?》。

的这篇文章指出了敏捷转型的可拆解性和可度量性，从而把原本千头万绪的敏捷转型变成了可以分步骤分阶段开展、可以有效度量和管理的项目，这是在大规模的敏捷转型中很能令甲方和咨询师兴奋的发现。

Pettit 从一开始就意识到"AMM"这个缩写与 CMM——敏捷社区的老对头——的相似性。一方面，这层相似性可能在大型企业管理者心目中建立起一种权威感，从而增进他们对敏捷的接纳度；另一方面，这层相似性也可能会让敏捷社区产生不无道理的担忧。Pettit 在文中极力强调，AMM 不是对敏捷的硬性规定，只是一种简单、灵活、基于事实的评估方法，帮助组织快速了解现状并定义目标。尽管如此，另一位敏捷社区的领袖 Scott Ambler 报道此事的语气仍然饱含疑虑："敏捷成熟度模型？地狱的火焰都结冰了吗？"①——这个夸张的标题很能反映当时北美敏捷社区对 AMM 的态度。

ThoughtWorks 中国区的咨询师是在新加坡的项目中首次接触到 AMM，并在2007 年底华为中研的试点项目中将其引入中国[122]。事实证明，华为这样的大型企业确实很认同 AMM 这样一套可拆解、可度量、可以用雷达图的形式呈现的评估机制。后来几年中，AMM 在华为及其他大型通信企业的敏捷推进项目中被广泛应用，评估维度也被扩展到技术实践与管理实践两大类，共计 10 个维度。感兴趣的读者可以自行在网上搜索《敏捷成熟度评估》，应该能够找到这阶段的一些相关的介绍材料。

在 ThoughtWorks 咨询团队的推动下，首先对团队进行 AMM 评估，基本上成了敏捷转型项目的标配。同时各个转型项目又对 AMM 有不同程度的定制，例如，有些评估案例使用了与 Pettit 最初版本不同的 6 个维度，另一些评估案例则增加了评估的维度。由此可见，当初敏捷社区担心的"AMM 使敏捷僵化"的情况，至少在中国没有发生。

* * *

"胡顾问，你猜今天这个持续集成是红还是绿呀？"肖鹏懒洋洋地问道，"要不要再来赌个一块钱的？"

2009 年 11 月 11 日，这天是淘宝第一次搞"双十一"购物节。不过，此时在华为南京研究所给网络产品线城域以太网产品部门提供咨询的

① 参见 Scott Ambler 于 2006 年 6 月 15 日在 InfoQ 上发表的《Has Hell Frozen Over? An Agile Maturity Model?》。

通信行业的敏捷

136

ThoughtWorks 咨询师们没心思网购。他们在这个部门搞了快一个月持续集成，CruiseControl 的界面上还没看见过一次完全成功的构建。乐观的胡凯每天都愿意出一块钱赌辛勤的华为人在顾问们下班的时间里加班把持续集成搞绿，悲观的肖鹏每天都能从胡凯这里赢一块钱。

"有啥好赌的，反正还不是红。"胡凯懒洋洋地答道。

话音未落，转过一个弯角，面前出现一个全绿的 CruiseControl 界面。华为的一位项目经理远远看见两人走来，挥手跟他们打着招呼："顾问快来看，咱们的持续集成全绿了！我们项目组今天提交了代码，也没问题！"

"你看，错过了唯一一次赢我的机会了吧？"肖鹏还在跟胡凯开玩笑。

"我现在宣布，"胡凯兴奋地大声说道，"城域以太产品正式进入持续集成时代！"

大型团队的持续集成

按照 Martin Fowler 最初的定义，持续集成是一种适用于单一项目团队的配置管理实践，这样的团队规模通常不会超过 20 人，集中在同一工作地点，且所有人工作在同一主干版本上。随着团队规模的增大，这些条件会发生巨大的变化，进而影响持续集成实践的可行性。肖鹏在 2010 年"敏捷中国"大会上的演讲[1]，还原了华为城域以太产品团队开展持续集成的情景。

华为的这支产品团队由超过 120 名研发和测试工程师组成，研发的产品是以太网交换机的嵌入式软件。整个产品代码规模超过 1 000 万行，执行完整的功能测试耗时超过 120 小时。肖鹏在为这支团队提供咨询的过程中发现，对于小团队可

---

① 参见肖鹏在 2010 年敏捷中国上的演讲"大型敏捷团队的持续交付之路"。

能很简单的持续集成实践，在这种上规模的研发团队中会牵涉到组织结构、软硬件环境、配置管理、构建过程、测试方法、汇报机制等多方面的因素。引入持续集成与其说是技术导入，毋宁说是一次组织变革，这也是肖鹏的演讲被放在了大会的"组织转型"这个分会场的原因[1]。

持续集成对大型团队组织产生的影响，最直观地体现在分支策略上。在典型的瀑布流程中，负责不同模块的各个项目团队只在很晚的阶段才集成彼此的工作。以华为的 IPD 流程为例，跨项目团队的集成发生在 TR4A 到 TR5 之间一段很短的时间，此时所有功能的开发理论上都已经完成。但实际上集成过程会暴露大量需求、设计、编码中的错漏，因此加班赶工乃至临时延期都是常事。按照持续集成的原则，所有变更应该尽早、尽可能频繁地合入主干版本，并执行集成测试。但在规模上百人的团队中，如果所有人直接向主干提交代码，哪怕只是每天提交一次，也足以造成巨大的混乱，尤其是会导致测试团队长时间无法得到稳定可用的软件版本。如何在频繁集成与稳定可用两者之间取得平衡，是大型团队的分支集成策略及其背后的团队协作方式需要解决的问题。

肖鹏提出的解决方案是分层分级的持续集成策略[144]。他把软件的验证过程由低至高分为三级构建：个人级、团队级、版本级。任何代码修改必须首先通过较低级的验证，才能被合入更上一级的分支版本并接受更上一级的验证。同时，验证的标准也逐级提高：个人级构建只执行模块相关的单元测试；团队级构建需执行模块相关的功能测试；版本级构建更需执行全系统的重要功能测试——经过精简和优化后耗时约 10 小时。采用这种策略，城域以太产品团队完整集成构建出可用版本的频率提升了 100 倍，分支代码合入主干的效率提升了 250 倍，由于消除了集成过程中的混乱，团队人均代码产量也提升了 2.2 倍[2]。

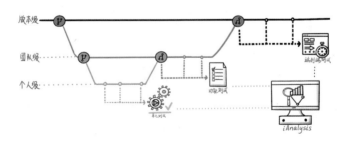

① 参见肖鹏的博客文章《我也说说敏捷中国 2010 大会》。

② 引自肖鹏未发表的讲稿"如何真正从持续集成中获益"。

肖鹏和胡凯还注意到了大型团队中信息流动不畅的问题。分层分级持续集成中需要团队遵守一定的纪律，例如频繁提交代码、提交前执行本级构建、构建失败时不能提交等。在一个大型团队中，要确保数百名工程师知晓并遵守这些纪律，让团队领导了解这些纪律被执行的情况，需要更有效的信息传播机制。胡凯开发了名为"iAnalysis"的持续集成信息可视化工具，用于度量并显示分层分级持续集成中的一些关键指标：提交频率、构建失败率、构建时长等。这种小工具的出现，标志着 ThoughtWorks 在尝试大规模敏捷实施的过程中，开始注意到了度量的重要性。

精益与敏捷转型的结合

在领导诺基亚和诺西的敏捷转型时，Bas Vodde 已经发现，大型团队的复杂性会给敏捷转型带来全新的挑战。2008 年，他在《精益和敏捷开发大型应用指南》一书中指出，系统思考、精益和排队论等思考工具可用于识别"现有的组织设计阻碍价值流动，迫切需要重新设计的情况"，从而给组织变革提供指引 [145]。ThoughtWorks 的咨询师在面临类似挑战时注意到了 Vodde 的成果。李剑于 2009 年翻译了 Vodde 这本书。

精益（lean）思想源自大野耐一开创的丰田生产方法，这是一种强调市场需求拉动（而非由生产方推动）的生产体系。为了尽快满足市场变化万端的需求，精益强调小批量、短周期，极力消除库存、等待、返工等浪费。2008 年前后，ThoughtWorks 的咨询师们也意识到了敏捷与精益之间的共通性，指出敏捷是在软件研发领域落地精益的实践 [146]。在 2008 年的第三届"敏捷中国"大会上，路宁指出"公司实施精益或敏捷的最大阻力"是"大规模生产时代在人们思想中形成的……思维定势（量产时代后遗症）"，并提出用精益原则识别和消除软件研发中经常存在的浪费①。

精益思想与敏捷方法的结合，在华为南京研究所城域以太产品团队的敏捷转型过程中产生了切实的效果。受到丰田生产方法的启示，ThoughtWorks 咨询师意识到现场管理的重要性，首先对软件研发团队工作的物理现场和数字化现场——

① 参见李剑于 2008 年 1 月 21 日在 InfoQ 中文站上发表的《路宁谈精益思想——2008 北京 Open Party 摘录》。

代码库——进行了"5S"①，然后用无侵入、可视化的方式采集和呈现当前管理任务最需要关注的度量点，从而创造出一个明晰可视的软件开发的"现场"，解决以往管理者对基层实际情况了解不及时、不真实的问题[147]。

通过 5S 和信息可视化清理出团队工作的"现场"之后，这支团队用价值流图（Value Stream Mapping）工具分析了用户故事在整个研发阶段（从 TR1 至 TR6）的流动构成，并识别了一些严重的浪费，包括批量造成等待、缺陷造成返工、过量生产造成延迟等。团队遵循大野耐一提出的"湖水和岩石"理论，不断减小批量规模、缩短交付周期，逼迫自己处理"水位降低之后发现的岩石（问题）"，并在此过程中实践"造物先造人"，在团队内部培养了敏捷教练，使团队成员有热情开展更深入的改善行动[148]。

指导了一系列类似的大型研发团队敏捷转型之后，ThoughtWorks 的咨询团队对于这样的团队应该度量什么和如何度量有了更深入的理解。几年后，时任 ThoughtWorks 中国区咨询总监的张松总结，精益软件组织的度量可以从价值、效率、质量、能力这 4 个方面进行[149]。以张松提出的度量体系作为参照，可以看到传统研发组织，尤其是通信业研发组织在面对买方主导的市场趋势时，管理体系的薄弱：对"软件给最终用户创造多少价值"这个问题经常是缺乏关注的；对效率的关注则通常只聚焦在软件开发阶段甚至编码阶段，忽视整个软件生命周期端到端的交付速率和响应变化的速度；对质量的关注只看到最终结果，缺乏有效的质量内嵌的实践拉动；对个人、团队和组织的能力更是缺乏关注。几家通信业的龙头企业都在这一时期大范围启动敏捷转型，映照出了整个行业意识到自身能力欠缺时的焦虑。

*   *   *

　　"停！停一下！"熊子川大喊一声，"到底有没有人能告诉我，这个业务的流程到底是什么？"

---

① 5S 是源自丰田等日本企业的工作环境组织方法，由 5 个英文拼写均为"S"开头的日文单词组成：整理（Seiri）、整顿（Seiton）、清扫（Seiso）、清洁（Seikeetsu）和素养（Shitsuke）。

会议室里十多个人刚才还在吵吵闹闹，被他这么一喊，突然鸦雀无声。一位华为的系统工程师清清嗓子说道："这个业务的流程，我不是跟你讲过了吗，它是这样的……"

　　"你先别急，"熊子川走到白板前，"我在进会议室之前，跟五个人问过这个业务的流程，得到了五个不同的答案。我知道你跟我讲过，但是你知道另外四个版本吗？"

　　这位系统工程师满脸讶异地摇摇头。

　　"好，现在我来把这五个版本一个个画出来，从你这个版本开始，你告诉我画得对不对啊。"熊子川一边说着话，一边在白板上开始画流程图。

　　这是位于广州天河区的一处写字楼，这里驻扎着华为业务软件产品线的一支80余人的团队。ThoughtWorks的咨询师熊子川正在给这支团队提供指导，华为团队的领导李林站在门边静静观察，脸上写满了担忧。

　　"……好吗？大家都确认业务流程就是这样了吧？"熊子川用眼神逐一确认，然后放下白板笔，"我希望大家以后谈事情都能把白板用好，第一，要把自己的想法可视化呈现出来，第二，要确认别人是不是理解和赞同自己的想法。可以吗？"

　　等其他人离开会议室，李林走到熊子川身边，轻声问道："小熊顾问呀，我们马上就要发布一个版本，你看我们这次发布，会不会挨局方的骂呀？"

　　"我看悬，"熊子川一边擦着白板一边大大咧咧地说道，"我昨天去旁听了咱们的人跟局方采集需求的会，局方滔滔不绝讲了3个小时，咱们的人总共说不到十句话，中间完全没有可视化和确认的过程，这样采集来的需求能不走样？需求都走样，发布出去局方能不生气？"

"那……有啥办法吗？"

"我已经在梳理整个需求采集和管理的流程，下个版本应该会好很多，这个版本嘛……"熊子川放下板擦，一脸焦虑地看着李林，安慰道，"要不我给你画个关公，你先拜拜关公吧。"

敏捷向业务端的延展

徐直军担任华为产品与解决方案总裁的 3 年间，敏捷在华为由试点迅速进入全面推广，再加上此前诺基亚 / 诺西已经开展数年的敏捷转型，这两个先行者的榜样效应，在通信业中形成了广泛而深远的影响。从 2010 年开始，阿尔卡特 – 朗讯（简称"阿朗"，即此前的上海贝尔）、中兴等通信企业也相继启动敏捷试点。

据我个人观察，在当时 ThoughtWorks 参与的敏捷转型项目中，组建包含需求和测试人员的全功能团队、基于用户故事拆分和管理需求、引入短迭代交付、强化自动化测试、建立持续集成，是一套标准的"组合拳"。一方面，这套组合拳直指行业中普遍欠缺的需求管理、项目管理、配置管理、质量保障四大能力，在有咨询师辅导的情况下能迅速提高软件研发团队的效率与质量水平；另一方面，这套组合拳的频繁出镜，与 ThoughtWorks 努力将其咨询服务标准化不无关系。这个阶段，ThoughtWorks 给不同企业、不同团队所做的 AMM 评估结果和改进举措大同小异，明显有"拿着锤子找钉子"的痕迹。

一个具有突破性的案例是 ThoughtWorks 带领华为业务软件产品线驻广州的一支实施团队开展的敏捷转型。与其他华为研发团队不同，这支团队离真实的客户非常近——华为正是为了便于服务广东移动这个全世界最大的电信运营商，才在广州设立了这支团队。在与真实客户近距离接触的过程中，以熊子川为首的咨询团队发现了一些独特的问题：客户追求功能堆砌而非优化使用者体验[1]，与客户沟

---

[1] 参见熊子川的博客文章《作恶的 Portal》。

通信行业的敏捷

通的需求人员缺乏基本的沟通能力①，不善于引导客户②，等等。这些现象与通信行业的传统紧密相关。在传统的通信行业，产品的技术指标是最重要（如果不是唯一重要的话）的竞争力要素：能承载多少路并行通话，是否有良好的灾备和过流 / 过压保护，支持哪些中继组网能力……是这些常人如听天书的技术指标，决定着通信设备能否中标。因此，华为的需求人员不关心用户体验，只会简单记录客户提出的一条条要求，这是他们工作的常态。

为了帮助华为解决这些问题，熊子川把迭代、可视化工作坊、用户故事等敏捷工具呈现在广东移动面前，取得了出人意料的良好效果。仅用了几个月时间，该团队与客户的协作关系明显改善，需求传递失真率降低一半以上，需求验收通过率稳步提升，客户方的抱怨邮件大幅减少。后来，为了配合用户故事和迭代交付的管理，解决多个集成商信息沟通不畅、各方任务互相阻塞、交付进度不及时不真实、工作方式不统一、事务职责不清、开发资源和代码质量不透明、知识缺乏组织和管理、邮件沟通低效等问题，广东移动业务支撑中心还向 ThoughtWorks 采购了敏捷项目管理工具 Mingle，要求各家供应商使用，侧面反映出广东移动对此前熊子川给华为引入的需求管理和项目管理机制感到赞赏。

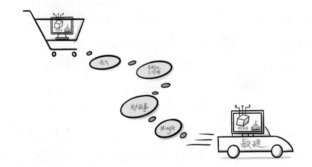

广东移动的案例在中国的敏捷历史上是一个里程碑：这是敏捷第一次由开发软件的乙方进入到购买和使用软件的甲方单位，而且这个甲方单位还是央企、全球最大运营商。这个案例的出现，最重要的因素是华为作为龙头企业在行业中的影响力。这种影响力甚至超出了行业的范围：有一家医药公司在成都的办公室，参照华为敏捷转型后的研发中心布局，采用了"敏捷台"的工位排布③。在不远的

① 参见熊子川的博客文章《沟通问题》。

② 参见熊子川的博客文章《引导客户》。

③ 参见熊节于 2011 年 11 月 9 日在博客"透明思考"上发表的《一年成聚，二年成邑，三年成都》。

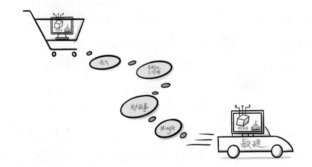

敏捷向业务端的延展

143

将来，从华为、诺基亚、阿朗、中兴等通信企业散播出来的影响力，还会影响更多的企业走上敏捷的道路。

结语

2009 年 8 月，苹果与联通就 iPhone 合作事宜达成协议，10 月，iPhone 首次在中国上市销售。对中国的通信行业而言，iPhone 不只是一款手机，更象征着通信业全新市场格局的到来。在这个新的市场格局中，溢价并不是来自硬碰硬的技术指标，而是来自惊艳的用户体验和巧妙的营销手法；硬件高度同质化、日用品化，软件应用创造价值；决定产品走向的不是厂商的研发团队，而是消费者的审美偏好；跨界竞争无处不在，"互联网基因"直接影响设备制造乃至通信运营业务。对于数十年来习惯了卖方市场、技术导向的通信企业和运营商而言，"颠覆性创新"的活例正在上演，只不过他们是即将被颠覆的那一方。2008 年，摩托罗拉裁员2 600 人；2009 年 1 月，北电网络破产。新格局的压力，从更早的几年前开始，实实在在地压在每家通信大厂的身上，不变革就是死路一条。

尚有余力的通信大厂开始了全方位的变革，在研发体系中被广泛引入的变革是敏捷转型。通过组建全功能团队、引入用户故事、缩短迭代周期、强化自动化测试、建立持续集成这一套"组合拳"，诺基亚、华为、阿朗、中兴等企业有一个共同的目标：在新的市场格局中杀出一条生路。在转型的过程中，他们体验到了此前的敏捷先行者从未遇到过的新挑战：规模。他们的团队规模与系统规模如此庞大，在此前全球的敏捷实践中都是罕见的。通信大厂的敏捷转型，不仅是他们自己在学习敏捷，也让敏捷社区从中学会应对更大规模的组织变革。

几年时间过去，这些企业的命运各有不同，敏捷带来的效果也褒贬不一。但是，因为那几年在市场格局洗牌的高压下"搞运动"式的大规模敏捷转型，使得数以十万计的通信业技术人才听到了"敏捷"这个词，对迭代、用户故事、自动化测试、持续集成等概念有了基本的认知。几年以后，其中的一些人会带着这些知识走出通信业，走进更广泛的 IT 和互联网行业。通信行业的危机，推动了敏捷在中国的茁壮生长。

互联网企业的敏捷

中国政府加强对互联网管制和 Web 2.0 的兴起发生在同一时间段，为中国的互联网企业提供了难得的发展机遇。一批小型团队采用 Ruby on Rails 快速创业，天生遵循敏捷方法。腾讯和阿里等互联网巨头也开始全面采用敏捷方法，并以平台的形式将自己的实践固化输出。未来若干互联网企业效法阿里和腾讯的研发体系，学到的东西已经带上了敏捷的味道。

"小熊好久没来杭州嘞，欢迎欢迎，来看看我做的新东西。"石一楹笑呵呵地把熊节迎进家门，带着他走进书房，打开桌上并排着的 3 台显示器，"你看，我从这个网站就可以随时看到摄像头上的图像，想看哪个就看哪个……看到没有？这是福州的图像，工商银行门口……"

这是 2005 年的夏天。去参加上海主办的"Martin Fowler 中国行"活动之前，熊节先抽空到杭州拜访老友石一楹。此时公安部正在大力开展"平安城市"建设，杭州的城市监控报警联网系统建设经验即将被推广到全国各地，在公安 IT 领域摸爬滚打多年的石一楹看到商机，创业开发了一套联网管理监控视频图像信息的软件。

"网站是用什么技术做的？"熊节随口问道。

"Ruby on Rails。这个东西好哎，开发速度真快哎，Java 是不好比的喏……"一讲到技术，石一楹的话匣子就关不住了，对着代码兴致勃勃地聊起了 Ruby on Rails 的巧妙设计。

"我前两个月才刚跟孟岩一起学了 Ruby on Rails 呢，"熊节一边看着代码，一边说道，"我俩一起学脚本语言，先是 Groovy，然后是 Ruby on Rails。Rails 这个'约定俗成优于配置'真是厉害，几乎没有废话代码。"

"是的咯，我自己估算了一下，同样复杂的 Web 应用，用 Rails 做的代码量比一般的 J2EE 少很多，大概只有几分之一。"石一楹语速很快，"代码少就容易维护呀，再加上自动化测试、自动化发布这些基础工具做得又好，开发效率真的比用 Java 高十倍不夸张呀。"

"高十倍这么厉害，那不是找到银弹啦？"

> "哈哈哈银弹不敢说咯，用着爽是真的呀。现在想要做个网站，真的不想动 J2EE 嘞，一想要配置 Spring、Hibernate，提不起精神来开这个头呀。Rails 快呀，一两天就做个网站出来，不费劲呀。"

Web 2.0 创业神器: Ruby on Rails

2004 年以前，互联网的主要存在形式是"网站"。不论大型的内容网站，还是小型的个人网站和博客，大多以单向的信息传播为主，用户可以进行的交互非常有限。2004 年底提出的"Web 2.0"概念改变了这种局面。提出这个概念的 Tim O'Reilly 认为，下一代的 Web 不再是单向的信息发布平台，而是"基于个性化微内容，提供注重用户体验，可以参与的社会化服务平台"[150]，更是以服务形式提供给大量用户，充分发掘用户长尾需求的软件发行机制——很多 Web 2.0 的系统已经被称为"Web 应用"而非"网站"。这些特征也就意味着，下一代的 Web 需要包含更多的业务逻辑，应对更多的变动和不确定性。因此 O'Reilly 也指出，Web 2.0 需要"轻量级的编程模型"，以开源、服务化、松散耦合的方式来开发软件①。Ruby on Rails 正是在这个背景下诞生的开发框架。

出乎很多人的意料，Ruby 并不是一种很新的编程语言。日本人松本行弘 1995 年就发明了这种编程语言，只比 Java 略晚几个月。但是在随后几乎十年中，Ruby 的热度与 Java 可谓天差地别。有人打趣地考证，热门的编程语言发明者都有大胡子，因此没有胡子的松本行弘发明的 Ruby 才一直不温不火[151]。2005 年，可能和松本行弘蓄上了胡子有关，时年 26 岁的丹麦创业者 David Heinemeier Hansson（常被人简称"DHH"）从他的创业项目 Basecamp（一个在线项目管理工具）中提取出来的开发框架 Ruby on Rails 在很短时间内风靡了整个 Web 2.0 社区，捎带着 Ruby（而非 Java）成了那一时期很多创业者的首选编程语言。

Rails 与敏捷之间有着先天的联系，第一本全面介绍 Rails 的被读者简称为"AWDWR"的《应用 Rails 进行敏捷 Web 开发》把"敏捷"二字挂在标题上。与

---

① 参见 Tim O'Reilly 于 2005 年 9 月 30 日在 O'Reilly 网站上发表的《What Is Web 2.0: Design Patterns and Business Models for the Next Generation of Software》。

DHH 合作的另一位作者 Dave Thomas 本身也是敏捷宣言的签署人之一。两位作者开篇即强调："敏捷是 Rails 的基础……这里没有繁重的工具，没有复杂的配置，没有冗长的过程……开发者所做的工作能够立即让客户看到……用户和开发者共同发掘需求，寻找实现需求的办法……Rails 也鼓励用户与开发团队合作，一旦客户看到使用 Rails 的团队能够以如此之快的速度响应变化……客户与开发团队之间的对抗就将被建设性的讨论取代"。之所以能达到这种效果，其原因是"Rails 强烈要求——甚至可以说是强迫——遵循 DRY 原则……对单元测试和功能测试的强烈重视，以及对测试套件和 mock 对象的支持，又为开发者建立了一张可靠的安全网"[152]。

Rails 社区经常提及的一个观念是"约定俗成优于配置"（Convention over Configuration）——这也是一个敏捷宣言风格的表述。Rails 给人留下的最直观的印象是简单、开发效率高，据称开发同等复杂度的 Web 应用，Rails 的速度是 J2EE 的 5 ～ 10 倍。这种效率很大程度上源于以约定俗成的形式规定了 Web 应用开发的最佳实践，从而消除了 J2EE 开发中常见的大量复杂的 XML 配置，使开发者专注于业务问题；并且 Rails 提供的不仅是开发 Web 应用功能的开源组件，还包含一套完整的开发工具与实践。这种"手把手规定怎么做软件"的风格，用时任《程序员》杂志技术主编孟岩的话来说，"令整个 Web 开发领域感到震撼"[153]。

具体而言，Rails 以"约定俗成"的形式强烈要求甚至强制灌输给开发者的最佳实践有几大部分。首先是架构实践，Rails 以应用脚手架的形式规定了 MVC（模型 – 视图 – 控制器）架构和数据库存取的绝大部分技术要素，后来的版本以同样的方式规定了 RESTful 服务的风格乃至 URL 格式。然后是测试实践，Rails 规定了单元测试、功能测试、性能测试三大类测试的写法，甚至直接在代码脚手架中给出了测试样例。Rails 提供的自动化构建实践也相当完善，开发者可以完全不用修改构建脚本，用 rake 执行代码统计、测试、本地运行等常用任务。更进一步，Rails 还提供了部署和生产环境运维的最佳实践。DHH 建议开发者"尽早开始部署……从实际的部署中找出问题，并且获得解决这些问题的经验……尽早了解用户对应用程序的想法，会对你的开发工作产生巨大的帮助"[152]。在当时的行业环境下，这种打通开发与运维的做法是一个极具开创性的主张，完全契合了当时面临极大不确定性的创业者们的诉求。

Rails 在国内的应用情况

2006 年 3 月 21 日，在一次头脑风暴聚会活动中，时年 30 岁尚在纽约大学读研究生的程序员 Jack Dorsey 提出了一个点子：提供一个在线服务，让一群人可以通过短信互相交流。当天晚上 9 点 50 分，Dorsey 和他的队友们用 Ruby on Rails 实现了这个点子的第一个原型，在刚刚开发的系统上发布了第一条"社交短信"。这个像个小玩具一样的系统，在 10 年后将拥有 3 亿月活用户，并成为当年美国总统竞选期间最重要的信息源，单日发布 4 000 万条与竞选有关的信息[①]。这个系统就是 Twitter，Web 2.0 时代最重要的社交网络之一。

Twitter 的故事包含了 Web 2.0 创业神话的一切经典要素：孕育于一次头脑风暴聚会，起初只有一个异想天开的脑洞，极大的不确定性，没有缜密的验证，立即开始实现，一天之内拿出可以运行的原型，病毒式传播……Rails 给创业者们带来的不仅是一种便利的开发工具，更是一整套关于"如何在 Web 2.0 时代创业"的方法论。这套方法论后来经总结完善，被称为"精益创业"（Lean Startup），其核心就是通过"构建 – 度量 – 学习"（build–measure–learn）的循环，快速地把点子构建成可工作的软件，对软件的真实使用情况进行度量并得到数据，从数据中学习产生新的点子[154]。Rails 提供了快速构建软件的可能性，把这个循环的周期压缩到了极致：在一天时间里就可以开发出可用的软件，甚至可以进行几次迭代。

这种快速开发、快速获得反馈的能力，使年轻的创业者们开始热衷于一种充满"极客"氛围的聚会活动：黑客松（Hackathon）。这个将"黑客"与"马拉松"组合而来的词，很好地表达了其内涵：黑客们聚在一起，像跑马拉松一样进行一段长时间、高强度的软件开发。一次典型的黑客松可能从星期五下班后开始，到星期天晚上结束，历时 54 小时。参与其中的不仅有程序员，还有企业家、设计师等各种角色。他们组成队伍，在两天多的时间里几乎不眠不休，靠高热量食物和大量咖啡因保持精力，力争做出一个有趣的新网站

---

① 参见维基百科上的"Twitter"词条。

或新 App[①]。当时这类黑客松活动大多采用 Rails 作为开发工具，这反映出 Rails 不仅开发效率高而且开发体验良好，否则恐怕无法吸引程序员牺牲周末两天时间连续编程。

2008 年，ThoughtWorks 在北京举办了一次黑客松活动，在周末两天时间里，帮助公益组织"乡村教育促进会"搭建了用于农村教师和志愿者交流教学经验的网站[②]。尽管时间非常短，这支团队仍然相当严格地遵循了极限编程的实践。业务分析师提前一天写出了用户故事卡，开发团队按照用户故事的划分开展分工协作。开发过程中采用结对编程，遵循"测试 – 编码 – 重构"的节奏，提交代码的步伐很小、频率很高，大约每个结对每小时有 1 ～ 2 次提交，以至于提交的时候"稍微慢一点，就会更新下来一片 [别人刚提交的] 代码"[③]。这种高节奏，与 Rails 作为开发工具的高效、易用是密不可分的。

Rails 的高效使之深受初创团队的喜爱。在这一时期，国内的 Rails 社区蓬勃发展，涌现了财帮子、友播网、乐道等 Web 2.0 创业项目，以及好几个专注 Ruby 和 Rails 的技术社区网站。JavaEye 也在这段时间改版，由原来的 PHPBB 系统改为用 Rails 开发的新系统。据范凯称，选择使用 Rails 重写 JavaEye 网站，是受到了石一楹的影响[④]。

另一些团队在使用 Rails 承接离岸外包的工作，帮助北美和澳大利亚的互联网企业实现他们的点子。尼毕鲁科技的创始人杨祥吉当时就在接单北美金融服务公司的外包业务，他认为 Rails 的优势"不仅是快速高效，更重要的是优雅简洁"[155]。他首先指出，Ruby 语言既强大又灵活，例如 Ruby 的面向对象特性既完整又开放，可以在运行时向类甚至向实例添加方法，从而使程序员能够写出"近乎人类自然语言"的代码。应该注意到，这种能力其实在多种动态语言（包括应用非常广泛的 JavaScript）中都可以看到。以杨祥吉为代表的一批熟悉企业应用开发的程序员实际是在将 Ruby 与 Java、C# 等企业应用领域常用的编程语言作对比，并因此受到触动。站在企业级应用开发的基础上看 Web 2.0，尝试找到两个领域的理想交集，是这一批 Rails 爱好者的一大特征。

---

① 参见 Lawrence Lin 于 2012 年 8 月 31 日发表的《黑客马拉松经验谈：一个周末、54 小时的时间，你能做出有趣、有用的服务吗？》。

② 参见熊节于 2013 年 8 月 13 日在博客"透明思考"上发表的《回忆：2008 年的 Code Jam》。

③ 参见郑晔于 2008 年 4 月 21 日发表的《ThoughtWorks CodeJam》。

④ 参见 CTOLib 码库上发表的《范凯：我的 PHP、Python 和 Ruby 之路》。

谈完 Ruby 语言的优点之后，杨祥吉又谈到了 Rails 框架的优点，尤其是避免重复（Don't Repeat Yourself，DRY）和惯例优于配置（Convention over Configuration）两个原则。强调这两个优点，也能反映出杨祥吉作为企业应用开发者的思维惯性：只有在大规模、长生命周期的 IT 系统中，重复代码的危害才显得格外明显；而"配置"之所以成为需要"优于"的目标，更是直指此前几年中 J2EE 社区中滥用 XML 配置的风气。同时，杨祥吉也强调了敏捷（尤其是测试先行、结对开发、短周期迭代、每日晨会等实践）在他承接的离岸外包项目中的重要性。尤其是管理和技术的手段双管齐下，"做到每天自动部署到测试服务器上，方便远程的客户直接在互联网上查看当天的产品进度，并及时提交反馈"，无疑有助于促进远程协作的效果。

在同一时期，ThoughtWorks 中国区也先后承接了来自喜达屋（StarWood）、LonelyPlanet、REA 等外国企业的 Rails 外包项目，并开发了在企业 IT 环境下支持 Ruby on Rails 的 RubyWorks 系列产品 [122]。当时有两个主要的开源项目致力于在 Java 虚拟机上运行 Ruby 程序，分别是 JRuby 和 xRuby。2006 年，这两个开源项目的主要贡献者 Ola Bini 和郑晔先后加入了 ThoughtWorks，对 ThoughtWorks 的"企业级 Ruby 技术栈"的开发起了很大的推动作用。到 2012 年前后，ThoughtWorks 在西安使用 Rails 的团队规模有数十人，可能是当时中国最大的 Rails 团队。

Rails 从核心哲学上就深受 Dave Thomas 等全球敏捷领袖的影响，引入中国时又与石一楹、范凯、ThoughtWorks 等敏捷先锋有着千丝万缕的联系，深植其中的测试驱动开发、快速迭代、持续集成等敏捷实践又通过众多创业团队和尼毕鲁这样的外包交付团队影响到更多的从业者。Web 2.0 浪潮把动荡、不确定的互联网时代真真切切地带到了中国 IT 从业者面前，使敏捷的原则和实践找到了用武之地。

* * *

ThoughtWorks 的办公室一向不以整洁而闻名，不过这天显得更加凌乱：墙上贴满了各种颜色的硬纸卡片和便利贴，房间里拼起了 3 张桌子，桌面上散乱地堆放着 A4 打印纸和乐高积木。十几个人分成 3 组，分别围着一张桌子，一边拼着积木，一边热烈地讨论。李默和黄亮来回巡视，不时低头查看，或是回答一个问题。

"丁零零……"一个闹钟响起，李默拍掌示意各组放下手上的积木，提高声调说道："现在我们请怪兽公司的客户们来看看，你们这个迭代得到了怎样的怪兽？"

刚才闹哄哄的房间突然安静下来。一位扮演"客户"的 ThoughtWorks 员工从桌旁站起，认真地点评道："这个迭代，我得到了一直想要的条纹怪兽，而且怪兽的脖子很长，看着很威猛，我很喜欢。"

"你觉得开发团队这个迭代有什么改进呢？"

"他们这次注意了听取我的意见，他们的业务分析师一直在跟我沟通每条需求背后想要达到什么价值，他们的资源有困难的时候也会提一些很好的替代方案。而且他们每个需求实现好以后就马上给我验收，我的意见很快就被他们采纳进去，所以我感到很满意。"

"我们再来问问团队的感受，"李默转向另一位 ThoughtWorks 员工，"你们觉得客户为什么比上一个迭代更满意？"

"我觉得有一点改变很重要，"这位扮演"业务分析师"的员工站起来答道，"我这次不是询问客户有什么需求，而是尝试去理解他要这些需求的原因。比如他一开始说'怪兽要很高'，但是我们的积木不够，没办法把整个怪兽做很高，上个迭代跟他争了很久也没有结论。这次我问了他为什么想要把怪兽做得很高，他说因为想要怪兽发威的时候很有气势，然后我们讨论了'气势'的问题，快速尝试了几个方案，发现长脖子加上一个大脑袋的怪兽也很有气势。客户对这个方案也很满意，需要的资源就少多了。"

"这是一个很好的故事，"李默转身走到墙边，指着一张大白纸上写着的敏捷宣言说道，"从这个例子当中，我们看到了如何通过人与人的协作、与客户的合作，解决流程和合同谈判解决不了的问题……"

腾讯走向敏捷

2002 年，熊明华曾以"微软公司华人专家"的身份，在《软件开发的科学与艺术》一书中贡献了关于项目管理一章。其中他提到，在初创的"近 10 年期间，微软没有项目经理这个职位"，但"随着软件产品项目规模越来越大，产品质量问题开始变得非常严重。产品开发的管理混乱，周期也越拖越长，客户投诉越来越多。微软越来越意识到有必要从根本上加强项目的组织管理"[156]。如果说 1996 年才加入微软的他只是在转述这些情景，那么 2005 年当他加入腾讯担任联席首席技术官，负责提升公司研发战略规划和流程管理能力时，他亲眼所见的情景大概与此相似。

2005 年，腾讯员工由年初的 1 100 人激增至年底的 2 500 人，翻了一倍多。接下来是一直走人员高速扩充之路，还是走提高人均效率产能、夯实研发基础之路，答案是很明显的。当年 1 月，腾讯有关人士在其内部刊物中指出："在不断增加人员的情况下，我们每人平均创造的收入是不断下降的。我们不断成长，不断招人，如此一来我们在管理意识上有些放松。"该文同时提出目标：在 2006 年，腾讯必须在不断下降的"每人每季度创造的收入"曲线上看到拐点。当时腾讯有不少从同在深圳的华为跳槽过去的人，组织变革中的手法——脱离职位高低的岗位定级、每年 5% 的末位淘汰制等——也隐约可见华为的影子[157]。在这个背景下，腾讯对研发规范化、标准化、效能提升的目标，可选的路径不止一条。

其中一条显而易见的路径是模仿同城科技大厂华为，引入 IPD 模式。这条路的好处是已经有成功先例，而且又有一批来自华为的员工熟悉这套体系，落地实施应该相对容易。但当时腾讯中层员工对于"华为模式"是存有疑虑的，尤其是通信产品研发周期长（通常 1 ～ 2 年）、华为自上而下的"执行力文化"，这两大特征与腾讯所处的互联网行业有较大的差异。照搬 IPD 是否合适，腾讯的研发领导们心里是打鼓的。另一条路径则是敏捷。理论上敏捷方法更适合快节奏、直面用户的互联网企业，但如何在腾讯有效落地，内部的支持者同样缺乏信心。

在这个关键的分岔路口，ThoughtWorks 于 2006 年 11 月给腾讯提供的一场敏捷入门培训可能成为影响天平的最后一颗砝码。这场培训脱胎于"ThoughtWorks 大学"新员工入职培训的前两周课程，经过 ThoughtWorks 中国区的本地化和裁剪加工，最终压缩到 3 天，涵盖敏捷概述、迭代式开发、质量驱动的开发、需求及变更管理、迭代计划和管理、项目启动和迭代 0、分布式敏捷、自动化 Web 测试等内容[122]。

与当时 IT 行业常见的培训相比，这场培训最大的特点可能不在其内容，而在其形式。在为期 3 天的培训中，几乎没有传统上正襟危坐的讲座形式，而是大量采用分组讨论、头脑风暴、游戏等互动性强的培训形式。再往后几年，这些培训形式会越来越为中国的企业所熟悉，但在当时还是很有新鲜感的。例如这门课程的压轴节目"乐高游戏"，学员被分成 4 ～ 6

人的小组，分别扮演产品负责人、Scrum Master、开发人员、测试人员等角色，以团队为单位承接"客户"的需求——用乐高积木搭建一只怪兽。在故意安排的模糊、冲突的需求和不断发生的需求变更中，在一次次手忙脚乱的冲刺中，教练会引导团队感受敏捷的各个要点。有 Scrum 教练认为，这个游戏最大的问题就是"太好玩"，受训学员会玩得乐不思蜀，时间和情绪都不易控制①。可想而知，当时在国内最早接触到这些培训内容的腾讯学员必定很受这些活泼的培训形式感染。

之所以强调这场敏捷入门培训在形式上的特点，是因为我有一个猜测：对腾讯的研发管理者们产生推动性影响的，或许未必是培训的内容本身。毕竟不论哪种软件研发的方法放在纸面上都有自己完备的理论和逻辑。若说理论材料的丰富程度，恐怕这次敏捷培训并不占优势。但培训的活泼形式和几名教练的个人风采，可能给受训的研发管理者们留下了额外的深刻印象，并进而加深了对敏捷的好感。若果真如此，腾讯在那个时间节点选择敏捷，除了历史的必然趋势，也未尝没有一些偶然的成分。我甚至有时会暗自遐想，如果当时为腾讯提供这场培训的几名教练个人风采稍逊，没有吸引到腾讯高管的好感，腾讯是否会在那时选择朝着 IPD、CMM 的方向走上几年？这个分岔是否会对中国互联网行业造成更大的蝴蝶效应？这个平行世界的故事，是否会有另一番精彩？

当然这一切只是我无关紧要的猜想。无论如何，从结果上来说，通过这次培训，"诞生了腾讯日后推行敏捷的第一批种子"，也促成管理层下定决心走敏捷这

---

① 参见 Erica Liu 于 2015 年 10 月 18 日发表的《在欢笑中恍然大悟：常用敏捷游戏列表》。

条道路^①。据腾讯副总裁暨技术管理委员会主任王巨宏在 2010 年的研究，经过几年的实践，当时腾讯内部已经逐渐积累形成了一套比较成型的敏捷模型：采用特性驱动开发（Feature Driven Development，FDD）管理需求分析和建模，遵循 Scrum 研发过程，并结合极限编程的部分技术实践（主要是自动化测试和持续集成）。采用敏捷实践的团队在需求 bug 率、缺陷密度、bug 遗漏率等指标上优于同类型其他产品团队，在开发效率、团队氛围、客户满意度等方面也取得了明显的提升 [158]。

王巨宏在论文中专门对敏捷开发方法和 CMMI 做了分析对比。她在对比中指出，CMMI 不是具体过程方法，而是开发团队过程改进的参考模型和框架，在 CMMI 模型中只有"应该做什么"，而缺少"如何做到"，即没有关于具体实施的方法论。这一观点，与我在前面章节中指出的"CMM/CMMI 对于'如何做软件'缺乏可落地的实践指导"的观察相一致。不过王巨宏后续进一步的对比又显示出，至少她作为腾讯研发高管接触到的 CMMI 并非完全没有具体实施的方法论。例如她提到 CMMI 的实施中，项目的涉众偏向于依靠文档进行管理，沟通相对（敏捷）来说要少很多，往往获取不到第一手的信息，对客户展示的数据也过于抽象，没有强调展示阶段性的具体产品成果。可见至少在她接触到的 CMMI 实施中，是有具体的需求管理和项目管理实践的，并且这些实践没有令她满意。透过这个侧面，我们也可以理解，为何腾讯在——或许有些偶然地——选择了敏捷的道路之后，再也没有回头。

TAPD：腾讯敏捷产品开发

即便确定了敏捷的大方向，腾讯从未像通信企业，尤其是华为那样搞过自上而下的敏捷转型运动。当时在研发管理部任高级项目经理的肖德慧认为，这是由腾讯的文化决定的：在互联网中打拼发展的腾讯，在战略导向上不强调大规模顶层设计，而是提倡"小成决定大局"；在管理风格上提倡柔性管理和自下而上的创新；在决策机制上提倡"PK 文化"，不同的方案通过实验和对比见高下。在高速发展的互联网环境下，腾讯团队本身已经具备了拥抱变化、重视反馈、快速发布、快速改进的"敏捷基因"，因此敏捷的导入对于腾讯而言不是转型而是进化，不需

---

① 参见热前端上的文章《腾讯的敏捷开发及快速迭代》。

要也不适合以自上而下的转型运动形式开展[1]。

　　在这样的企业大背景下，腾讯研发管理部没有设计全公司敏捷转型的整体路线，而是以平台和服务的形式给各个产品团队提供帮助，由团队主动选择。研发管理部继承了腾讯一贯的产品思维，把敏捷也当作产品来运营，并定义出腾讯敏捷的5大特性（feature）：位于最底层的是基础平台，提供敏捷团队需要的各种软件工具，包括支撑敏捷项目运作的 TAPD 平台、用于客户管理的 CE 平台、用于知识积累的 KM 平台、代码评审平台等；基础平台之上是培训服务，包括通用的敏捷培训和针对基础平台工具的培训；再往上是各种
敏捷落地案例和最佳实践的收集整理；最上层的是
直接参与产品团队工作的两种形式：以教练的形式
为团队提供辅导，以及专职帮助跨团队项目组织项
目管理的"大项目经理"[2]。

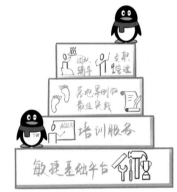

　　以软件工具的形式提供敏捷软件开发的"基础平
台"，是一个极具吸引力同时又饱受争议的想法。敏
捷宣言开篇即强调"人与交互重于流程与工具"，然
而当敏捷进入大范围落地实施，在短时间内改变成千
上万人的思维模式与交互模式是一个不可能的任务。因此几乎所有大企业在引入敏捷时，都或多或少地求助于流程和工具——华为选择了前者，腾讯则选择了后者。据说腾讯的另一位联席 CTO、创始人张志东多年来一直希望将好的研发实践固化到工具平台，以运营互联网产品的思路运营研发平台。这种思路催生了腾讯的 TAPD 平台。

　　TAPD 是"腾讯敏捷产品开发"的缩写。在"敏捷"这顶大帽子下，腾讯内部至少有3种研发模型。首先是"Scrum 管理实践加 XP 工程实践加腾讯特色实践"的"迭代模型"，这种模型多用于新产品的研发，一般有稳定的迭代节奏和发布周期，发布周期一般是 1 ～ 4 周。已经上线、持续运营演进的互联网 Web 产品则多采用"极速模型"：迭代周期为 1 周，在一个迭代之内会有多次发布。另外还有一种研发模型是"大象模型"，针对比较大型的项目、超过百人的团队，需要跨部门、跨地域的协作，交付周期大于 2 个月[3]。TAPD 需要同时为这几类研发模型提

---

① 肖德慧在 2011 年 QCon 的演讲"把敏捷当作产品来运营：腾讯的敏捷实施之路"。

② 肖德慧在 2011 年 QCon 的演讲"把敏捷当作产品来运营：腾讯的敏捷实施之路"。

③ 参见 2016 年 11 月 22 日 TAPD 上发表的《腾讯研发总监揭秘腾讯敏捷研发引擎之谜（下）》。

供工具支持。

肖德慧举了几个团队的例子来介绍这几种研发模型。在"互联网 Qzone 农场"团队的例子中,迭代周期仅一周,在一周时间内还会有多次发布;而在"即通长短线"团队的例子中,短线项目的发布周期为一个月,长线项目的发布周期则长达 3 个月。这两类项目在需求管理和项目管理上的实践有很多差异,TAPD 希望同时支持两者之间形态多样的项目,可谓雄心勃勃。

据早期参与 TAPD 平台研发的工程师回忆,该平台最初是对标 Jira、Mingle 的敏捷项目管理工具,提供了以任务卡为对象、以迭代为单位的项目管理能力。经过几年的发展,TAPD 已经"提供了敏捷产品开发全生命周期管理,包括产品管理、项目管理、发布、缺陷报表等。……内嵌了多项优秀的敏捷实践,如用户反馈、特性裂解、迭代计划、时间线、故事墙、燃烧图、发布计划等,并为不同业务类型提供多套整合解决方案,如 Web 应用、无线应用、游戏、桌面应用等"[159]。

这种"将流程和实践固化到软件工具中"的做法,促进了敏捷方法,尤其是迭代式开发的大范围推广。到 2016 年,TAPD 平台有超过 3 000 个项目团队在使用,用户人数超过 30 000,其中不仅有腾讯的研发团队,还有外部合作伙伴的研发团队①。2017 年 5 月,腾讯将 TAPD 以云服务的形式对外开放,随后一年中服务超过 120 万用户,为 20 多万个项目提供支撑,服务企业覆盖电商新零售、企业服务、金融、教育、游戏、生活服务等 20 多个行业。在 TAPD 上,每天有超过 10 000 个迭代正在进行,80% 的团队迭代周期在两周以内②。作为互联网巨头的腾讯,从 2006 年接纳敏捷方法,历经十年时间,已经能够坦然自称"国内敏捷实践的先行者和引领者",并向整个行业输出自己的能力。

* * *

"首先应该解决领导的问题,解决方式就是拍晕他。拍的方式,一言难尽啊。至于接下来,说实话,我觉得 Scrum 这种方式还是很容易推的,不过是一种管理理念。比当年推 CMMI 那种东西好多了。"

"其实我们一开始并没有把 Scrum 这个说法拿出来。就是首先和业务团

① 参见 2016 年 11 月 22 日 TAPD 上发表的《腾讯研发总监揭秘腾讯敏捷研发引擎之谜(上)》。

② 参见 2018 年 6 月 12 日腾讯科技上发表的《腾讯敏捷协作平台 TAPD 开放一周年:服务 120 万用户》。

队一起商量什么时候上线，商量的结果是每个月定期上线。然后为了管理，我们开始开晨会。为了改进，我们开始开项目总结会，把 Product review 和 Team retrospective 放在一起，既有产品经理介绍现状，也有大家讨论成绩，目前存在的不足和面临的挑战。后来，总结会上觉得质量不好，我们加入了单元测试和代码 Review 机制。至于计划会议，一开始我们就采用的 Scrum 的方法。项目小，MS Project 太难调。我们就更换了 Scrum 的 Excel 计划表，后来又换了 Xplanner。"

"就这样走了几个月后，我们把大家叫到一起，开了一个 Agile 方法分享会。把大家之前实践总结一下，然后告诉大家，我们的做法就叫作 Scrum，而且它是很有名的哦。然后再把 XP、Agile 和 Scrum 都给大家系统讲一遍。于是大家如梦初醒，原来我们是在走 Scrum 啊！"

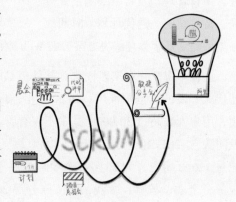

"同时这个项目组的成绩也得到了高层认可，高层也认为提高效率了。于是让这个团队给周围的团队做分享，并挑几个团队开始试行。因为我们团队成员可能会有轮岗和互调，一个团队使用 Project，一个团队使用 Xplanner，有时员工也难以上手。为了部门管理统一、方法统一、工具统一，最后高层下令全部实施 Scrum。"

——李宇谈阿里最初引入 Scrum 的情景

阿里的敏捷历程

2005 年 8 月，雅虎以 10 亿美元投资和雅虎中国全部资产为代价，换取阿里巴巴40%的股份[1]。这笔交易不仅解决了阿里的燃眉之急，也让阿里获得了雅虎中国一批优秀的工程师。其中雅虎中国广告团队整体切换成阿里广告团队，并于 2007

① 参见杨阳于 2006 年 6 月 1 日在新浪科技上发表的《联手阿里巴巴：雅虎的撤退性策略》。

年成立阿里妈妈①。阿里的敏捷之旅，就发端于这支团队。据当时在阿里妈妈负责过程改进的李宇回忆，这支团队最初是在 2006 年 3 月开始试用 Scrum，并结合了极限编程的一些实践，经过近两年的试点、推广和改进，到 2008 年已经在全部门采用②。

阿里妈妈开始使用敏捷方法的出发点非常简单：业务团队希望每个月能定期上线，技术团队就对应地制定了每月一个项目的排期。因为是互联网线上服务，没有版本的概念，对技术来说就是在这一个月以内完成某一批需求，这一个月以内的工作叫一个项目。以 2006 年的行业背景和技术环境而论，每月一次上线生产系统，是相当短的发布周期（作为对比，Martin Fowler 在 2006 年中国软件产业发展高峰论坛上发表演讲时，台下绝大部分听众无法理解"为期 8 个月的项目在两个月时已经上线开始收钱"的概念）。为了管理这种快节奏的项目，团队引入了每日站会、计划会议、回顾会议、单元测试等实践，项目管理工具也由微软的 Project 更换为适合 Scrum 和极限编程的 Xplanner。经过几个月的实施之后，团队领导者才告知团队成员，这段时间采用的方法是以 Scrum 为主的敏捷方法③。

这种先实践、后理论的敏捷推行方式，与阿里一贯重实干、讲实效的企业文化是一致的。作为早期的敏捷导入者，李宇认为在阿里推 Scrum 是很容易的，因为需求模糊、沟通成本高、发布周期长、质量不佳等问题是业务与技术团队的共识，只要是能解决这些问题的办法，团队都有意愿尝试。另外，阿里较强的技术能力，使得自动化测试、持续集成等技术要求较高的实践能够比较容易地落地。

阿里的即时通信软件"钉钉"团队的敏捷导入之路就是这样一个典型的例子④。这支团队是 2013 年底从公司各个部门紧急抽调大量人手快速组建的，在不到两个月的时间里组建了上百人的团队，人员的快速膨胀带来了秩序的缺失，大家各自有想做的方向，无法形成合力，处于一种生机勃勃而又混乱的状态。

主导引入敏捷的是该团队的技术负责人梅坚。团队的初衷是希望建立一定的

---

① 参见冯大辉于 2018 年 3 月 15 日在其微信公众号"小道消息"上发表的《阿里巴巴早期发展简史之二》。

② 参见李剑于 2008 年 3 月 30 日在 InfoQ 中文站上发表的《Scrum 在中国——企业实施情况调查实录》。

③ 参见李剑于 2008 年 3 月 30 日在 InfoQ 中文站上发表的《Scrum 在中国——企业实施情况调查实录》。

④ 参见笔者对许珊珊的访谈。

流程，既要有清晰的产品规划、形成合力，又能快速产出基础的 MVP 版本，并快速迭代演进产品。在梅坚和过程改进工程师林岳令、许珊珊等人的努力下，团队建立起了以 Scrum 为基础的迭代节奏：每个月对外发布一个新版本，每个星期发布一个阿里集团内部测试版。

发布周期的缩短给测试人员带来很大的压力：以手工的方式每月一次全量回归测试已经相当困难，每周一次全量回归更是不可能的任务。于是来往团队顺理成章地采用了自动化测试的实践，从而降低了手工回归测试量。一方面，开发人员要为自己的代码编写单元测试，核心代码的单元测试覆盖率能达到 80% 以上；另一方面，测试人员也编写了大量系统级和接口级的自动化测试用例。

自动化测试在很多组织的敏捷导入中是一个难题：开发人员认为测试是测试人员的责任，不愿编写自动化测试；测试人员又不具备编写自动化测试所需的编程能力。然而在来往团队中，快速验证产品、占领市场的压力驱使开发与测试打破壁垒，同时阿里长期的技术储备又大大降低了自动化测试的难度。尤其在测试人员的能力方面，阿里有大量测试人员具备编写自动化测试用例的能力，这对于团队缩短发布周期起到了至关重要的作用。

2014 年下半年，在来往产品的基础上，又孵化出了专门用于移动办公的即时通信产品"钉钉"。这支新成立的产品团队复制了来往团队的大部分敏捷管理与技术实践，并且以全功能子团队的形式改组了其内部结构。钉钉团队组建之初，内部子团队按照功能划分，有 iOS、安卓、服务端开发、测试、产品经理、设计师等团队划分。产品负责人陈航希望团队成员长期稳定专注某一块业务，提高端到端的业务响应力，因此将团队垂直切分为 4 组：语音通话、DING、基础 IM 功能、PC 版钉钉。每个产品组都拥有完整的产品、设计、前后端开发、测试能力，对业务结果负责。为了协调各组的进度，在其上又增加了一层定期的组间会议。源于 Scrum 的"特性团队"、源于 SAFe 的"Scrum of Scrums"等理论，在业务压力，尤其是交付周期的压力驱动下，很顺利地在钉钉团队落地。

自力更生的阿里敏捷

与腾讯的情况相似，阿里也没有开展自上而下的、大范围的敏捷推广运动。除了一些基础的规范性要求（例如用统一的管理工具记录和跟踪需求、代码进入版本管理库的规范、遵循统一标准的发布流程等）之外，对技术团队内部大部分的过程没有明确要求，由技术团队自己判断。在这种环境下，阿里的过程改进部门一直是个较小的团队，由少量的过程改进专家帮助业务部门发现问题，业务部门凭自身能力解决问题。在 2012 年前后，阿里旗下有大约 30 个 BU（业务单元），过程改进部也只有十几名过程改进工程师，只有重要的 BU 会派过程改进工程师常驻。没有派驻的 BU 会向过程改进团队提出问题，后者则帮助指出一些可能的改进方向[1]。

阿里的团队普遍承担很大的业务压力，对市场的快速响应能力是各个团队普遍的诉求。团队负责人对于特定的方法往往没有偏好，更注重最终达成的业务效果。因此阿里的过程改进专家在建立了基础的需求管理、项目管理、配置管理、质量保障机制后，不约而同地把眼光投向了精益（Lean）。

阿里的敏捷教练何勉认为，精益从"有效的价值创造和价值交付"出发审视"整个端到端业务协作和交付"，是对敏捷的扩展和升级[2]。何勉引用大野耐一的话说，精益生产方式的目标就是高质量、低成本和快速响应，事实上精益生产方式也达成了这一目标，达成目标的关键则是"准时化"和"自働化"两大支柱。其中，准时化是指"仅在需要的时间生产需要数量的需要的产品"，目的是灵活应对变化，消除生产过剩的浪费，以缩短前置时间；自働化是指"生产系统能够自动发现异常，当异常发生时能够停止生产并现时现地解决问题"，目的是让生产线更可靠、运作更顺畅。

---

① 参见笔者对许珊珊的访谈。

② 参见 2018 年 2 月 26 日云栖社区上发表的《阿里敏捷教练何勉：论精益思想及精益产品开发实践体系》。

另一位阿里的过程改进专家林岳令专门讨论了准时化生产的关键方法：看板。林岳令是在 2009 年的内部交流中接触到看板管理方法的，对其有初步的了解。经过尝试以后，林岳令发现，脱胎于丰田生产方法的看板方法是一种拉动式管理，并且实现了数据化、透明化和可视化，不仅拓展了改进的空间，而且有效指导了企业的改进方向。这种改进以一种演进的方式实现，将变化的阻力降低到最低限度①。张迎辉在指导淘宝直播团队时，推动开发了电子化的看板平台，经过多次迭代后已经在"云效"公有云平台上线②。

与腾讯相似的另一件事，是阿里的技术团队也把一些常用的最佳实践以 SaaS 平台产品的形式固化下来。为阿里巴巴网站、速卖通、1688、村淘四大网站提供支持的 B2B 质量保证部，从 2012 年就开始打造一站式研发提效平台"云效"。到 2016 年，云效平台已经覆盖阿里 60% 的事业部，并开始给阿里之外的企业提供服务，根据企业的不同需求结合平台产品四套标准化服务方案③。

- 持续集成持续交付解决方案：希望提高产品迭代效率，持续集成持续发布。
- 需求研发管理解决方案：希望从需求开始有统一的管理平台，降低协作成本。
- 分层自动化解决方案：希望建设分层自动化提升研发测试效率，降低人工成本。
- 专项提效解决方案：希望有针对性的专项自动化提效工具，解决现有问题。

从这 4 套解决方案的定义可以看到，云效平台聚焦解决的问题，仍然是需求管理、项目管理、配置管理、质量保障四大基础能力缺失的问题。云效平台宣称，企业可以根据自己的需求选择配套方案。换言之，它的定位是针对较为明确的特定领域问题，提供较为明确的工具及内嵌在工具中的配套流程，而并不着力强调整套方法论的输出。当互联网大厂将自身固有的产品基因与敏捷推广相结合、选择以云上工具平台的形式沉淀固化敏捷经验时，他们巨大的影响力和云计算的触达力加速了敏捷的推广，同时也使得广泛传播出去的敏捷更加注重"流程和工具"，对"个体和互动"的强调或显不足。

---

① 参见刘波成于 2014 年 9 月 10 日在 CSDN 上发表的《阿里过程改进专家：看板核心在于拉动式管理过程 + 数据化支持改进》。

② 参见 2018 年 1 月 2 日云栖社区上发表的《大道至简，阿里巴巴敏捷教练的电子看板诞生记》。

③ 参见 2016 年 6 月 21 日云栖社区上发表的《追本溯源，看云效平台如何帮企业提升研发效能》。

除了官方的云效平台以外，阿里员工总结内部经验、自己创业的研发工具平台也值得一提。2009 年，当时在阿里工作的王春生启动了开源的项目管理软件工具"禅道"的开发，用于解决研发项目全过程跟踪的问题。到 2013 年，禅道被评为"年度中国优秀开源项目"[1]。据《2017 中国开发者调查报告》的数据，有 21%的被调查者正在使用禅道项目管理软件作为项目开发协作工具[2]。

从 2006 年开始的敏捷之路，阿里很少采购咨询服务，主要依靠自身强大的技术能力摸索前行。不过在这个过程中，一些关键人物的加入对阿里过程改进的走向可能发挥了重要的影响。早年曾在 ThoughtWorks 工作的张群辉在加入阿里后组建了敏捷教练团队；带领这支团队的赵喜鸿最初在阿朗接触到敏捷，在加入阿里之前也曾供职 ThoughtWorks；另一位有影响力的敏捷教练何勉早年也曾在阿朗工作，加入阿里前曾为华为敏捷转型提供咨询服务。这些来自 ThoughtWorks 和通信业的敏捷教练在通信业的大规模敏捷转型中积累了完善的理论基础和丰富的实干经验，加

入阿里之后，在最能体现市场高速变化特征的互联网 / 电商行业中，他们的积累得到了发挥，同时也对阿里这家企业产生了鲜明的影响。

结语

互联网高速发展的同时，中国政府对互联网加大了监管力度，一方面令国际巨头感到不适，另一方面也给本土互联网企业打开了机遇之窗。快速推出新产品、新业务、新模式、新玩法，快速验证、接纳反馈并调整，立即成了各家互联网企业的必备能力。一批初创企业和离岸外包团队放弃了 J2EE，转而使用 Ruby on Rails，以求更快响应市场需求。

---

[1] 参见王果成于 2013 年 9 月 1 日在 CSDN 上发表的《禅道创始人王春生：覆盖项目全周期，回归管理的本质》。

[2] 参见薛才杰于 2017 年 12 月 29 日在易企天创官方网站上发表的《〈2017 中国开发者调查报告〉发布，禅道领跑项目管理工具》。

与此同时，百度、阿里、腾讯等互联网巨头相继尝试使用敏捷方法。与通信巨头不同，互联网企业大多推崇相对自由开放的文化，以业务目标为导向，具体工作方法由团队自下而上地决定。在这种文化氛围中，这些企业的敏捷推行者们也没有采取大范围的敏捷转型运动，而是结合团队的具体问题，引入适当的管理或工程实践。

互联网企业与敏捷的交汇，催生了一批带有鲜明敏捷特征的软件工具平台。几家互联网巨头分别将研发过程改进中收获的经验以 SaaS 云平台的形式沉淀下来，使后来的个体与团队能够照搬前人的道路，从而在行业中创造了更大的影响力。

互联网企业具有用户量大、变化频率高的特征，比传统的企业软件更强调快速实验、快速调整方向。脱胎于企业软件环境的敏捷软件开发方法，在解决了基础的需求管理、项目管理、配置管理、质量保障问题之后，已经不能很好地回应互联网环境下的新问题、新要求。尤其是如何优化整个业务的价值流、如何极大压缩发布到生产环境的周期、如何针对大量用户群开展受控实验等问题，敏捷软件开发本身已经无法回答。新一代的方法论，正在敏捷方法与互联网行业的交汇处孕育生长。

敏捷的扩散与 Scrum 的流行

2010 年以后，行业主流开始正视敏捷的浪潮。一批外企，以及距离电信和互联网龙头企业较近的本土企业，也开始实施敏捷，并在行业中产生更为广泛的扩散效应。随着扩散的范围增大，众多本土企业在实施敏捷时面临能力短板，难以实施必要的配置管理和质量保障实践，只能退而求其次，追求敏捷的流程与形式。

"我不理解，"熊节气呼呼地说道，"敏捷中国是我们一手一脚做出来的品牌，为什么要交给别人？"

2010 年 10 月，北京，第 5 届 "敏捷中国" 软件技术大会刚刚结束。与 5 年前相比，不论 ThoughtWorks 的业务，还是 "敏捷中国" 大会的影响力，都有了长足的发展。刚结束的这届大会上，来自中国移动、上海贝尔、百度、诺基亚西门子等企业的敏捷实践者们站上了讲台，讲述他们各自的敏捷历程。此时的敏捷已经不再是 ThoughtWorks 自说自话的新鲜玩意儿。

"你也看到了，今年的会上有其他企业的讲师，有政府和高校的代表来参加，这说明敏捷开始深入人心。"郭晓耐心地解释，"ThoughtWorks 终归是家企业，如果敏捷的讲台始终被一家企业控制，那么它在行业中不会有公信力，对它的发展是不利的。行业协会牵头组织一个敏捷联盟，我们参与到联盟中去做贡献，放下一些控制权，敏捷能得到更好的发展。"

"现在谁都说自己搞敏捷，以前搞 CMM 的那些人摇身一变也都开始谈敏捷，IBM 也突然说他们一直都敏捷。这么一个联盟，我怕是要把敏捷给带到坑里去。"熊节还是没有被说服。

"以前我们只关注怎么做事，现在我们要学会搭建一个平台、创造一个生态，我也会参与到联盟的工作中，尤其是参与制定联盟的章程和治理结构，"郭晓说道，"再说，敏捷要产生更大的影响，就一定会包容更多的人、更多的想法，不会只有我们这样技术性的想法。发展一定会带来改变，我们也得学会拥抱敏捷本身的变化。"

中国敏捷软件开发联盟

2011 年 2 月，Mike Cohn 在为《敏捷宣言》发表 10 周年写的纪念文章中说道："如果你现在没有使用敏捷，或是没有转向敏捷，你可能会觉得自己应该这么做。

十年以来最大的变化，是人们在讨论应该使用哪种流程时，敏捷现在也有其一席之地……敏捷，虽然有多种形式，现在已经成为可行的、可信赖的另一种方案。"[①]

据时任 ThoughtWorks 中国区总经理的郭晓称，在主要欧美国家，不仅小团队、中型企业基本上完成了敏捷转型，超大型企业包括谷歌、微软、IBM 等领导性的互联网和软件公司也都纷纷在大范围应用敏捷方法开发核心产品，财富 500 强公司中的大部分软件研发团队甚至许多产品研发团队也已经在采用敏捷过程，并取得良好效果，有的团队超过万人[160]。郭晓这个"基本上完成了敏捷转型"的表述未免有夸大之嫌，实际上欧美企业大部分并没有明确地谈论"敏捷转型"这件事，即使在 IT 行业中，瀑布方法也仍然被广泛引用。不过他给出名字的这几家行业龙头企业确实比较多地应用了敏捷方法，并且这几家企业也是中国同行学习的标杆，所以郭晓的说法还算可取。

同一时期，中国的行业主流终于开始正视敏捷这股浪潮。2010 年，由中国软件行业协会系统与软件过程改进分会倡导，北京软件行业协会、上海市软件行业协会、广东软件行业协会、大连软件行业协会、天津市软件行业协会、成都市软件行业协会共同发起，华为、中国移动、IBM、ThoughtWorks、微软、东软、中兴、CSDN 等国内外敏捷实践和推广组织共同参与组建成立了"中国敏捷软件开发联盟"。该联盟受中国软件行业协会系统与软件过程改进分会直接指导，提供一个平等的平台，提高敏捷过程在国内的应用水平，通过与中国实际相结合促进敏捷过程本身的发展，推动敏捷过程及其最佳实践相关信息的讨论、交流和分享；鼓励对敏捷过程已有和可能的应用进行科学研究；推动敏捷过程的教育；发起能够进一步深化联盟宗旨的项目；向相关领域的新闻媒体和专业杂志传播关于敏捷过程方面的资讯和进展；与国际敏捷开发业界进行对接和双向交流[②]。

作为此前在国内推广敏捷最积极的企业，ThoughtWorks 对敏捷软件开发联盟的组建过程和成立之后的活动参与很少，仅由郭晓挂名联盟副主席兼执行副秘书长，对联盟章程、成员选择及后续运作几乎没有产生影响。在联盟成立发布会上，郭晓代表 ThoughtWorks 签署《共同主办"敏捷中国"年会谅解备忘录》，从翌年起逐渐将"敏捷中国"大会主办权移交给该联盟，从而使"敏捷中国"成为中立

① 参见 2011 年 3 月 4 日 InfoQ 中文站上发表的 Mike Cohn 的《回顾〈敏捷宣言〉发布以来的 10 年》（郑柯译）。

② 参见搜狐 IT 于 2010 年 12 月 3 日发表的《中国敏捷软件开发联盟将成立 引入先进开发理念》。

于企业的行业会议 ①。到 2014 年，联盟又将敏捷软件开发大会、中国软件测试大会、中国系统与软件过程改进大会 3 个专业会议进行整合，改名为 "TiD 质量竞争力大会"，"敏捷中国" 作为 TiD 的一个分会场存在，影响力下降严重。2018 年，我作为演讲嘉宾在 "敏捷中国" 分会场做主题演讲，听众只有寥寥二三十人。

敏捷软件开发联盟甫一成立就发布了两份材料。其一是 "中国敏捷软件开发里程碑、优秀人物及优秀社团"，其中列举了从 1999 年起共 11 件具有里程碑意义的事件，石一楹在 developerWorks 发表的系列文章、极限编程丛书的引进出版、BJUG 的成立、Martin Fowler 的到访等事件都在其中，同时 IBM 的 Jazz 开发平台和微软的 Visual Studio 平台支持敏捷也被列为里程碑之一 ②。作为企业软件开发工具的两大巨头，IBM 和微软都在各自的开发平台中支持 Scrum 流程和持续集成等技术实践，侧面映照出敏捷在业内日益兴起的势头。但后来 Jazz 平台在国内几乎没有企业实际使用。

联盟发布的第二份材料是题为《国内外敏捷软件开发发展现状及展望》的报告。参与编制这份报告的有 Scrum 中文网的廖靖斌、IBM 中国有限公司的宁德军、IBM 中国有限公司的孙昕、易保网络技术有限公司的阳陆育、淘宝网的余晓、上海宝信软件股份有限公司的张克强等六人。报告称，经过近十年的发展，敏捷方法已经在我国的软件行业得到了广泛的传播和应用。从最终的极限编程的部分采用，到目前包括 Scrum、精益方法（Lean）、看板等多种敏捷软件开发方法的流行，从最初的少数外资企业的试行，到目前渗透到各类企业，包括外资、民营以及国有软件企业等各种业态，敏捷软件开发方法在我国已经具备了全面传播和发展的可能性。

这份报告用了较大的篇幅讨论敏捷和 CMMI 的关系，一定程度上可以反映当时从业者，尤其是熟悉 CMM/CMMI 的软件工程专家们的态度。报告明确指出："CMMI 的理论基础是一种预定义过程模型，而敏捷是一种经验性过程模型，软件

① 参见王健于 2011 年 6 月 27 日发表的《第六届敏捷中国大会即将在北京召开》。
② 参见龙阳于 2010 年 12 月 16 日在 CSDN 上发表的《中国敏捷软件开发联盟正式成立！》。

开发从根本上是一种解决复杂的未知问题的过程，解决这种问题用经验性过程会更加有效。这也是为什么 CMM 这种理论体系比较难于执行的根本原因。"这个表述，可能是国内首次有官方的声音表达出对 CMM 的失望态度。

另一方面，这份报告也引用了 SEI 的观点，认为 CMMI 和敏捷的冲突原因不在两者的本质，而在于一些枝节的原因：例如两边的支持者都拿出代表各自软件开发模式的极端例子，带偏了后来讨论的调子；CMM/CMMI 的误用给敏捷的支持者留下了负面印象；双方在讨论时都缺少对方的正确信息等。敏捷与 CMM 可以融合，在业界并不是一个很新的论点，但与几年前一些软件工程专家提出的"敏捷是 CMM 的一种实现方式"表述不同，此时的表述已经变成了"CMMI 和敏捷能够互为补充"，并且直言"敏捷方法提供了软件开发'如何做'，这是 CMMI 最佳实践中没有的"。其中姿态的微妙转变，颇可玩味。

一批外企与本土企业采用敏捷的情况

敏捷在行业的广泛传播和采用带来了一个有趣的影响：对敏捷的学术研究开始成为一个有价值的领域，有更多学术论文，尤其是有工作经验的 MBA 硕士研究生的毕业论文开始提及这一主题，其中一些论文比较深入地介绍了当时企业中采用敏捷的情况。这些材料给了我们一个难得的视角，得以看到行业中敏捷方法应用的真实情况。

2012 年周文凡的 MBA 学位论文介绍了全球测量技术市场领导企业 HM 公司在中国开展敏捷试点的情况 [161]。据周文凡的分析，HM 公司采用平衡矩阵式组织结构，导致员工对项目投入度不够、工作积极性不高；采用瀑布式开发流程，导致前期需求细化浪费严重、项目风险暴露晚、软件交付质量不佳、各职能岗位推诿责任、项目成员缺乏归属感等问题。为此，周文凡提出采用 Scrum 管理项目，并在一个内部项目中进行试点，自己担任 Scrum Master。据他的观察，采用 Scrum 以后的效果首先体现在项目管理上：团队成员自主承诺每个迭代（Scrum 中称为"sprint"，即"冲刺"之意）的交付任务，对项目进度有了更清晰的把握。其次体现在需求管理上：团队不是照章开发所有用户要求的功能，而是每个迭代从用户处获得反馈、修正需求清单并重排优先级，从而保证团队时刻都在开发用户真正关心的功能。由于这些改变，该项目表现出更高的生产力、更低的成本、更高的产品质量、更快的用户需求响应时间，且团队成员的参与度和工作满意度增强。同时可以注意到，这次试点中并未引入自动化测试和持续集成等技术实践。

同年，王攀攀的 MBA 学位论文介绍了某跨国医疗软件集团实施 Scrum 的情况 [162]。与前一个案例相似，该集团采用 Scrum 后，在生产力、成本、质量等方面均有明显的提升，产品上市时间提前，员工的参与度和工作满意度、项目干系人的满意度也均有增强。与前一个案例不同，该集团的敏捷实践中还包含了"高度自动化的测试"，并且执行每日代码同步和构建，但在构建中似乎没有执行自动化测试。这两个案例能够代表当时一批非互联网行业的外企应用敏捷的情况。

从当时各类企业实施敏捷的案例中可以看到一些规律。首先，几乎所有案例企业开始实施敏捷的动因都与需求的不确定和多变化有关。在前面两个案例中，"缩短需求响应时间/产品上市时间"都是敏捷实施重点提及的收益。刘建学的 MBA 学位论文介绍了国内一家从事支付产品研发和增值业务运营的高新科技公司的情况 [163]，需求不确定、不完整、表述不清、分析不足、传递不准确、快速变化等问题是该公司采用敏捷的主要动因。余泽斌的 MBA 学位论文介绍了一家社交游戏研发和运营商实施敏捷研发管理的情况 [164]，项目缺乏计划、需求变更缺乏管理、需求分析和确认不足等问题也被提及。为了应对这些问题，几乎所有案例企业在实施敏捷时都采用了 Scrum 的需求管理和项目管理实践。

热酷的情况可以从一个侧面反映当时 IT 企业和 IT 从业者的客观能力水平。根据余泽斌的总结，热酷的这支团队对项目生命周期定义不明确，也没有明确的工作量和成本核算，没有清晰的预算和时间表，不能明确地识别项目风险，没有完整的项目计划，团队需求变更没有处于管理之下，对技术方案没有足够的评估，团队的角色不够清晰，职责认定不明……简而言之，这支团队只有一个非常基本的"先策划、再设计、再开发、再测试"的研发流程，至于流程落地实施中应该做哪些动作，产出哪些工件，达到什么质量标准，团队并没有清晰定义。以管窥豹，当时业界普遍的软件工程能力可见一斑。通过引入 Scrum，最起码能够立即建立起角色、事件和工件的清晰定义，从而形成基本的需求管理和项目管理框架。这些团队导入 Scrum 方法，实际上不是由瀑布式软件工程方法向敏捷方法转型，而是在没有任何管理方法的一穷二白的基础上建立起了初步的管理方法。

但同时也应该注意到，这些案例中对配置管理和质量保障相关的技术实践采用很少。在我整理的 2012 年至 2014 年间共计 25 篇相关论文中，仅有两个案例明确提到了持续集成的实际应用。李文倩的 MBA 学位论文介绍了一家通信企业实施敏捷转型的情况[165]，其中着重提到了持续集成的实践和效果。该公司在实施持续集成时采用了个人级和项目级"两级构建"的方式，与华为在几年前普及持续集成时采用的方式相似。李文倩认为，该公司进行的所有敏捷实践，持续集成带来的收益最大，以至于"在使用持续集成前每次版本发布前几个星期必然天天加班，而使用持续集成后，几乎不怎么加班了"。之所以能在持续集成实践中取得成功，作者认为主要原因是因为该公司自行开发了一套自动化持续集成工具，在每次代码提交后触发集成和测试，将开发人员从繁重的手动代码检查、自测、编译等待、回归测试中解脱出来。由于检查的工作被大量自动化，甚至 QA 的角色也发生了转变，由逐项检查的"警察"变成了指导团队的"教练"。

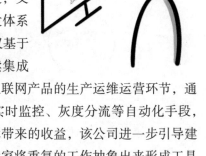

另一个案例来自任小猛的 MBA 学位论文，文中介绍了某互联网开放服务平台提供商的研发体系的敏捷化过程[166]，从中可以看到，该公司不仅基于 Jenkins 和 Sonar 等工具实施了相当完善的持续集成体系，而且将配置管理自动化能力延伸到了互联网产品的生产运维运营环节，通过一键启停、配置自动替换、随时扩容、准实时监控、灰度分流等自动化手段，降低了业务试错的成本。看到这些工具和技术带来的收益，该公司进一步引导建立工具文化，鼓励用技术解放生产力，鼓励大家将重复的工作抽象出来形成工具产品，提高团队生产效率，半年内产生了 14 人贡献的 7 个案例。

自动化测试与持续集成是对于响应速度与质量提升起到关键作用的实践。阿里的钉钉团队因为发布周期缩短、手工回归测试压力过大，不得不落地了自动化测试。李文倩在分析鼎桥的案例时也指出，在敏捷开发的项目中，自动化测试是必须做的，因为快速的循环迭代不可能允许项目用大量的人力、物力重复进行人工测试。但同时，自动化测试与持续集成也是敏捷实施中比较难以落地的实践，因其对团队技术能力和敏捷实施经验有相当高的要求。在这两个案例中，读者不难发现鼎桥所采用的持续集成体系与华为的相似性、优视的"UAMPPD"方法及平台与腾讯 TAPD 之间的相似性①。来自领先企业的人才流动带来了此前敏捷实施

① 参见 2017 年 2 月 26 日传送门上发表的《我的故事——阿里 UC，写在离开之后》。

的经验与技术能力，才使得后续的企业得以落地这些难度更大的敏捷实践。

重流程轻技术的敏捷实施

从这些学位论文中还能看到一些更传统的企业和单位也宣称采用了敏捷方法。例如张帆等人的论文[167]指出，航天测控软件在需求分析方面存在工作量大、变更复杂、文档维护成本高、难以应对变化等问题，因此案例团队对于尚未明确且存在较大变数的需求，采用敏捷需求分析方法快速实现和发布。但从文中记录的情况来看，该团队并没有采用 Scrum 的需求分析和管理实践（如用户故事、工作量评估、发布计划等），实际上很可能只是在原来流程的基础上简化了需求文档格式、弱化了变更流程。与前面热酷的案例不同，航天测控软件的需求分析原本有比较规范的流程和文档要求，"敏捷"在这个案例中更多是代表"简化"的态度。

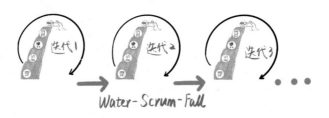

张鑫等人的论文[168]也反映了类似的情况。作者认为，伴随着航空工业日新月异的发展，机载软件的开发呈现出井喷式增加趋势，传统的软件开发存在需求模糊、设计不合理、开发过程复杂的问题，导致客户对产品不满意，敏捷软件开发则可以更好地解决上述问题。与前一个案例相似，虽然宣称采用了敏捷开发方法，但从案例细节中看不到具体敏捷实践的实施，似乎只是迫于客户压力不得不简化了流程，增加了发布次数。

前述这两个案例能够反映一些值得注意的趋势。首先，从这两个案例中可以看到，需求不清晰、需求变更频繁的情况在业内是普遍存在的，以至于在航天航空这类传统上认为最应该采用瀑布式方法的领域，客户也提出了更短周期、更频繁发布的诉求。另一方面，这两个案例反映出，时至 2012 年后，敏捷已经在业内得到广泛的认可，以至于这些最保守的领域也乐于戴上"敏捷"这顶帽子。与此相似，姚来飞的硕士学位论文也宣称在某煤矿智能薪资系统开发项目中采用了敏捷开发方法[169]，尽管文中并没有展现任何具体敏捷实践的实施情况。这类"蹭热点"论文的出现，说明不论在产业界还是学界，敏捷已经被认为是一种被认可的、热门的软件工程方法。

随着更多的组织宣称使用敏捷方法，"敏捷"这个概念的外延不断扩展，涵盖了越来越多样的项目运作形态，同时其内涵也在悄然流变。前述 3 个宣称使用了敏捷开发的案例中，并没有采用常见的敏捷方法（尤其是 Scrum）所包含的需求管理和项目管理实践；更多的案例中没有采用持续集成、自动化测试等配置管理和质量保障实践。还有一些案例走得更远，例如郭立军的 MBA 论文称，湖南省邮政局牵头发起设立的湘邮科技为了改善响应变化的速度和增强开发团队的抗风险能力，引入了敏捷软件开发方法 [170]。但是从文中信息推测，该企业的核心诉求是"解决公司常备软件开发资源严重的问题……又不能因为'养人'太多而太过加重公司的日常负担"，希望以该公司为核心连接高校、研究院所、企业和其他社会开发资源，"在机会出现时组建联合开发项目团队，而在项目完成后解散"。"敏捷"在这个语境下，谈论的问题已经变成了组织的灵活性和弹性，与"敏捷软件开发"的概念已经相去甚远。

在敏捷进入中国的早期，已有敏捷倡导者指出，以极限编程为代表的敏捷开发方法并不是"不写文档、不要流程"的"牛仔才用的、散漫的工作方式"，恰恰相反，敏捷方法是非常严格的工作方式，对需求管理、项目管理、配置管理、质量保障的具体实践提出了非常明确而细致的要求和指导。反而是传统的、"冠冕堂皇的软件工程方法在涉及单元测试、集成这类纯工程化的问题时却大而化之语焉不详" [171]。然而从上面的案例中我们看到，随着采用敏捷方法的团队越来越多，其中的很多团队难以贯彻这些严格的实践，在"敏捷"的帽子下，实际既没有详尽的文档，也没有高质量的可工作的软件，回到了（或者一直保持在）"小作坊"的工作状态。

* * *

"对于 CMM 和敏捷之间的关系，这两个群体当时表现出来的态度是很有趣的，"张克强回忆道，"那几年有过几次，在相当正式的行业会议上，组织者把 CMM 的支持者和敏捷的支持者放到一起来辩论。其实双方讲的并不是同一个命题。敏捷这边讲的是'敏捷比 CMM 好'，CMM 这边讲的是'CMM 和敏捷可以兼容'，它们并不是针锋相对的两个命题。再加上当时参加辩论的敏捷派代表都比较偏技术，缺乏辩论技巧，场面上就显得吃亏，辩不过CMM派。"

"总体而言，我的印象，反而是搞 CMM 的传统阵营的人，在这个问题上更加开放一些。"

"当时做 CMMI 培训的咨询师都相信，所有模型都是错的，只不过有些模型是有用的。而敏捷阵营会有更截然的两分法，更明确哪些方法甚至哪些实践是好的，哪些是不好的。2010年编写《国内外敏捷软件开发发展现状及展望》报告的时候，我们这个编制小组在这个问题上有很大的分歧，以徐毅为代表的敏捷派与以郑人杰老师为代表的传统派有很多争议，最终只好裁掉了很多内容，马马虎虎发表了，但敏捷圈子还是不认同这个报告。我认为这个事情蛮有意思的，真实反映了当时的一种冲突。"

Scrum 与 CMM 的合流

CMM 与敏捷的融合是一个由来已久的话题。早在 2005 年左右，中国软件行业对敏捷方法接纳程度很低的时期，已经有国内的研究者认为，极限编程与 CMM 在目标上是一致的，并且 CMM 是完全蕴含极限编程的框架，"XP 实践基本符合CMM 目标和 KPA，满足了 CMM L2–L3 的大部分 KPA 的要求，但基本上没有涉及CMM L4–L5 的 KPA……因而 XP 能用于软件组织的 CMM 过程改进，使软件组织在资源条件有限的情况下，对质量、速度、成本做出有效的平衡，达到加快软件开发进度和提高质量的目标"[126]。

正如前文"水土不服的敏捷"一章所述，从 2001 年"CMM 始祖访华"以来，CMM 对于业界能力提升的效果的缺乏有目共睹。到 2005 年上下，即便是熟悉CMM 的软件工程专家，也不得不承认 CMM 一线落地不力的现实。尽管通过 CMM高等级认证的企业越来越多，但行业中需求管理、项目管理、配置管理、质量保障四大能力短缺的现象并没有改善。此时一线的实践者看到敏捷方法，尤其是极限编程和 Scrum 对于提升这些关键能力的效果，并努力在自己的工作环境中引入这些方法。论证"敏捷方法可以用于实施 CMM"，可以视为在当时的环境下作出的"暗度陈仓"式的努力。

几年后，当缩短发布周期、提高反馈频率成为一种实实在在的市场诉求，两种软件工程理念的关系开始发生微妙的反转：由"敏捷可以用于实施 CMM"，转变为"CMM/CMMI 本来就可以敏捷"。SEI 于 2008 年发布的一篇研究报告称，CMM/CMMI"近 20 年来……被错误理解和滥用"，其实 CMMI 的最终目标是"更少的浪费、更精益"，能给提倡敏捷的组织提供"学习和改进的基础设施"[172]。2011 年，就职于"中国 CMMI 咨询机构前十强"赛宝认证中心的徐俊认为，"已经实施 CMMI 的研发组织可以提供与敏捷过程的融合，引入优秀实践和自动化管理工具提高开发效率，使原来复杂的工作变得简单而轻松"[173]。

2009 年"敏捷中国"邮件列表上的"能力成熟度模型集成或者敏捷？为什么不两个都要！选译"讨论，可以反映当时敏捷社区对这种"融合"的态度。刘新生注意到，"很多人在讨论 CMMI 和敏捷如何如何的时候，往往都喜欢说的是 Scrum，而现在 Scrum 社区也容易看到大家对 CMMI 的友善"。徐毅认为这一现象"估计是因为 CMMI 和 Scrum 都没有明确指出在工程实践上可以应用的方法，双方都是谈项目的管理和团队的管理等"。刘新生明确指出，"敏捷和 CMM 来自不同的背景和人群，对于开发的目标的认识也不一样，诉求更不相同，两者的冲突是深层面的思想和思维方式的冲突，也时刻表现在具体的实践中。我们不能说他们不会在某个时刻、某个场景下有相同的做法。但是我们可以说，他们有着不同的指导思想"。这一表述代表了一批早期接触极限编程并有着深厚技术背景的敏捷推广者的普遍态度。

正如技术背景的敏捷推广者所观察到的，当习惯了文档和过程驱动的项目管理者们被迫接纳敏捷时，他们发现 Scrum 是一条相对明确的切换路径：CMMI 的计划过程域可以映射到 Scrum 中 Backlog 的建立过程，CMMI 的度量与分析过程域可以映射到 Scrum 的燃尽图，等等①。另一方面，Scrum 社区也明确地表达了对这些新来者的友善。Scrum 创始人、敏捷宣言签署者 Jeff Sutherland 认为，Scrum 与 CMMI5 级可以整合在一起[174]。2008 年 Scrum 联盟的一篇文章描述了 CMMI 和敏

① 参见罗耀秋于 2010 年 6 月 2 日发表的《运用 Agile 达到 CMMI 成熟度级别要求》。

捷对应的实践，清楚地展示了 CMMI 和敏捷如何协同工作①。

然而技术背景的敏捷推广者们提出的一个关键问题，在这种"融合"或"协同工作"中一直没有得到正面回答：当交付周期由数月缩短至 1 到 2 周，甚至进一步缩短到数天，配置管理和质量保障相关的实践应该如何升级以应对如此频繁的交付上线？对于这个现实而又尖锐的问题，融合了 CMMI 与 Scrum 的管理者们选择了避而不谈：他们关心的是项目管理的动作——或者说得再直白一些，只要召开了每两周一次的迭代计划、展示、回顾三大会议和每天的站立会议，只要任务以卡片的形式被记

录被追踪，只要项目范围和进度以燃尽图的形式呈现出来，管理者们就可以坦然声称已经"敏捷"了。至于需求管理、配置管理、质量保障的具体实践应该如何开展，那就是团队中"被管理"的专家们应该操心的问题。这个取巧的姿态安抚了项目管理者们的紧张情绪，也为 Scrum 招徕了红火的生意。

* * *

美国人 Vernon Stinebaker 有一个地道的中国名字——史文林。在中国工作、生活多年，他的中文也很地道。健硕的身板、洪亮的嗓音，加上一口流利的中文，使他在聚会的众人之中显得格外引人注目。

"你对敏捷这么有热情，在敏捷推广上你有什么行动计划吗？"李国彪问史文林。9 月的上海，一场秋雨扫去了酷暑，湿润的空气透着凉意。两人从会议厅热闹的人群中走开，端着咖啡站在阳台上闲聊。

"我在博克软件做敏捷，效果是实在的，我们的团队把软件做得更好，他们也更开心了。"史文林看着李国彪，满脸认真地说道，"所以现在我想做敏捷培训师，和更多的人分享我的敏捷心得和经验。软件产品交付这个事情，可以做得更好的，我想带着大家一起来做。"

"那我们一起在中国把敏捷培训和传播这件事做起来如何？"李国彪兴奋

① 参见 Scrum Alliance 网站上 2008 年 7 月发表的《Agile and CMMI: Better Together》。

地说道，"这一年来，我开了两次 CSM 认证公开课，行业里的热情很高，我相信敏捷的培训和传播会是一个很有希望的生意。"

"好，我们尝试起来，边学边干！"史文林真诚地向李国彪伸出了大手。

优普丰领导的 Scrum 认证潮

2007 年，李国彪从加拿大回国创立了敏捷培训和咨询公司优普丰（UPerform），不过第一笔真正的业务是 2008 年 5 月在上海举办的认证 Scrum Master（CSM）公开课。这次培训的主讲老师是来自美国的 Peter Borsella，李国彪任助教。参与培训的学员中，来自诺西的吕毅和来自 ThoughtWorks 的张松等人后来都成了重要的敏捷"布道者"和社区意见领袖[①]。据李国彪的回忆，在此之前曾有一位来自加拿大的 Scrum 认证培训师在北京举办过认证公开课，但影响范围较小。优普丰举办的这次认证公开课是国内的第二次，也是影响较大的一次 Scrum 认证公开课，可以认为是开了国内 Scrum 认证培训的先河。

对于 Scrum Master 认证，敏捷社区一直抱持着复杂的态度。敏捷联盟的观点认为，只有基于技能的认证，才可能是有效的认证——与之相对的是"基于知识的认证"：如果一个认证只能证明"学员通过了关于某些知识的考试"，甚或只能证明"学员接触到了某些知识"，敏捷联盟认为这样的认证无法确保学员能够掌握并在实践中使用新的技能，因此是无效的认证。然而 Scrum 认证培训很多时候恰好是这种"基于知识的认证"。敏捷社区抱怨 Scrum 认证太容易获得，几乎参与认证课程的每个人都能拿到认证；成千上万的人获得 CSM 认证，却连 Scrum 最基本的规则都不知道。甚至有一种说法称，Scrum 的创始人 Ken Schwaber 起初创造 CSM 认证只是为了戏谑 PMI 的项目管理认证，他从未希望这个课程可以用来教人们如何成为 Scrum Master[②]。以 Martin Fowler 为代表的

[①] 参见李国彪在优普丰敏捷学院网站上发表的十年敏捷推广的心得总结（上篇）《从零到一的信心加持》。

[②] 参见 2008 年 11 月 6 日 InfoQ 中文站上发表的 Mark Levison 的《Scrum 认证测试》（郑柯译）。

一些敏捷领袖则倾向于认为不应该有一个"敏捷的标准"，Scrum Master 这样的认证机制会导致敏捷走上 CMM 的老路①。

然而企业对一个看得见摸得着的认证有着高涨的热情。对于绝大多数分管软件研发的中层管理者而言，尽管能感受到市场日益动荡的压力，但自己能推动的变革范围很小。当时积极推行敏捷的一批大型传统企业，尽管研发体系内部推行迭代式交付，但客户的合同和需求仍然以瀑布形式整批进入，导致敏捷开发的很多实践空有其形而不得其实，组织结构调整难以开展，技术难度较高的实践（尤其是自动化测试和持续集成）难以落地。在这样一个受限的环境下，中层管理者如何表现自己在行业大趋势面前有所作为？一个成本低（通常在 5 000 元以下）、耗时短（通常采用两天课程加线上考试的形式）、难度低（几乎不存在上了课考试不通过的情况）②、知名度高（由敏捷宣言签署人、Scrum 创始人发起）的认证完美回应了他们的诉求。

据一位参加过优普丰 CSM 培训的学员回忆③，为期 2 天的课程是围绕着 Scrum 的几大要素开展的：3 种角色（Product Owner、Scrum Master、团队），3 大工作件（产品 backlog、冲刺 backlog、追踪和增量），5 个仪式（冲刺、冲刺计划、每日 Scrum 站会、冲刺总结、冲刺回顾），5 项价值观（勇气、承诺、专注、尊重、开放）。培训讲师史文林（Vernon Stinebaker）的讲授风格开放活泼，并使用了大量直观的可视化信息呈现和寓教于乐的小游戏，给学员留下了深刻的印象。

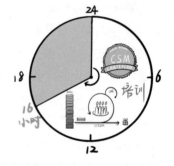

据李国彪的回忆④，优普丰创建之初，其客户以科技行业的大型外企为主，包括惠普、诺基亚、摩托罗拉、微软、雅虎、Sun 等。这类企业较早感受到互联网高速发展带来的市场压力，并且自身也有充足的技术储备，转型的意愿和能力都相对较强。从 2009 年起，优普丰开始接触到国内的互联网公司，腾讯、奇虎 360 等企业都参加了他们的公开课或内训课程。

---

① 参见 2008 年 9 月 3 日 InfoQ 上发表的 Jacky Li 的《Martin Fowler on Avoiding Common Scrum Pitfalls》。

② 参见李剑于 2009 年 1 月 13 日在 InfoQ 中文站上发表的《人物专访——Scrum 认证面面谈》。

③ 参见申龙斌 2012 年 10 月 30 日在其博客园博客"申龙斌的程序人生"上发表的《2 天的 Scrum 培训学习笔记》。

④ 参见笔者对李国彪的访谈。

这些企业也面对巨大的市场压力，并且敏捷的理念与互联网发展思路相吻合，他们接受起来很容易，通常在少量的外部培训指导之后就能自行实践和演进。

2010 年之后，优普丰的客户中开始出现了一批国内的老牌科技企业，包括东软、中兴等。这些企业大多是受行业趋势所迫，被动地开始敏捷转型。在变化日益剧烈、反馈周期大幅缩短的市场压力下，这批企业在交付周期、研发质量上都暴露出严重的问题。与前两类企业相比，这批被动转型的企业员工精神面貌不佳、人员流失严重。2012 年以后，国内与科技关联度较高的甲方企业也出现在优普丰的培训课堂上，其中包括多家银行、保险公司、电信运营商等。此时以 BAT 为代表的本土互联网巨头已经给这些传统企业带来了实实在在的压力：互联网金融创新直指银行的核心业务，微信更是将运营商赖以生存的短信和语音业务逼至绝境。甲方企业需要更短的交付周期和更频繁的反馈，因此甲方的 IT 部门也开始学习敏捷，并将敏捷的要求倒推给乙方。到这一阶段，Scrum 在行业全面扩散流行之势已成。

热火朝天的 Scrum 社区

史文林与李国彪的初次见面，是在中国的第一次 Scrum Gathering 聚会上。这次聚会活动由吕毅和李国彪发起，于 2008 年 9 月 20 日在上海苏州河边一个老旧工业区改建的一号码头酒店举办。在没有做太多推广的情况下，有 80 多人参加这次聚会，诺西、爱迪德、华为、杭州博克等企业都有多人出席[1]。这次聚会的参会者中，Bas Vodde 后来成立了以他自己名字命名的咨询公司 Odd-e，滕振宇、麦天志等人加入其中，成为专职的敏捷推广者。徐毅离开诺西以后，先后在惠普、IBM、华为等企业推行敏捷；何勉后来在阿里任敏捷教练，并著有《精益产品开发》一书；苏光牛在华为从无线产品线至云事业部，一直倡导敏捷理念；史文林则与李国彪建立了长期的合作关系，在国内举办 Scrum 公开课及企业内训。这批早期 Scrum 的积极推行者在 Scrum Gathering 这样的聚会上找到彼此的认可者和支持者，他们后来开枝散叶，成了敏捷，尤其是 Scrum 在中国广泛传播的中坚力量。

Scrum Gathering 是由 Scrum 联盟授权并赞助、由世界各地的 Scrum 爱好者（多数时候是 Scrum 认证培训师）主导发起的行业社区聚会活动，目的是让"理念相

---

① 参见李国彪在优普丰敏捷学院网站上发表的十年敏捷推广的心得总结（上篇）《从零到一的信心加持》。

近的 Scrum 实践者、培训师、导师、爱好者"彼此相识[①]。聚会的形式除了传统的主题演讲之外，还有开放空间（Open Space）的活动，后者也是 Scrum Gathering 引人注目的特点之一。开放空间是一种鼓励参与的会议组织形式，最早发明于 20 世纪 80 年代。采用这种形式时，会议的组织者只提出大致主题方向，并营造可以开放讨论的环境。所有与会者都可以针对讨论主题提出自己认为重要的议题，从而成为议题的召集人。同时，开放空间会议鼓励参与者"用脚投票"，参与自己有兴趣的议题。各个议题的进展以"新闻墙"的形式直观呈现，使参与者得以了解各组讨论情况，甚而引发新的议题。这种会议形式一改以往行业技术会议单一的主题演讲"一人讲众人听"的形式，颠覆了"演讲者知道答案"的预设，鼓励众人共同探索。这种形式背后的价值观与当下"VUCA"（易变、不确定、复杂、模糊）的时代特征暗合，因此备受新一代 IT 从业者青睐。

类似这样鼓励参与的会议形式，在更早的时候已经萌芽。2005 年成立的 BJUG 即采用"unconference"的形式：聚会活动不设主题，有兴趣参加者都可以提出话题，只需要提前把话题发在邮件列表里即可，也可以在现场提出话题；现场听众投票决定话题先后顺序；话题的范围不限于 Java，与软件开发相关的话题都可以接受；形式也不限于演讲，也可以是圆桌讨论的形式。后来 BJUG 与其他技术社区共同举办 Open Party，仍然沿用了"unconference"的形式：议题不仅由召集人集中选定，也可以由参与者临时开启；议题形式不仅限于主题演讲，还鼓励论坛形式的讨论，或是开放的头脑风暴；参与者可以随时加入感兴趣的议题，或是在各讨论组中间来回穿插，听取各组的讨论；或临时想到什么话题，就立刻拿起纸笔，写下想讨论的议题，自己再发起一个讨论组；每个参与者走动的双脚就好似创意的搅拌棒，不停搅动出新的想法。

2010 年至 2014 年间，北京 Open Party 共举办了 32 次聚会活动，ThoughtWorks 北京办公室一直免费为这些活动提供场地。随着 ThoughtWorks 在国内的扩张，Open Party 也被带到了西安和成都，其中成都的 Open Party 在 2011 年至 2013 年间

---

① 参见 Scrum Alliance 网站上的《Regional Scrum Gatherings》。

延续了北京 Open Party 的风格，每次聚会活动都有一个风雅的名称。"围炉映雪""新春绿柳""熏风早荷""山亭夏日"这些活动名称，折射出新一代 IT 从业者多彩的内心世界，也映照着一个地区性技术社区发展壮大的历程。

除了 Scrum Gathering 之外，"敏捷之旅"也是一个颇具影响力的行业社区活动。敏捷之旅是 2008 年发源于法国的国际非营利组织，其目的是提供一个高效有趣的敏捷开发学习途径，在全球范围内推广敏捷的思想和实践，帮助企业更好地实施敏捷。每年在世界各地有数十场敏捷之旅活动。曾在清华大学出版社编辑出版了《自适应软件开发》等早期敏捷著作的熊妍妍在离开出版社后，在 CSDN 和 InfoQ 等在线行业媒体浸淫数年，从 2009 年开始牵头主办敏捷之旅在中国的系列活动。在影响力最盛的 2011 年至 2014 年间，敏捷之旅每年在十余个城市举办，参会人数超过 2 000 人。

与 Scrum 相关的出版物也不断浮现，其中 Henrik Kniberg 著、李剑翻译的《硝烟中的 Scrum 和 XP》，由 InfoQ 提供免费的电子书下载，传播面很广。据 InfoQ 中文站负责人霍泰稳估计，下载量大致在几十万级别。与其他"正襟危坐"的大部头图书相比，这本电子书轻薄易读，用浅显的语言依次讲解怎样编写产品 backlog 和 sprint backlog，怎样制定 sprint 计划，怎样布置团队房间，怎样进行每日例会，怎样做演示和回顾，怎样制定发布计划，怎样处理固定价格的合同，怎样做测试……非常具体的问题。社区中有很多人表示，最初就是通过这本电子书学习如何实施 Scrum 的。

从这本书中随手选取一段例子，或许有助于读者理解它受欢迎的原因。例如在讲解"怎样制定 sprint 计划"时，作者提出一个问题：假如 sprint 计划会议接近尾声，但仍然没有得出 sprint 目标或者 sprint backlog，这时该怎么办？

这种事情会一再发生，尤其是在新团队身上。你会怎么做？我不知道。但我们的做法是什么？嗯……我通常会直接打断会议，中止它，让这个 sprint 给大家点儿罪受吧。具体一点，我会告诉团队和产品负责人："这个会议要在 10 分钟以后结束。我们到目前为止还没有一个真正的 sprint 计划。是按照已经得出的结论去执行，还是明早 8 点再开 4 小时的会？"你可以猜一下他们会怎么回答……

像这样细粒度、接地气的操作指导，在此前的任何软件工程著作中都没有出现过。对于大批要在一穷二白的基础上初步建立软件工程四大能力的中国从业者来说，只有具体到这个程度的指导手册，才第一次把软件工程从书本上的高谈阔论变成了实实在在每天的行为，才能真正帮助他们迈开实践的步伐。

结语

技术和方法的思潮，在 IT 行业中总是遵循着一定的流动方向：由北美、澳大利亚至中国，由身处科技创新前沿的少数领导企业至大量更为"主流""传统"的企业。敏捷的传播路径亦如是。到敏捷宣言签署十年之时，中国 IT 业的主流群体开始正视这种方法学。领先的通信企业和互联网企业采纳敏捷的先例，使更多企业看到了一种应对时势压力的办法。从科技行业大型外企，到本土二线互联网企业，到本土老牌科技企业，再到与科技相关的甲方单位，敏捷的影响力在行业中逐渐下渗，终于成了行业中公认可行的研发管理方法之一。

与理念的扩散和下渗过程形影相随的，是技术实践的逐渐缺失。从若干记录敏捷实施的论文中可以看到，距离互联网领域和少数核心企业越远，在实施敏捷的过程中持续集成、自动化测试等技术实践的缺失就越严重。包括海克斯康、TCL等一般认为拥有较强科技能力的制造企业，在实施敏捷时也只采用了 Scrum 的需求管理和项目管理方法。相较于持续集成和自动化测试等技术要求高、对实际研发工作流程改变大、见效慢且不直观的技术实践，Scrum 的 3 种角色、3 大工作件、5 个仪式易学易用、落地快捷、直观可见，因而得到了更为广泛的认同，并催生了 Scrum 认证培训的市场。

尽管敏捷社区内部对 Scrum 认证培训意见不一，但认证培训机构与目标企业的共同利益增加了认证培训的热度。围绕着 Scrum 认证培训，相关机构又组织了 Scrum Gathering、敏捷之旅等技术社区活动，并在这些活动中采用了比传统技术会议更具吸引力的开放空间等组织形式。生动活泼的形式、领导企业的案例、便宜快捷的培训认证共同吸引着更多企业加入这个社区，学习 Scrum 版本的敏捷，并乐于声称自己企业已经采用了敏捷。

与此同时，像《硝烟中的 Scrum 和 XP》这样脚踏实地的敏捷指导手册，以免费电子书的形式迅速影响了众多感兴趣的一线实践者，切实地引导他们开始改变自己每天的工作方式。一直以来被视为小众方法的敏捷，终于在多重作用力推动之下，飞入寻常百姓家了。

敏捷的流变

敏捷倡导小批量、短周期，但经典的敏捷只覆盖软件研发阶段，因而向前受限于传统的业务决策方式，向后受限于传统的上线运维方式，端到端的批量和周期仍是原样。敏捷实践者们从软件研发开始，向后延展出了持续交付和DevOps，向前延展出了设计思维，把精益思想应用在了企业层面。

"请问 Jez 桑，你说的'代码集体所有'是什么意思？"一位中年日本人站起身，鞠了一个躬，礼貌地问道。

这是 2011 年 7 月，东京的一处培训教室。讲台上站着的讲师个头矮壮，有乱糟糟的黄色短发和胡须。他就是日本人尊称的"Jez 桑"，ThoughtWorks 的持续交付工具 Go 的产品经理、《持续交付》的作者 Jez Humble。讲台旁边坐着的光头大胡子是 Martin Fowler，日本人也按照他们的习惯尊称他"Martin 桑"。台下坐着 40 多位听众，都是来自软银、东芝等知名企业的软件工程师和管理者。

"代码集体所有的意思就是，项目所有的代码由项目团队所有人共同拥有，"Jez 耐心地回答道，"为了减少移交、等待、工作量不均衡造成的浪费，我们采用一种更简单的代码所有制结构：所有人拥有所有代码，每个人都可以根据需要修改任何一处代码。如果你发现一个 bug，你不用大费周章地去找到这个模块的拥有者，告诉他 bug 的情况并等他修改，你可以自己动手修改。"

"谢谢你 Jez 桑，你解释得很清楚，"提问的这位中年人又鞠了一个躬，"那么如果修改出现错误，应该由谁来承担责任呢？"

"这是个好问题，"Jez 露出了"一切尽在掌握"的得意笑容，"我们认为团队应该共享责任和收益。如果出了问题，则是整个团队的责任；产品成功，整个团队也会受益。团队应关注全局，而不是只关注自己的岗位。"

"啊……Jez 桑，"中年人又鞠了一个躬，"这在我们日本恐怕不行……在我们日本，犯错的人要谢罪的……"

听完翻译解释"谢罪"的意思，Jez 的笑容尴尬地凝固在脸上。

持续交付的起源

2006 年，ThoughtWorks 决定启动一系列与敏捷相关的研发工具产品，他们对其中一个产品的想法是在开源的持续集成工具 CruiseControl 基础上开发一个商业的、功能更强大的持续集成工具。在后来的 8 年中，这个产品几经更名，由 CruiseControl Enterprise（CCE）到 Cruise、Go，再到 GoCD。2014 年 2 月，由于销量低迷且缺乏商业前景，ThoughtWorks 重新将 GoCD 开源。此时市场上最流行的持续集成工具早已变成了 Jenkins。耗时 8 年和耗费数千万美元投资，ThoughtWorks 的产品战略除了把曾经最流行的持续集成工具做得销声匿迹之外，也为行业积淀了一个重要的概念：持续交付。

2006 年到 2009 年，CCE/Cruise 的产品研发主要在中国进行。曾经在此期间担任 Cruise 交付经理的乔梁回忆，后来持续交付理论体系中的很多实践方法，正是在这个产品的研发过程中通过"吃自己的狗粮"逐渐积累起来的。例如在开发过程中，该团队有很多种自动化测试，而且每周都要将最新构建部署到自己的服务器上，供团队做持续集成，每两周会发布到公司内部的服务器上供其他团队使用。因此，该团队本身就需要有一种能够对开发过程进行建模的发布管理工具。"部署流水线"的概念，就是他们在做这个产品的时候演进而来的。再例如书中讲到的云端测试，当时产品研发中也用到了：在做测试的时候，团队会利用命令行方式启动 EC2 中的数十台机器，将产品部署到上面，执行一系列的测试后，再将结果传回来，然后自动关掉那边的虚拟机，从而解决了硬件不足的问题[①]。

时任 ThoughtWorks 产品团队技术主管的 Dave Farley 将这些实践方法加以总结，提出了"全生命周期持续集成"的模型。在这个模型中，Farley 把持续集成描述为一条生产流水线，流水线被分成两个部分：第一部分与构建相关，第二部分与部署相关。每当有人改动源代码，并将代码提交到代码仓库时就会首先触发第一部分的构建，经过编译和单元测试后，打包形成可运行的软件；随后，打好包的软件就会进入流水线的第二部分，被部署到标准化的基础设施上，经过（自动和手动的）验收测试、性能测试、集成测试之后，最终被部署到生产环境[111]。这个涉及"全生命周期"的"流水线"隐喻，就是持续交付理论的基础。

---

① 参见 2011 年 11 月 2 日图灵网站上发表的《乔梁：持续交付将变成必备能力（图灵访谈）》：http://www.ituring.com.cn/article/497。

与一般意义上的持续集成相比，持续交付最大的特点是覆盖范围的扩展。一般意义上的持续集成只相当于上述流水线中的第一部分：每当有人向团队主干版本提交新的修改，立即执行完整的软件构建过程，将源代码编译、打包成可执行的状态，并执行所有自动化测试用例[1]。而 Farley 提出的流水线则覆盖了软件向生产环境部署的过程。这个变化极大地提高了软件部署上线过程的自动化程度，并降低了出错概率。后来，Humble 和 Farley 继续完善了流水线模型，将其拓展为"持续交付"的概念，核心就是以高度自动化的方式进行软件的构建、部署、测试和发布，其目的是回答这样一个问题：如果有人想到了一个好点子，我们如何以最快的速度将它交付给用户？[112]

互联网企业迅速接纳持续交付

2010 年离开 ThoughtWorks 后，乔梁在百度任高级架构师，继续推广持续交付。当时百度的产品交付周期普遍较长，开发完成的功能经常要等 3 个月才能上线。乔梁进入百度后负责指导的第一个产品曾有一个版本半年没有一次上线，后来该版本包含的功能特性被取消，整个版本研发的工作量都浪费了。在乔梁的指导下，该产品团队开始实施持续交付，引入了自动化的测试、部署等若干实践，用了半年时间，将发布周期从 3 个月缩短到 3 周。后来该团队继续将发布周期缩短至 2 周。团队成员认为实际上可以做到每周上线，但业务上没有这样频繁上线的诉求，因此保持了每两周上线一次的节奏[2]。

在百度指导团队实施持续交付时，乔梁引入了一系列最初来源于极限编程的技术实践。例如团队共同约定的代码提交行为规范"持续集成六步提交法"，其实

---

① 参见 Martin Fowler 于 2006 年 5 月 1 日在其个人网站上发表的《Continuous Integration》。

② 参见搜狐网站"中生代技术"公众号于 2017 年 8 月 8 日转载的《持续交付》译者乔梁的《持续交付七巧板，从腾讯和百度的案例说起》。

质是坚决贯彻主干开发（trunk based development）[①]，并用明确的行为规范避免团队在刚开始使用主干开发时可能出现的冲突和混乱。从乔梁演讲中展示的照片，还可以看到比较粗糙的看板、故事卡等实践的身影。

另一方面，在开展自动化测试时，这支团队对极限编程实践做了调整，把主要的注意力放在子系统测试和模块测试级别，并没有一开始就引入单元测试，更没有采用测试驱动开发。之所以做这个取舍，是因为该团队面对的是一个基于 C/C++ 的代码库，代码总量有几百万行。由于语言和工具的固有属性，C/C++ 的单元测试本身就很困难；加之代码量巨大，内部结构也未必整洁，要实施单元测试必定投入大、难度高、见效慢。而在测试金字塔的另一端，模拟最终用户的黑盒系统测试虽然编写相对容易，但始终存在颗粒度过粗、运行慢、不稳定的问题，作为持续集成的安全网效果不好。乔梁选择先从子系统测试和模块测试开始着力，应该是在测试的难度、有效性、运行效率、可靠性等因素之间权衡的结果。

类似的取舍，在更早时华为的敏捷实施中已经相当常见：为了在大型通信系统基础上快速落地持续集成，华为的敏捷团队大量使用层级较高的子系统测试、模块测试、接口测试等形式作为主要的安全网，单元测试则应用较少，敏捷推行过程中通常也不对单元测试的落地实施提出明确要求。这个权衡取舍带来的长期影响，是持续集成与单元测试（或者说，测试驱动开发）这两个在极限编程理论中紧密结合的实践，在敏捷的实际推广过程中逐渐分离。持续集成在行业中逐渐普及，后续又升级为持续交付；而单元测试以及高度依赖单元测试的重构等实践则始终没有普及。

2011 年前后，Jez Humble 与 Martin Fowler 共同开发了一套由十余个模块组成的持续交付培训课程，并在全球各地推广。随着持续交付、缩短交付周期等理念被广泛认知，一些国外互联网企业高频度、短周期部署的数据开始被国内同行所留意。在 2011 年 9 月的敏捷中国大会上，乔梁和李剑在他们的演讲中提到，照片管理网站 Flickr 每天部署超过 10 次，工艺品电商网站 Etsy 每个月部署超过 400 次，在最近 1 644 次部署中只发生 4 次事故且平均事故恢复时间仅 6 分钟[②]。

---

① 主干开发是一套代码分支管理策略，开发人员之间通过约定向被指定为"主干"（例如 Subversion 中的 trunk 或 Git 中的 master）的分支提交代码，以此抵抗因为长期存在的多分支导致的开发压力。这种策略的支持者认为，主干开发可避免分支合并的困扰，保证随时拥有可发布的版本。

② 引自乔梁和李剑在 2011 年"敏捷中国"技术大会上题为"持续交付"的演讲。

这些数据对于国内互联网企业是极具震撼力的。在随后几年中，各家互联网大厂纷纷上马持续交付。2013 年，乔梁在腾讯"电脑管家"产品团队负责研发改进。此时，这支由 400 人组成的团队经常两三个月没有可以发布的稳定版本，被评为腾讯内部所有产品团队中最需改进的产品团队第二名。经过 3 个月的密集改进，该团队做到了每天可以交付两个可以对外发布的 beta 版本，每周有一个稳定的发布候选版本，每月一次全网稳定发布。改进后，软件的基本质量得到保障，软件崩溃率下降了90%，产品品牌在腾讯精品软件中排名第五，进步排名第三[①]。

即便是受到严格的金融监管的支付宝，也在持续交付下功夫，力求做到"想发就发"[②]。作为金融互联网重镇，支付宝的每次产品发布必须进行风险评估，如果发布涉及资损、安全、稳定型、交易支付等重要风险，就需要提升到总监审批。即便如此，支付宝的团队还是通过环境自动化、部署自动化、流程工具优化等办法尽量加快发布流程，探索在金融监管要求的框架下研发团队自助部署的可能性。

在距离互联网较远的企业 IT 环境中，持续交付遇到了更大的挑战。一方面是技术能力的局限。正如乔梁所说，在整个敏捷的实施过程中，"持续交付……是最难的一个环节，需要一定的技术提升，而不仅仅是靠流程。……Scrum 的门槛低，大家都能采纳，这就迎合了一些需求，能够在开始的时候让过程变得有规律可循，并达到一些效果。……如果真的想做好，技术环节是逃不掉的"[③]。与互联网企业相比，传统 IT 组织（除华为等少数特例外）对技术人才吸引力下降，技术能力普遍不足，实施持续交付困难重重。另一方面，传统 IT 组织的结构和文化也对持续交付提出了挑战：持续交付的实施需要改变部署乃至线上系统运维的流程，而这个流程传统上是由独立于软件研发的运维团队来执行的。一个覆盖软件交付全生命周期的持续交付流水线，必然跨团队、跨部门，尤其是需要跨越研发和运维两

① 参见搜狐网站"中生代技术"公众号于 2017 年 8 月 8 日转载的《持续交付》译者乔梁的《持续交付七巧板，从腾讯和百度的案例说起》。

② 引自廖光明在第二届 CDConf 上题为"大象如何跳舞——支付宝持续交付实践"的演讲。

③ 参见 2011 年 11 月 2 日图灵网站上发表的《乔梁：持续交付将变成必备能力（图灵访谈）》: http://www.ituring.com.cn/article/497。

类传统上泾渭分明的IT组织[①]。来自技术、组织结构和文化的挑战，将持续交付的实践者们引向一个新的知识领域。

DevOps：架起研发和运维的桥梁

DevOps这个名词本身就蕴含着一种强烈的矛盾和张力。正如这个词的创造者，比利时的独立IT咨询师Patrick Debois在2007年时就已注意到的，开发团队与运维团队的工作方式和思维方式有着巨大的差异，敏捷的流行则使这种差异变得更加引人注目：当开发团队（Dev）遵循敏捷宣言的指导，与用户紧密协作并积极拥抱变化时，运维团队（Ops）正在像消防员一样在生产系统上四处扑火，并对一切变化深恶痛绝。经过数年积淀，Debois于2009年在比利时召开了名为"DevOps Days"的技术会议，并由此衍生出"DevOps"这个词[②]。

"IT运维"是20世纪90年代以后随着企业级定制化软件应用（例如MIS、ERP等）的流行而产生的概念，其责任是要为内部和外部客户的应用部署提供平滑的基础设施和操作环境，包括网络基础设施、服务器和设备管理、计算机操作、ITIL管理，甚至作为组织的IT帮助中心。企业的IT部门不仅要维护计算机和网络设备，还要维护运行在上面的软件系统，尤其是定制化的企业级软件产品，因此在定制化企业级软件交付从乙方交付给甲方的时候需要一系列的技术审查以确保质量[③]。

随着互联网的普及，软件修改和发布的周期越来越短，开发和运维两种岗位之间的矛盾愈发凸显：开发的工作是给应用系统增加新功能和修复软件的缺陷，这一系列价值的产生是通过应用系统变更实现的；运维的工作则是让应用系统保持稳定和高性能，即最大化缩短宕机时间并能够提升应用系统的性能，而实现"不宕机"最简单的办法就是"不要修改软件"。在这种想法的驱动下，运维团队往往倾向于严控软件上线流程、减少软件上线次数，其结果是开发团队自己以短周期迭代，但迭代的产物不能频繁上线，因此也无法得到真实用户的反馈。

DevOps运动的目标就是要将敏捷倡导的快速变化、频繁反馈的工作方式延展

---

① 引自韩锴在第二届CDConf上题为"互联网转型企业的持续交付之路"的演讲。

② 参见顾宇在简书上发表的"DevOps的前世今生"系列文章之一《DevOps编年史》。

③ 参见顾宇在简书上发表的"DevOps的前世今生"系列文章之二《Dev和Ops矛盾缘何而来？》。

至运维阶段。为了达到这一目标，DevOps 的实践者们使用了包括持续交付、云计算 / 虚拟化、基础设施即代码、Docker、自动化运维等技术手段，并发展出了使 Dev 和 Ops 融合协作的团队形式和组织文化[1]。毫不意外，首先应用 DevOps 的是一批互联网企业，例如澳大利亚的房地产中介网站 REA 在 2012 年之前已经比较全面地实施了 DevOps 的工具与流程[2]。当时 ThoughtWorks 西安分公司与 REA 有大量离岸外包合作，ThoughtWorks 的咨询师从 REA 学到了这些工具与流程，为后来在国内开展 DevOps 相关的业务打下了基础。

继互联网企业之后，国内的银行和电信企业也陆续开始注意到 DevOps 的重要性。招商银行于 2015 年采购青云的私有云软件平台，打造新一代 DevOps 应用云，将开发、运营和质量保障紧密结合，为开发测试人员提供更加快捷、简便的自助式虚拟资源配置功能，并同时帮助 IT 部门加强对设备、策略、成本的控制，从而加速业务产品和功能的迭代，更好地适应金融行业的发展与创新[3]。

以招商银行采购的青云平台为例，我们可以看到云计算技术的发展情况。青云平台宣称"不仅实现了高性能的服务器虚拟化，同时还提供了软件定义的网络、负载均衡器、路由器、防火墙等虚拟设备，以及关系型数据库服务、缓存服务、消息中间件、分布式计算框架、大数据平台等 PaaS 应用服务，让 IT 部门从同一个平台迅速获取需要的一切计算资源，避免浪费时间和精力来管理大量的硬件设备和难以兼容的软件产品"。简而言之，原本以硬件形式存在的服务器、网络、路由器等设备，以及操作系统、数据库、消息中间件等原本需要复杂安装过程的专用软件，在云环境下都可以通过源代码来开通、配置、管理、回收。

这种"把基础设施当作源代码"（infrastructure as code）的能力，是打通开发与运维的一个关键所在：由此，开发团队可以用自己习惯的配置管理和质量保障实践来操作基础设施（包括硬件和基础软件）。例如服务器和网络的配置代码可

① 参见顾宇在简书上发表的《关于 DevOps，咱们聊的可能不是一回事》。

② 参见虎头锤在 GitChat 上发表的《基于微服务的 Real DevOps 实践》。

③ 参见招商银行于 2015 年 10 月 30 日在 IT168 上发表的《招商银行新一代 DevOps 应用云》。

以提交到 Subversion 或 Git 中进行版本控制，服务器和网络的开通可以自动执行，甚至可以自动化测试和持续集成。于是开发团队终于有机会涉足运维团队的工作领域。进而，已经开发团队验证有效的需求管理和项目管理方法（例如故事、看板、Scrum 等）也可以随之进入运维领域，使运维的工作方式变得更加敏捷。这是 DevOps 运动的一种愿景。

据说光大银行从 2013 年已经在尝试将 DevOps 引入企业之中，并从制度、流程、架构各方面来推动 DevOps 在光大银行的实施，并因此于 2017 年获得云计算技术供应商 BMC 颁发的"最灵活敏捷应用交付奖"[①]。光大银行信息科技部应用管理处团队主管孙纪周认为，该银行的 IT 团队正在从 IT 运维走向 IT 运营：不仅要保障系统稳定可靠，而且要用技术提升体验和效率，最终为业务创造效益。孙纪周举例说，例如在"双十一"期间，运维的任务只是保障系统安全、可靠、稳定运行，而运营则是需要借助相关大数据分析技术，对业务运行中的相关数据进行筛选、分析，并从中得出相关趋势和规律，以此达成精确营销。

孙纪周描述的这种场景，是 DevOps 运动更为宏大的愿景：借由 IT 系统本身迭代速度的加快，更快速反推业务，更频繁地实验和获得反馈，使技术成为业务增长的推动力。2012 年《精益创业》被中信出版社引进翻译以后，"用快速的'构建 – 度量 – 学习'循环指导创新"这种理念逐渐被国内企业接纳，孙纪周描述的这种"从运维到运营"的愿景正是打通和加速其中"度量 – 学习"环节的具体形式。

其他大企业实施 DevOps 的案例还有很多。例如中国银行在 2014 年之前引入持续集成，从 2015 年起逐步实施持续交付和 DevOps，到 2017 年已经在协作流程、技术框架和技术规范、能力建设、工具支撑等方面取得一定成效，交付流水线贯穿了从需求到运维到反馈整个端到端的过程[②]。在优普丰咨询师的帮助下，浙江移动也在 2016 年实施敏捷与 DevOps，并于 2018 年 6 月获颁《研发运营一体化能力成熟度模型》评估证书，成为全国首个研发运营一体化能力成熟度评估企业[③]。

细看浙江移动的 DevOps 实施案例，我们会看到很多熟悉的要素，例如重构、

---

① 参见孙浩峰于 2013 年 3 月 3 日在 CSDN 上发表的《光大银行 IT 管理进阶之路》。

② 参见张新于 2018 年 3 月 13 日在腾讯云网站上发表的《中国银行 DevOps 历程、效果及展望》。

③ 参见 2018 年 8 月 1 日腾讯云网站上发表的《浙江移动首批通过 DevOps 评估并获三级，这是什么水平？》。

DevOps：架起研发和运维的桥梁

持续集成、自动测试等①。这也是国内传统企业实施DevOps时常见的一种情况：由于此前没有实施敏捷，或者在实施敏捷时只偏重 Scrum 管理实践而忽视了技术实践，导致无法做到短周期频繁交付可工作的软件，因而需要以"DevOps"的名义补上之前不足的敏捷技术实践。

* * *

设计思维是如何应用在我的工作上的？

有趣的是，我正好是 2008 年加入 ThoughtWorks 公司，第一份工作是在敏捷环境下为客户交付软件，设计技能反而不是我的必要能力，而是锦上添花，我的职责是与客户进行沟通，拆分、确定、简化需求，沟通原因，帮助客户与开发团队、其用户和领导者协作，简单来说，就是：

帮助开发团队尽可能早地得到用户和客户的反馈，降低交付风险；

帮助所有人融合；

帮助所有人形成新的"做软件"的习惯。

在当时我并不了解设计思维，但却幸运地做了设计思维所推崇的事情，而更幸运的事情，莫过于在一间世界上最棒的科技公司与世界上最好的商业客户做设计。这才是实践设计思维真正有趣的地方。

到如今，我依然还是在做 2008 年我开始做的事情：

快速反馈、去除风险、交付；

融合、聚集资源、撬动投资；

形成一种新的企业行为。

只是对象从客户方的小经理，变成了好公司的高层管理人员，事情依然没有变，看起来也许还是那些满墙"没什么用"的便笺纸，而真正身在其中的人，才能体会深意。

——熊子川

① 李海传在 TiD 2016 质量竞争力大会上题为《浙江移动敏捷与 DevOps 尝试》的演讲。

设计思维：敏捷走向业务端

2011 年 12 月，Forrester 的一份调研报告指出，"越来越多的公司正……推动着引入敏捷方法的进程。然而，敏捷实施的实际情况却与敏捷宣言所述的初衷背道而驰，很多实施都变成了四不像"。具体而论，由于引领敏捷变革的先行者们大多是开发者出身，他们在实施敏捷时往往会更多考虑自己熟悉的开发阶段，开发阶段之前的项目计划过程和之后的运维过程则依然按传统的方式运作，其结果则是"瀑布式 Scrum"（Water-Scrum-Fall）：尽管开发过程按照 Scrum 方式迭代进行，但项目总体计划是在 IT 和业务部门之间事先敲定的（"Water"阶段），项目上线是严格受控、频度很低的（"Fall"阶段）[①]。这样的敏捷实施，既不能频繁获得反馈，也不会调整既定的项目计划，对 IT 项目几乎不产生外部可见的影响，实际上只是软件开发团队的自我修炼或者自嗨。

DevOps 运动将敏捷的快速迭代、拥抱变化思想向后延展到了运维阶段，另一些人则在努力将同样的思想向前延展至 IT 项目的规划阶段。2008 年，Tim Brown 在《哈佛商业评论》上发表了一篇名为"Design Thinking"的文章，详细阐述了 Design Thinking 的理论和方法。这也是有记录的第一次正式用"Design Thinking"（设计思维）命名这个方法论。Brown 认为，设计思维是以人为本的设计精神与方法，考虑人的需求、行为，也考量科技或商业的可行性。在创新型项目启动之初，采用设计思维的一系列方法，有助于相关人快速有效地完成想法发散和收敛的过程，持续快速验证创新想法的可行性[②]。与传统的项目规划与需求分析过程相比，设计思维有两大特点：第一是多次迭代、快速验证；第二是采用一系列鼓励交互、高度可视化的工具和方法。从这个角度看，设计思维与敏捷在思想上确实一脉相通。

2011 年，时任 ThoughtWorks 中国区体验设计总监的熊子川介绍了如何由用户的画像、旅程、痛点出发，寻找贴合用户需要的 IT 解决方案，制定项目计划并启动敏捷开发的过程[③]。2012 年，熊子川总结了 5 种在敏捷项目启动阶段常用的设

[①] 参见 2011 年 12 月 19 日 InfoQ 中文站上发表的 Christopher R. Goldsbury 的《实用主义的胜利？瀑布式 Scrum（Water-Scrum-Fall）大行其道！》（金毅译）。

[②] 参见 2015 年 5 月 15 日微信公众号"深圳湾"上发表的《实干干出来的深圳创业者，也需要商业创新新思维》。

[③] 参见熊子川于 2011 年 6 月 27 日在 InfoQ 中文站上发表的《体验设计 7 日谈之一：关于软件的体验设计》。

计工作坊形式，包括用户价值定义、组织改进计划、客户体验地图、产品全景图、产品演进策略[①]。后来他又总结了互动式设计工作坊的一些核心逻辑：快速演进逼近阶段性目标；开放的环境、简单的工具和专业的引导者，鼓励参与者的互动；以结构化的引导和可视化的呈现促成决策；以故事化的方案和可感知的快速原型展示成果[②]。熊子川还在南开大学的 EMBA 创业课程中讲授了"设计思维和精益创业"，后来这部分内容成了南开大学 MBA 中心精品课程"创业管理"的一部分[③]。

2016 年，时任 IBM 全球商业服务大中华区敏捷及 DevOps 卓越中心主管的徐毅在 GDevOps 全球敏捷运维峰会（杭州站）的演讲中，将设计思维、敏捷、DevOps 三者并列。徐毅认为，设计思维能帮助 IT 组织聚焦客户价值，敏捷交付能力使技术团队生产出灵活、优质、高效的软件产品，DevOps 则带动运维促成快速交付，三者能形成"1+1+1>3"的合力。

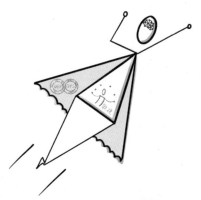

时至 2018 年，埃森哲、IBM、ThoughtWorks 等主要的 IT 专业服务提供商都将设计思维、敏捷软件开发、DevOps 三者组合成重塑价值、推动创新的服务包。跨越传统部门边界的更大范围的敏捷转型，在国内正处于起步阶段。

企业级精益

脱胎于丰田生产方法的精益理论强调快速价值交付的小批量生产模式。这种模式在供不应求的大规模工业生产场景中未必高效，但在环境充满未知、市场变动快速、用户挑剔日益增多的环境下却能更好地响应变化。早在 2003 年，Poppendieck 夫妇（Mary 和 Tom）已经意识到精益思想对软件开发的意义，并指出敏捷应该被视为在软件开发上下文中实现精益的工具箱[115]。在通信行业的敏捷转型浪潮中，诺西、华为等企业的转型过程中都运用了精益的理论和实践作为指导。

---

① 参见熊子川的博客文章《敏捷体验设计的 5 个设计工作坊模版》。

② 参见熊子川的博客文章《设计工作坊的设计》。

③ 参见南开大学商学院 MBA 中心官方网站上的南开大学精品课程——创业管理。

随着敏捷变革规模的扩大，在小批量生产、快速交付价值这条路上走在前面的技术团队开始遇到各种非技术的阻力。"立项太复杂了，不支持敏捷迭代""外包人员流动性太大了，无法深入敏捷实践""采购要求范围确定，敏捷模式下没法通过审计""敏捷技术能力要求太高，招不到合适人员"，这样林林总总的问题纷至沓来。敏捷的实施已经不只是一系列技术工具和管理方法的问题，更不仅仅是研发团队的变革，而是涉及到一个企业的方方面面，是一项包括行政、财务、人力资源等部门的综合工程[①]。为了应对这些挑战，曾经的敏捷领袖们把敏捷和精益的边界由软件研发继续外推，到了组织和文化的层面。

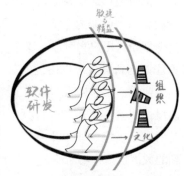

《持续交付》的作者 Jez Humble 在 2015 年出版的第二部著作中首次提出了"精益企业"的概念。在精益企业的架构中，"探索新商业模式"和"拓展已验证商业模式"这两种不同业务形态被区别对待，在产品的探索期、拓展期和成熟期采用不同的工作方式，通过企业运营、IT 架构、目标制定和组织结构的精益化来打造一个高适应力、持续创新的高绩效组织，依托设计思维、实验性交付、精益看板、持续交付和持续改善等方法最大化产品创造的用户和业务成效。与 ThoughtWorks 澳大利亚和中国有多年合作的金融保险集团 Suncorp，在敏捷转型取得巨大成功后，遵循精益原则对组织结构进行深层次的调整，目的是能够更好地支撑探索型的创新商业模式[②]。Suncorp 的经验不仅给《精益企业》一书提供了大量素材，而且给中国的金融业同行树立了一个榜样。

招商银行从 2016 年开始组织轻型化、精益化的改革，在 ThoughtWorks 咨询的帮助下建立了金融科技孵化平台，在项目管理、财务预算、人力资源、法律合规、采购流程、技术支持等方面进行创新变革，打造出高效的创新孵化流程与机制。在这个平台上，招商银行设立了专门用于金融科技创新的项目基金，鼓励精益创新：用最小的可行产品试验，小步快走；如果试验成功，继续往下推广；如果试验发觉不对劲，承认失败，总结学习经验。在一年左右的时间里，该创新基金有 386 个项目申报，完成立项评审的项目有 174 个，其中投入最大的是跟"招

---

① 参见肖然于 2016 年 4 月 25 日在 ThoughtWorks 洞见上发表的《从敏捷转型到精益企业》。

② 参见肖然于 2016 年 4 月 25 日在 ThoughtWorks 洞见上发表的《从敏捷转型到精益企业》。

商银行"和"招行掌上生活"两个 App 月活相关，还有大数据、人工智能等技术应用，以及金融业务场景的开拓[①]。

招商银行的精益创新模型

招商银行的精益创新模型，将金融科技创新从想法到产品化的过程分为 3 个阶段。一个创新的点子，首先需要通过时长 1 周以内的"价值假说"阶段，论证这个创新对用户和对银行双方的价值所在；随后是为期 2 ～ 3 周的"启动"阶段，论证该创新具备可以落地实施的可行性；再之后是为期 3 ～ 4 个月的"MVP（最小可用产品）实施"阶段，以真实可用的软件反复验证，逐渐逼近真实的市场需求。MVP 上线后，再根据线上运行得到的数据反馈，不断演进产品功能[②]。

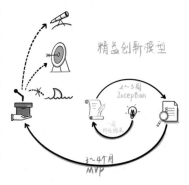

精益创新模型的核心在于，它完全颠覆了传统意义上对"项目"和"项目管理"的认知。按照传统的观念，IT 投资预算是在年度预算中定好的，因此每一笔预算一旦形成项目，就只能成功不能失败，否则就意味着一笔预算打了水漂。而"只能成功不能失败"的心态，会导致中层管理者要么压根不敢启动创新型项目，要么在创新型项目之前做大量预先论证尝试降低风险，两种方式都会严重延缓创新的节奏。而精益创新模型则从根本上承认，创新会失败，甚至失败概率会相当高，因此要鼓励创新就必须允许乃至鼓励失败，并将注意力从"避免项目失败"转到"降低创新失败的损失"——不仅是经济和资源投入的损失，更重要的是时间和机会成本的损失。

招行的精益创新三阶段模型，就是一个清晰的鼓励快速失败的模型。投入金融科技创新项目的资源不是在年度预算中提前申报，而是在基金池中灵活申请使用。随着 3 个阶段的逐步进行，价值定位、解决方案、产品功能的不确定性逐一收敛，资源的投入也逐步增加。在任何一个阶段停步，资源的投入都能带来与之

---

① 参见雷锋网 2018 年 5 月 25 日的《银行真的要干掉金融科技公司了？》。

② 引自招商银行首席信息官陈昆德于 2019 年 3 月 23 日在第十届中国（深圳）金融科技发展论坛上的演讲。

对应的收获。从这个意义上，在申报创新基金的 386 个项目中，更值得称道的是那没有完成产品立项的 212 个项目：这些项目耗用了相对较小的资源投入，对 200 多个创新方向进行了深浅程度不一的探索，并以踏实的证据证明招行此时还不应该开展这些创新项目。这种高效率的学习和积累，对于招行的金融科技创新有着不可忽视的推动作用。

招行的精益创新模型融合了前文介绍过的多种理论与方法。在"价值假说"阶段，创新团队需要采用精益画布、用户画像、场景故事板等源自设计思维的工具，以协作、可视化工作坊的方式，识别产品的价值定位、关键干系人和核心业务场景。在"启动"阶段，团队需要按照敏捷需求分析和项目管理的方法，拆分出用户故事、评估工作量、制定 MVP 实施的迭代计划。在"MVP 实施"阶段，团队需要采用 Scrum 的迭代管理实践和极限编程的持续集成实践，每个迭代上线可工作的软件。从 MVP 实施阶段开始，软件的配置管理、构建、测试、发布、运维在统一的 DevOps 云平台上进行，一个新产品的研发团队能够在 15 分钟内获得标准的持续交付流水线，从而极大地降低了新项目启动的难度和成本。

结语

时钟走过 2012 年，继少数几家行业领先的电信企业和互联网企业之后，越来越多的企业开始感受到互联网时代的冲击。国外媒体将这个时代的特点提炼为 4 个字母 "VUCA"：Volatility（易变）、Uncertainty（不确定）、Complexity（复杂）、Ambiguity（模糊）。在这样的商业环境下，众多的企业终于意识到，能够快速、迭代交付可工作的软件（而不是每隔数月才上线一个版本），能够根据真实用户和市场的反馈调整软件功能（而不是严守最初的详细设计），这样的能力是不可或缺的。敏捷终于受到了广泛的重视。

同时，敏捷的理论与实践也在与时俱进地发生着演变。当变革影响的范围扩大到软件研发之前的产品规划和之后的生产运维环节，敏捷的实践者们开始注意到，仅有"经典"的敏捷方法（主要是 Scrum 和极限编程）不足以解决整个组织缺乏响应力的问题，众多实施了敏捷的 IT 项目变成了"瀑布式 Scrum"。在这个背景下，一些多年钻研持续集成的敏捷实践者将敏捷的理念向后延伸，发展出了持续交付和 DevOps 的理论与实践；另一些侧重需求分析、项目管理的敏捷实践者则将敏捷的理念向前延伸，与设计思维相融合，形成了一套创新型产品快速启动、快速验证的方法。

　　这些新的理论与实践，加上既有的敏捷软件开发方法，在精益原则的牵引之下，形成了一套完整的精益企业架构。基于这套理论体系，招商银行建立了金融科技孵化平台，用三阶段模型管理金融科技创新项目，取得了引人瞩目的成效。

工作环境的变迁

与中国 IT 业共同成长的不仅有敏捷方法，还有一代看着美国动画片长大的 "80 后" 从业者。他们对平等、自由、尊重的向往，逐渐影响着行业里的办公环境，使枯燥逼仄的格子间逐渐变成了活泼的开放办公室。但与此同时，行业的环境和技术的发展也使从业者的工作压力普遍增大。十多年的发展是否改善了从业者的处境，还真是一言难尽。

（负责6个大项目总体管理的汤普金斯先生和他的搭档贝琳达·宾达正在为这些大项目挑选项目经理。在这次面试中，名叫艾勒姆·卡塔克的年轻项目经理一句话都还没说，贝琳达就决定提拔他。）

走出办公室，在走廊上，汤普金斯转头问："贝琳达，这到底是怎么回事？"

"哦，在办公室里面，我跟他的几个员工谈过。当我跟他们谈到艾勒姆时，他们的眼睛都闪出愉快的光。而且，你注意到办公室的陈设了吗？"

"唔……"

"那根本不是办公室。里面的陈设就像是作战室、指挥中心，所有的工作图表都贴在墙上。"

"我的确注意到墙上全贴着画。"

"设计、接口模板、进度、里程碑……很漂亮。而且没有私人办公桌，只有一张大会议桌和很多椅子。很明显他们全都参与作战室的运转。"

"那么，这就是我们要找的？没有桌子的经理？把办公室变成作战室的经理？"

"我们要找的是好的经理，他会有足够的警觉，他会改变身边的环境，让环境与他和他的员工要实现的目标更加协调。"

——《最后期限》，第7章

格子间的渊源

在他 1997 年出版的项目管理小说《最后期限》中，Tom Demarco 显然认为，对于软件开发项目而言，"作战室"是一种更高效也更优越的工作环境 [175]——与之对比的，自然是格子间式的办公室环境。在大众媒体描绘 IT 行业工作状态的只言片语中，格子间常被视为缺省的背景：西二旗的创业公司，在早上 10 点以后格子间逐渐热闹 ①；已经住进"钢化玻璃的互联网企业大厦"的知名企业，到晚上 9 点，部门里所有的人还是没有离开各自的格子间 [176]；上地那些"庞大得让人倒吸冷气的建筑里面"，程序员们也"被整齐地排列在格子间里" ②；程序员选择不受雇于企业，从事自由职业，则被称为"从格子间越狱" ③。

从"越狱"这个比喻，可以看出大多数人对格子间的态度。据 Nikil Saval 在《隔间》一书中的引述，2013 年悉尼大学两名研究者的调查结果显示，格子间办公者对自身工作环境最为不满，其中至少 93% 的人想要换个工作环境 [177]。Saval 对"个人电脑最开始普及那几年"办公室工作情景的描写，完美呈现了 2008 年前中国 IT 企业典型的办公环境："电脑屏幕强烈的荧光并不能补偿自然光线的缺乏；循环的空气污浊闷人，甚至有毒；……大楼纷纷门窗紧闭，隔绝了阳光和新鲜空气；地毯上和建筑材料中诸如石棉和甲醛的化学物质毫无约束地在室内流通，带来了各种空气传播的疾病；……新闻里每天都有关于电脑屏幕潜在辐射危险的报道，并把女性流产归因于此。" [177]

鲜为人知的是，回到 1964 年，格子间的前身，由 Robert Propst 发明的"行动式办公室"考虑的恰恰不是"将员工固定在办公位"，而是让员工"运动"起来。在他设计的第一款"行动式办公室"中，为一名员工准备的工作空间包括一张办公桌、一个用于与同事讨论的可移动的小圆桌、一张用于存放和检索资料的站立式卷盖写字台，以及一个放置了电话机和便签簿的"通信中心"。"行动式办公室"的家具用料考究，空间布局具有良好的延展性，兼顾了专注的个人工作与高效的团队协作，设计美学与对人类需求的解读真正融合起来。但这款产品在市场上遭

---

① 参见央广网经济频道在 2018 年 6 月 13 日发表的《西二旗"码农"的迭代生涯：收入不菲焦虑依旧》：http://jingji.cctv.com/2018/06/13/ARTIsgV1MXmCfHzaRqN6PVek180613.shtml。

② 参见 2012 年 2 月 23 日果壳网上的《随笔：程序员帝国》。

③ 参见安晓辉于 2018 年 6 月 11 日在 IT 程序猿上发表的《程序员格子间越狱指南及我的自由职业现状》。

遇了失败，最根本的原因可能是企业高管的反对：他们不愿意在初级经理和普通员工的办公环境上花钱。初级员工已经成为"知识工作者"的新鲜观点还未抵达上层，高管们想要更便宜和更容易复制的东西[177]。

在这种商业大背景下，经过十余年的演化，到 20 世纪 70 年代末期，真正在北美企业中大规模实施的"行动式办公室"已经与 Propst 最初的愿景大相径庭：办公室里塞满了密密麻麻的屏风和隔墙，隔板高达 1.78 米，员工在其中无法看到外面的情况，廉价的办公家具被大量使用，除了必要的办公桌与资料夹之外的设施被去除。在管理者对节省花费的执迷之下，"行动式办公室"的目标变成了在尽可能小的地方，尽可能便宜和尽可能快地塞进去尽可能多的人。为灵活办公而创的"行动式办公室"，演化成了与灵活性完全对立的另一种东西：格子间[177]。当基层员工被企业高管视为易于替代、需要严控成本的"资源"，格子间就会大行其道。2008 年前的中国 IT 业再次验证了这一规律。

令人艳羡的外企办公环境

与当时国内企业略显恶劣的办公环境形成鲜明对比的，是传说中外企的办公环境。据曾任微软中国总裁的唐骏回忆，在他 1994 年入职微软时，微软每个员工都有自己的独立办公室，这反映了比尔·盖茨独特的办公室哲学：他认为软件是一门艺术，做软件的人必须有丰富的想象力。而人只有在独处时，在完全属于自己的空间里，才最具有想象力。因此，在微软，每一个员工都拥有自己的办公室。除了总裁、副总裁级别的办公室稍大些，其余每个人的办公室大小一致①。但在进入中国之后，显然盖茨的办公室哲学没有得到贯彻。2008 年，微软中国研发集团的布局是用蓝色隔板隔出成排的格子间，4 人共用一个格子间，隔板外侧贴着桌子编号和 4 个人的中英文名字[178]。

即令如此，微软中国办公室的功能区

① 参见唐骏和胡腾于 2008 年 12 月 14 日在世界经理人网站上发表的《微软给我的管理启示》。

仍然一定程度上保持了西方式的高规格：办公室每层都有的茶水间"冰箱里装满了各种饮料，咖啡机则有星巴克和雀巢两种，可以提供十几种不同口味的咖啡，此外，还有微波炉和各种小食品"；有保洁阿姨"洗水果，摆果盘，从苹果、香蕉到柑橘、葡萄，以及切好的西瓜，'品种每天都有更换'"；每层还有休息室和健身房，"桌式足球、乒乓球、联合健身器，甚至按摩椅、体重秤、冲澡间……一应俱全"，甚至还有"新款的 Xbox 游戏机，以及桌子抽屉里塞得满满当当的各款游戏软件"。在办公室的装饰细节上，也体现出微软"鼓励员工自由张扬天性"的考虑，办公室中可以看到"贴在墙上的涂鸦作品、用剪成纸条的海报改装成的门帘、摆满大大小小毛绒玩具的桌子、安装在办公桌玻璃板上的篮球筐"等细节[178]。

谷歌则是从一开始就没有独立的办公室，所有人都在开放办公区工作。据说曾任谷歌董事长的 Eric Schmidt 刚加入时，员工给他安排了一个十分小的独立办公室，但他很快感到自己被"特殊化"，主动要求取消了这项特殊待遇[179]。谷歌中国也保持了同样的风格，2012 年，谷歌在上海环球金融中心的办公场所里没有一间独立的办公室，所有人都在开放的工位办公。这种办公室风格的基本假设是"自由无拘的沟通对于创新至关重要"，为了鼓励沟通，在谷歌的办公场所里，"各类开放和半开放的交流区错落有致，风格迥异，空间通透性和私密性并存。工程师们随时会有新奇的想法，或是源于咖啡吧里和同事的畅谈，用来记录灵感的黑、白板随处可见"，并且配备了众多人性化的设施，诸如"健康小贴士、茶水间新鲜的水果、健身房、按摩室、桌球台、游戏室、阅览室"等①。

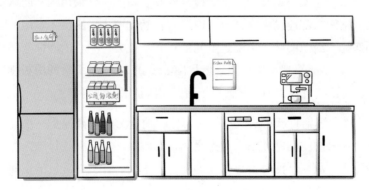

进入 2010 年以后，以谷歌为代表的互联网企业对老牌 IT 企业的冲击日益明显，这种冲击也直接反映在了对办公室装修的看法上。2010 年，微软总部开始实

① 参见数英网 2012 年 4 月 26 日发表的《空间：Google 谷歌上海办公室》。

令人艳羡的外企办公环境

验开放式办公室设计，2014 年以开放式风格改造了 4 栋办公楼[①]。2015 年，时任微软大中华区董事长兼 CEO 的贺乐赋拆掉了自己办公室的围墙，因为他觉得这样可以和微软中国的员工们"更近一些"。他甚至还想把微软大厦所有的格子间拆掉，工作人员提醒他说，这是一项价格高昂而且费时费力的工程，他才最终放弃了这个想法[②]。

其实早在 20 世纪 70 年代，IBM 的一组产品工程师已经尝试过没有隔墙、没有固定工位的"无领地办公室"。除了零散分布在办公室内的工作台和桌子，工程师们还能找到安静的角落，在需要的时候在里面从事对专注性要求高的工作。此种安排的总体目标是在组内"更好地分担问题，更多地分享经验"，将人们从自己的工作站中解放出来，加强原本孤立的人之间的互动。实验者们发现，参与实验的员工"活力四射到不行"，组内的沟通大大加强[177]。40 年后，当更多企业鼓励员工的创造性和沟通协作，开放式办公环境成为他们尝试的方法之一。

与敏捷同行的开放式办公环境

从 2005 年进入中国起，ThoughtWorks 的开放办公环境，以及办公环境中与敏捷相关的信息可视化工具，就一直给这家咨询公司的同行和客户留下过目难忘的深刻印象。Martin Fowler 在 2010 年的一篇博客中，以 ThoughtWorks 北京办公室为例，详细介绍了这家公司对于一支敏捷软件开发团队应该采用的"团队空间"的观点：团队空间内部应该完全开放；应该有自然光照入；给员工宽敞的空间；使用优质的座椅；给予团队自主配置空间的权利和能力；大量的墙面空间用作"信息辐射器"（包括故事墙、架构图、燃尽图等形式），以及大量的白板用于随时发生的讨论；应该有玩具、小吃、饮料等活跃团队氛围的元素等[③]。

Fowler 这样解释自己对团队空间的态度：他认为软件开发是一项高度讲求协作的任务，开放的空间能鼓励人与人之间常态的对话与交互。每个人都可以看到别人在做什么，需要帮助时也可以立即向他人求助。并且在开放的空间中，人们

---

① 参见 Steve Lohr 于 2017 年 10 月 13 日在好奇心日报上发表的《微软、IBM、波士顿咨询……老牌公司都在改变办公室，让员工们互动起来》。

② 参见杨安琪于 2015 年 11 月 2 日在财富中文网上发表的《巨兽转身》。

③ 参见 Martin Fowler 于 2010 年 6 月 14 日在其个人网站上发表的《TeamRoom》。

有机会偶然听到别人的对话，从而引发意料之外但很有价值的交流。

从 2007 年底起，ThoughtWorks 开始给华为提供敏捷咨询服务，开放、大量信息辐射的办公环境也随着这些咨询项目逐步渗入华为，潜移默化地改变着华为原本格子间、高度强调信息安全而非信息分享的办公环境风格。在 2010 年针对业务软件产品线广东移动支撑团队的咨询项目中，ThoughtWorks 的咨询师指导华为团队布置了宽度超过 6 米、横跨一整面墙的用户故事墙，给华为的敏捷推动者们留下了深刻的印象[①]。

2010 年前后，华为位于上海、南京的新研发基地陆续落成投入使用。在新研发基地的办公环境的设置上，敏捷的工作方式被作为一个重要的考虑因素。位于雨花台区的南京研究所，广泛采用开放式的环境设置，工位则采用"敏捷岛"的布局方式，将包含各种功能角色的完整团队安排在一张大桌上面对面而坐，团队还给各自的"岛"起了名字，诸如"开心岛""小李飞岛"等[②]。同一时期，逐渐完善的华为办公云使员工可以在任何一台瘦终端机登录自己的办公环境，从而使工位的灵活安排成为可能。

到 2018 年，在华为财务、基建、行政座谈会上，任正非要求"将办公环境改造得漂亮、舒适、实用，不仅能促进工作效率的提升，也是员工的一种待遇"，办公室设计"应广泛征求世界顶级设计公司意见，提供多种设计方案，再由每栋楼分配的业务部门根据需求来选择，开放思想，不要走过去的老路，不搞统一化"，首席财务官孟晚舟也指出"像谷歌、Facebook 这样的公司很早就消除格子间，他们提出'集团化作战''平台化作战'，所以提供大办公桌，协同办公效率非常高……我们也要进阶，协同化作业"[③]。

领导企业的示范效应，在办公环境上也有体现。2011 年前后，华为的"敏捷岛"（或称"敏捷台"）布局作为一种先进实践，被一些中小型企业模仿，甚而由深圳传播到了西部二线城市[④]。中兴在其南京研究所也效仿华为的装修风格，去除了格子间，采用开放、色彩丰富的办公环境。

---

① 参见熊节于 2008 年 9 月 19 日在博客"透明思考"上发表的《如何布置体面的故事墙》。

② 参见刘东京在大街网上发表的《华为南研所观后感》。

③ 参见中企哥 2018 年 1 月 30 日在中国企业家杂志社搜狐公众号上发表的《华为员工为何愿意加班？任正非给了一个理由》。

④ 参见熊节于 2011 年 11 月 9 日在博客"透明思考"上发表的《一年成聚，二年成邑，三年成都》。

敏捷软件开发方法与开放式办公环境，两者虽然没有因果关系，但两者在几乎相同的时间开始流行，背后有着共同的驱动力。在 21 世纪易变、不确定、复杂、模糊（VUCA）的市场大环境下，越来越多的企业主动或被迫放弃长期而精密的预先计划，转而依赖快速的迭代捕捉市场需求，同时更加强调人与人之间、团队与团队之间的交流协作。开放式办公环境的流行，与敏捷宣言第一句"人和交互重于流程和工具"恰好互为表里，映照出时代背景下企业的应对之策。

对开放式办公环境的批评

　　据福布斯网站 2015 年引用国际设施管理协会（IFMA）的数据，在硅谷 IT 企业的引领下，美国70%的办公室或多或少地采用了开放式布局①。中国虽然没有类似的统计数据，但据品玩网主笔朱旭东的观察，他毕业工作以来，"经历的几家单位都是开放式办公，或者说半开放式"，并且他"报道的科技公司大多也都崇尚开放式办公"②。这个观察能反映国内 IT 行业，尤其是互联网行业在办公环境上逐渐倾向于开放式的趋势。

　　但与此同时，对开放式办公室的批评之声也开始出现。2014 年，华盛顿邮报网站的一篇文章认为，谷歌等科技新贵把办公场所的风格引向了一个错误的方向，开放办公室的风潮"正在破坏工作环境"。这位作者感到开放空间里不间断的噪音和打扰使她"不能很自如地做自己想做的事"，并且诸如离开座位上厕所、到点下班不加班等行为都被众人注视，令她感到不快③。澳大利亚悉尼大学的两位研究者则发现，很多人都因为开放式办公空间的太多外界干扰而影响到了工作效率。有一半接受调查的人表示没有隐私是一个大问题，超过 3 成的人抱怨缺乏视觉上的隐私[180]。

　　国内的 IT 从业者对开放式办公环境也并非毫无怨言，并且更频繁地将这种办公环境的改变与敏捷软件开发方法的推行关联。2011 年天涯社区的一篇帖子将"十

---

① 参见 Neil Howe 于 2015 年 3 月 31 日在福布斯网站上发表的《Open Offices Back In Vogue – Thanks To Millennials》。

② 参见朱旭冬于 2015 年 6 月 8 日在品玩网上发表的《开放式办公真的有传说中那么神奇吗？》。

③ 参见 Lindsey Kaufma 于 2014 年 12 月 30 日发表的《Google got it wrong. The open-office trend is destroying the workplace》。

几个人坐在一个大桌子旁边"的布局称作"网吧式开发",让这位发帖者想起大学时在网吧打联机游戏的场景,"大家挨着坐,吼起来方便"。他认为这种办公环境意味着"华为的程序员的地位是很低的"①。另一位2016年入职华为的网友也发现,华为软件研发部门的办公环境是"所有的隔板都拆了,几张桌子拼成长长的一排,一排摆上十几台电脑",与他想象中的500强企业形象大相径庭,"跟黑网吧差不多",而造成这种环境设置的原因也是"当时流行什么敏捷开发"。至少对这位网友而言,开放式的办公环境并不令他感到享受,以至于他只能安慰自己"艰苦的环境才能体现奋斗者的坚强"②。

ThoughtWorks的开放式办公环境也经常被吐槽。例如2018年《长江日报》的微博直播走访了ThoughtWorks武汉办公室,就有网友在回复中评论"跟网吧似的""办公环境差""连个隔间都没有,位置那么紧凑""这么多人在开放式的空间办公咋可能不吵"等③。不过该公司的员工却普遍对其办公环境比较认可。时任ThoughtWorks高级咨询师的王妮在谈到办公环境时指出,"开放不仅是指空间开放,更是指人与人之间关系的开放",并提到了工位设置之外的一些要素,例如"为了营造舒适的办公环境,茶水、咖啡、零食、水果也是很多公司的必备项。为了激发员工的热情和灵感,办公室装潢也会别出心裁,充满乐趣"④。

ThoughtWorks武汉办公室负责人万学凡在装修布置新办公室时,专门考虑办公环境如何"既能满足人们协同合作、专注工作的需求,同时也能让紧张的大脑得到放松"。尤其是对于开放式办公环境被诟病较多的专注性和私密性问题,可通过分区策略和功能区设置有针对性地解决。会议室和办公区的设施设置也与每日站会、迭代交付、持续集成等敏捷实践紧密相关⑤。据Martin Fowler的观察,一个团队内的谈话并不太打扰专心工作的成员,这可能是因为一个团队本身就在围绕同一个目的

---

① 参见天涯社区上2011年4月27日的帖子《华为怎么是网吧式开发啊?》。

② 参见2018年7月17日虎嗅网上发表的《华为两年:根本无从反抗》。

③ 参见2018年5月23日长江日报微博号上发的微博。

④ 参见王妮于2016年11月4日在ThoughtWorks洞见上发表的《写给未来的程序媛》。

⑤ 参见万学凡于2017年6月15日在ThoughtWorks洞见上发表的《敏捷团队的办公室设计》。

进行协作，因此谈话都是彼此相关的。这与多个彼此无关的团队混杂在一片开放空间的嘈杂是完全不同的。

正如很多批评声音所指出的，开放式办公室本身并不能保证解决团队的沟通问题，同时还可能引入其他问题。但越来越多的企业和员工都开始注意到办公环境的重要性，开始思考如何通过办公环境的改善提升团队效能，使越来越多的 IT 从业者得以摆脱十多年前廉价而刻板的格子间，对于从业者而言终归是一件益事。

＊　＊　＊

"他们真的很苦。"杨伟业一反常态地没有平时的趾高气扬，低着头看着地。

"天天都在加班，一周有四天加到 11 点，只有周三和周六晚上可以不加班……噢，周六也是加班。我都习惯了。

"真的很辛苦。有个兄弟前两天跟我谈话，说他天天回去连洗澡的力气都没有，实在是扛不住，扛不住也得扛。说着说着眼泪就下来了。

"我有时候想去带个版本。不带版本，帮不上他们，干着急，只有周三组织个活动，没几个人想参加，都想回家陪老婆看看电视。难得有一天不加班。

"说是不要光顾低头拉车也要抬头看路，人累成这样怎么抬头看路，脑子都不转了，只顾得上加班干活。

"我听你们公司的环境，我觉得真好。我真觉得敏捷好。我就想让兄弟们不要那么辛苦。我就想让兄弟们少加点班。"

——《不敢止步》，据华为员工口述加工

从"朝九晚五"到习惯性加班

被当今职场人视为成规的"朝九晚五"，在中国其实是相当新鲜的事物。2001年加入世贸组织之后，各地才开始尝试"朝九晚五"作息制。在此之前，中国政企单位广泛采用的作息时间是早上 8 点上班，下午 6 点下班，中间有 2 小时午睡时间。之所以开始尝试"朝九晚五"，据说是为了与国际接轨。2002 年的一次调查中，92.2% 的机关和事业单位的工作人员认为"朝九晚五"是国际化发展的潮流，既然中国都加入了世贸组织，就必须去适应这种趋势[1]。实际上，压缩乃至取消午休时间，增加业余时间，可能一大目的是为了促进消费。例如，2002 年 7 月时任重庆市长的包叙定宣布该市将有步骤实行"早九晚五"，并认为"该制度对于年轻人再教育、市民购物消费以及生活安排有着积极作用"[181]。

　　驻华外企，包括 IT 企业较早实施"朝九晚五"的，也是其他单位"与国际接轨"的对标物。早在 1999 年，成都高新区内已有 300 多家外企，其中包括西门子等几家世界 500 强企业，这些企业全部采用"朝九晚五"的作息制度。为了适应这些外企的工作节奏，高新区从 1999 年 12 月开始在区内机关和各乡、各街实行"朝九晚五"作息制，并认为新的作息制度能"给高新区带来形象、效率和节约 3 个效应"。同年，时任兰州市政协委员、市侨联秘书长的周迎平也建议改革机关事业单位作息时间，实行"朝九晚五"作息制度，以顺应国际潮流，加快城市工作生活节奏[2]。谁能想到，十多年后仍在实行"朝九晚五"的老牌外企们会被视为官僚、迟缓的象征，令人不禁感叹白云苍狗。

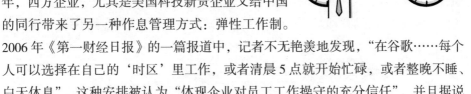

　　"朝九晚五"刚在中国人的生活中扎根没有几年，西方企业，尤其是美国科技新贵企业又给中国的同行带来了另一种作息管理方式：弹性工作制。2006 年《第一财经日报》的一篇报道中，记者不无艳羡地发现，"在谷歌……每个人可以选择在自己的'时区'里工作，或者清晨 5 点就开始忙碌，或者整晚不睡、白天休息"，这种安排被认为"体现企业对员工工作操守的充分信任"，并且据说"这些做法在国内已经被很多有海归背景的企业采用"[3]。

　　弹性工作制在国内的流行还有一个更实际的原因：随着城市规模增大，通勤时间越来越长，9 点准时上班的难度越来越大。北京市人大代表刘国祥 2007 年提出

① 参见新浪科技 2002 年 7 月 10 日发表的《聚焦"朝九晚五"支持者和反对者各有说法》。

② 参见胡梅娟于 2002 年 7 月 10 日在新浪科技上发表的《我国部分地区已经开始尝试"朝九晚五"作息制》。

③ 参见新浪科技 2006 年 4 月 27 日发表的《Google 美国总部办公室文化亲历记》。

"合理调整上下班时间"议案，认为弹性工作制既有助于改善住家离办公地点较远的员工的睡眠状况，也有助于改善城市交通早晚高峰拥堵的情况。翌年，北京市交通委首先在中关村等地区进行调研，从 IT 行业、科研单位等开始实行弹性工作制[①]。

然而从管理实操的角度看，谷歌之所以能允许员工采用高度弹性的作息时间，只有信任是不够的，还需要清晰的任务边界划分和强大的持续交付能力。仅就后者而言，谷歌长期以来采用主干分支和特性开关结合的策略，在预提交阶段有严格的全自动化测试覆盖，并采用代码集体所有制[②]。这些与极限编程和持续交付如出一辙的技术实践，最大限度地避免了开发人员彼此之间的过度依赖，使开发人员能够相对独立地交付边界清晰的任务，而不必在彼此的询问、代码合并、集成联调、测试排错等不必要的沟通中消耗精力，也使"自己安排工作时间"具有实在的可操作性。

当持续交付的技术实践不到位，开发人员彼此之间、开发与测试人员之间、团队与团队之间存在大量非自动化的协作时，任何一个人实际上都不可能选择与其他成员不同的作息时间。结果在很多企业中，"弹性工作制"就退化成了"加班"的代名词。例如，一名华为员工发帖指出，整个团队的研发人员被迫选择了所谓的"弹性工作制"，每周必须有 3 天晚上加班到 9 点[③]。在互联网行业的从业者总结的"招聘行话"中，"弹性工作制"意味着"只弹下班不弹上班""加班不给加班费""做完了才准走"[④]。加班，似乎已经成为 IT 行业的标志之一。

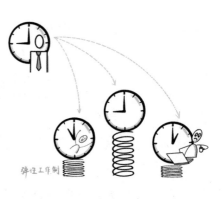

弹性工作制

加重 IT 人负担的三大因素

IT 行业加班严重已是老生常谈的话题。早在 2004 年，搜狐 IT 的一项问卷调

① 参见人民网 2008 年 1 月 20 日发表的《北京拟在 IT 行业、科研单位试行弹性工作制》: http://politics.people.com.cn/GB/14562/6795407.html。

② 参见阮一峰于 2016 年 7 月 2 日在其博客上发表的《谷歌的代码管理》。

③ 参见 evilgod 于 2008 年 1 月 3 日发表的《你所不知道的华为》。

④ 参见 2018 年 1 月 9 日掘金网站上的帖子《互联网程序员行话（黑话）合集》。

研显示，IT 人每天工作 8 小时以上者比例高达 77.8%，其中每天工作 11 小时以上者比例竟有 22.5%[①]。时至 2015 年，智联招聘发布的数据显示，IT/ 通信 / 电子 / 互联网行业的白领平均每周加班时间为 9.3 小时，为各行业之首[②]。单纯从数字上看，IT 业加班的情况似乎并不比十多年前严重许多。但几个因素的改变，可能的确使今天的 IT 从业者比之十多年前的前辈们承受着更大的劳动强度与工作压力。

第一个值得注意的现象，可能是 "996"（早上 9 点上班，晚上 9 点下班，每周工作 6 天）这个词进入公众视野。从谷歌搜索的结果看，"996" 大约是从 2014 年开始被较为频繁地提及。2014 年 4 月，一名有孕在身的阿里员工疑似在加班时子宫大出血身亡，网友在朋友圈发帖时将阿里的加班制度称为 "该死的 996"。这似乎是互联网上有据可查的首次使用 "996" 这个词。一个朗朗上口的称谓似乎给了这种高强度的加班制度以合法性，更多的企业开始要求员工实行 "996"。例如，某公司负责人坦言该公司实行的就是 "996 弹性工作制"，且该公司的员工也认为 "互联网企业工作时间不固定已经是业界共识，这是行业属性决定的，不能双休也是常态"，因为 "员工要与企业共同成长……加班费也就没有支付的必要"[③]。据《北京青年报》2016 年 9 月的报道，某公司 "要求员工实行 996 工作制，不能请假，并且没有任何补贴和加班费"，某公司集团内部的 "奋进者计划" "要求员工必须自愿每周工作 6 天，每天工作 12 小时，自愿放弃所有带薪年假，自愿进行非指令性加班……还要在春节、国庆等节假日无条件加班，随叫随到"[183]。不论是否实际采用 "996" 工作制，行业的舆论似乎存在一种导向，将 "996" 与 "奋斗" "成长" 等积极的属性相关联，营造出一种认同、鼓励加班的氛围，给整个行业的从业者——即使企业尚未实行 "996" ——都带来了更大的压力。

第二个重要的因素则是通信工具在过去十多年中的飞速发展。自从新千年以降，互联网和手机的普及使得工作越来越多地侵入私人空间，使上班和下班的界限日益模糊。近年来，一些国产的办公专用即时通信（IM）工具进一步强化了对员工业余时间的侵占与规训。例如网名 "姜茶茶" 的作者将钉钉称为 "当代职场酷刑"，文中特别指出钉钉的 "显示已读状态" 与 "ding 一下" 功能使员工即使下

① 参见 2004 年 4 月 26 日搜狐 IT 上发表的《中国 IT 人生存调查报告：IT 人遭遇感情生活困惑》。

② 参见智联招聘网站于 2015 年 8 月 15 日发表的《白领 8 小时内生存压力大，三成每周加班超 5 小时》。

③ 参见记者车丽和温晓磊 2016 年 10 月 2 日在人民网上发表的《互联网企业成弹性工作制重灾区加班费被 "弹去"》：http://china.cnr.cn/xwwgf/20161002/t20161002_523175376.shtml。

班后也无法假装看不到老板的命令，给员工造成很大的压力①。尽管有人为钉钉辩解称"工具无法决定自身的用途""工具本身不制造人际矛盾，产生矛盾的一定是一家公司自身的价值观和管理水平"②，但钉钉、企业微信等办公专用即时通信工具在某些功能特性上的设计，对于白领员工实际工作时间和工作压力的增加是有所贡献的。

　　第三个因素，IT 从业者，尤其是软件开发相关岗位的劳动强度和压力的增加，可能与敏捷开发方法，尤其是迭代式开发有关。我曾听华为一线研发员工私下反映，过去采用瀑布式开发方法，项目通常"前松后紧"，即设计阶段相对轻松、编码阶段节奏正常，只在最后的联调测试发布阶段需要紧张加班，员工在几个月的跨度上有张有弛；而采用敏捷迭代方法以后，每两周一个迭代，每个迭代承接的需求都超出团队负荷，加班成了常态。在敏捷方法发展初期，极限编程明确将"每周 40 小时"作为一个团队实践提出，但这项实践受外部因素影响极大，团队本身几乎没有任何控制权。一旦加班时间无法控制，敏捷的若干实践就会沦落为细粒度保证工作强度的手段：通过用户故事拆分挤出工作量中的水分，通过每两周一次迭代上线挤

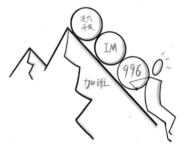

出项目计划上的水分，等等。不过对于敏捷方法、短迭代交付与员工劳动强度之间的关系，我尚未看到较为正式的论述，仍有待后续研究加以完善。

反抗 996：996.ICU 事件

　　2019 年 3 月 26 日，GitHub 上出现了一个叫"996icu"的新用户。点开这个用户的个人主页，没有任何信息，很明显是个马甲。随后，他新建了一个叫"996.ICU"的代码仓库。48 小时后，这个仓库得到了 6 万多颗表示赞赏的"星"，成了GitHub 有史以来星数增速最快的仓库。

　　3 月 26 日，此时的 996.ICU 仓库里还只有一个文件，这个 README.md 文件里只有 3 句话：

---

① 参见"姜茶茶"于 2018 年 7 月 18 日在搜狐网上发表的《钉钉，简直就是当代职场酷刑！！！》。

② 参见周天财经于 2018 年 7 月 19 日在腾讯网上发表的《钉钉怎么就成了当代职场"酷刑"？》。

Empty repo only for counting stars. Press F to pay respect to glorious github.

（这是个空仓库，只用来集星。请按下 F 键，向光荣的 GitHub[1] 致敬。）

Suggestions and PRs are welcomed!

（欢迎提建议或 PR[2]！）

Join discussion at [#20]().[3]

（在上述地址加入讨论。）

正如作者所说，此时的仓库只是一个空壳，连 "996.ICU" 这个词到底是什么意思也还没解释。不过就像敏捷软件开发方法一样，这个仓库在快速地演化。第二天，仓库里出现了一个中文的文件，大致的内容与前面的截图相似。"996.ICU" 也得到了解释：

什么是 996.ICU？工作 996，生病 ICU。

Developers' lives matter.

从 3 月 27 日起，这个仓库得到的星数开始暴涨。程序员们在热情转发的同时，也本能地展现出开源精神。仅 27 日一天，这个仓库就收到了 50 多个 PR。这些 PR 既有帮助修复笔误的，也有添加内容的，还有将中文内容翻译成多种语言的。这些接踵而至的贡献者，在自主自发地为 996.ICU 仓库添砖加瓦的同时，他们的提交动作又把这个仓库传播给他们的 "跟随者"（Follower，在 GitHub 上可以通过 "跟随" 一个人的方式看到他向仓库中提交代码、发起 PR 等动作），把 "工作 996，生病 ICU" 这句朗朗上口的口号传播得更远。

3 月 28 日，一个 ID 为 "LinXueyuanStdio" 的程序员提交了一个 PR，其中包含了一个 "曝光 996 公司及部门" 的投票功能。这个 PR 很快被 996icu 接纳合并到 996.ICU 仓库中。于是，程序员们的热情再度升级：现在他们不止可以打星，还可以发出更直接的声音，"给黑心公司部门投上反抗的第一票"。到 3 月 29 日，这个榜单上已经列出了上百家公司，前几家中国网友耳熟能详的公司都有数百人

---

[1] 此处是笔误，后来改成了 "光荣的软件开发者"。

[2] "PR" 是指 "pull request"，即向自己没有提交权限的 git 代码仓库中提交修改，请求有提交权限的开发者评审接纳。

[3] 括号内原有一个链接，但因为此链接已无法访问，故此处省略了链接。

投票。到我写下这段文字时，"996.ICU"事件仍在不断发酵，已经有多个公众号和网络媒体对其进行了报道。

这起意外事件，从一个侧面折射出今天中国程序员群体的一些特点。与他们十多年前的前辈相比，今天的程序员对基础的配置管理工具的使用相当熟练，他们能毫无阻碍地用 GitHub 展开交流和协作；他们更适应快速实验、快速调整的节奏，更善于把握大众的心理诉求；同时他们也更有个性，更有意愿表达自己的想法。程序员群体这些新的特征，与他们所处的工作环境的变迁，与敏捷方法的广泛传播，背后都有着同样的时代逻辑。

结语

进入新千年以来，敏捷的逐渐流行，与工作环境的变迁，两件事犹如两颗时代的碎片，映照出商业大环境的改变。VUCA（易变、不确定、复杂、模糊）焦虑盛行的时代，众多企业的应对之策不仅是改变组织结构和工作方式，同时发生改变的还有办公室的布局。越来越多的企业采用开放式布局，力图增进员工之间的交流协作。但在短暂的新鲜感之后，又有不少 IT 从业者发现开放式办公环境的若干弊端。不过整体而言，更加开放、灵活、更鼓励个性与交流的办公环境已成大势所趋。这一趋势与敏捷所提倡的团队氛围暗合，敏捷的倡导者们在办公环境的潮流变迁中也起到了一定的推动作用。

办公环境越来越人性化的同时，IT 行业的劳动强度与工作压力似乎有越来越大的趋势。从"朝九晚五"，到"弹性工作制"，再到"996"，加班似乎已经被认为是 IT 行业的常规，并与"奋斗""成长"等正面印象相关联。这种行业的舆论风气，再加上日益强大的通信工具，使从业者即使离开办公室也承受着工作的压力。敏捷作为一种意在提升工作效率的软件开发方法，在减少加班、减轻劳动强度方面，似乎并未起到帮助，甚至可能因为迭代开发的广泛应用而导致全行业整体工作压力增大。此时的敏捷方法与 2001 年"敏捷宣言"中所描述的敏捷方法是否仍然抱持着价值观和理念的一致，恐怕起初的创始人们也需要重新审视了。

尾声

2018 年 5 月的银行业例行新闻发布会上，招商银行的 CIO 陈昆德骄傲地宣布，此前一年招行金融科技创新项目"从提出创意，到落地上线，平均周期仅 128 天"，并提出招行在未来 3 年要"真正实现科技敏捷和业务敏捷"。这一事件在中国 IT 业的敏捷历程上堪称里程碑，因为这是一向以保守闻名的大银行 IT 首次明确地将"缩短响应周期"作为自己的成绩来宣传，而这一点正是敏捷的要义所在。可以说，陈昆德的这次宣讲，客观而坚实地明确了敏捷在当今中国 IT 行业的主流地位。

回望过去的十多年里，敏捷在中国走过的历程，可谓筚路蓝缕。2001 年、2002 年，彼此互不相识的几组人，几乎不约而同地向中文世界引进与敏捷相关的资料。《程序员》杂志在 2001 年 12 月专栏介绍重构，2002 年 3 月专栏介绍极限编程，是中文出版物中有案可查的最早的先行者。2002 年 10 月，人民邮电出版社出版了《极限编程丛书》。到 2003 年，《软件研发》杂志的创刊号大篇幅介绍敏捷方法，《重构》《敏捷软件开发》《自适应软件开发》等一系列重量级著作引进。今日的风起云涌，即肇始于当年的青萍之末。

然而在短暂的闪光之后，敏捷在中国陷入了长达数年的低谷。究其原因，敏捷所强调的快速迭代、持续交付，对于植根于政府和大企业内部信息化、仰赖"十二金"工程哺育的尚处幼年的中国软件行业而言，是太过超前了。对于其时的行业环境与技术环境而言，每两周一次迭代，每次迭代发布上线给用户使用，既不可能，也不必要。那时的中国 IT 业，还没有做好迎接敏捷的准备。

决定性的转机发生在 2008 年前后。通信行业遭遇前所未有的竞争压力，诺基亚、爱立信、华为、中兴等通信大厂积极开展敏捷转型，这几家公司培养出的大量优秀敏捷教练与持续集成专家，为后来敏捷在行业里的广泛传播起到了推波助澜的关键作用。ThoughtWorks、优普丰等一批咨询公司，也在通信业的敏捷转型浪潮中获得了大量咨询顾问业务，在这些咨询项目中打磨出一批理论与实战兼备的敏捷传道士，为后来敏捷的蓬勃发展做好了人才储备。

几乎在同一时间段，Web 2.0 的创业热潮从硅谷传到中国，不论小型初创互联网企业，还是百度、腾讯、阿里（BAT）为代表的互联网大厂，都面临前所未有的机遇与挑战。与通信企业不同，互联网企业与敏捷方法有更深的基因相似性。在缩短交付周期，加速用户反馈的天然诉求倒推之下，众多互联网团队几乎自发地采用了敏捷的关键实践。几年积累下来，短迭代、持续交付、DevOps 等实践逐渐成了行业中普遍认可的标准，将敏捷的边际向前拓展到业务，向后拓展到运营。

随着互联网、数字化对传统行业的冲击，互联网企业的工作方式也受到各行各业的重视，遂将敏捷带入了主流视野。然而在其内核处，敏捷强调的"可工作的软件"对于配置管理、质量保障相关的技术实践要求甚高，对于在 IT 人才争夺中本就落于下风的传统企业而言，落地难度很大。众多企业只得退而求其次，从 Scrum 的管理实践入手，冀望首先提升需求管理和项目管理能力。这个无奈的"退而求其次"，一方面使 Scrum 这种敏捷方法深入行业并且形成一个活跃的社群，另一方面也引发了对于 Scrum 认证培训有效性的不同观点。在扩散和下渗过程中的内涵流失，最终在很多企业变成只见其形不见其神的呆板管理手段，似乎是各种先进管理方法在中国难以绕开的难题。

与敏捷的变革浪潮同步发生的，还有 IT 企业办公环境的变迁。从早年间的格子间，到日益流行的开放式办公室，IT 从业者在感受到自己日益被企业重视的同时，肩上的工作压力也在日益加重。几家互联网大厂与华为取得的辉煌成功不仅让行业找到了学习的标杆，也让"996"成为无须掩饰，甚至理直气壮的要求。除了加班之外，追求沟通效率的办公环境、无限便捷的通信工具以及敏捷开发方法，也都是加重从业者压力的因素。

作为中国敏捷十余年发展历程的亲历者与推动者，透过敏捷被引进中国，被推介、传播、漠视、抗拒、接纳、推崇、转变、淡化的过程，我看到了整个中国 IT 行业乃至中国经济发展的缩影。今天敏捷成为业内最为广泛采纳的软件开发方法，背后折射出的是 IT 在国民经济生活中的地位提升，是技术人员从外包码农到企业核心竞争力的地位提升，更是中国经济在全球经济中的地位提升。随着中国 IT 业乃至中国经济在全球地位的提升，来自美国的敏捷软件开发方法一边被广泛接纳，一边也开始日益凸显其局限性。未来中国的 IT 行业应该用什么方法来指导，将是历史的崭新一页。

敏捷中国史：大事记

- 2000 年 6 月，国务院印发《鼓励软件产业和集成电路产业发展的若干政策》，简称"国发 18 号文"，拉开了中国 IT 业十余年飞速发展的大幕。

- 2000 年 11 月，北大青鸟 APTECH 提出"培养软件产业工人"的理念，并首创"软件蓝领"的称谓。

- 2001 年 2 月，美国犹他州雪鸟滑雪度假村，"敏捷软件开发联盟"成立，并签署"敏捷宣言"。仅仅几个月后，林星、石一楹等国内的先行者开始引进翻译与敏捷相关的资料。

- 2001 年 12 月，《程序员》杂志用大篇幅介绍"代码重构"（Refactoring），这是中国的正式出版物首次刊载与敏捷软件开发相关的内容。

- 2002 年 6 月，《解析极限编程：拥抱变化》中译本出版，这是国内第一本关于敏捷的专著。到 2003 年，《敏捷软件开发》《自适应软件开发》《重构》等敏捷基础著作都被翻译引进。

- 2003 年 9 月，范凯成立"Hibernate 中文站"，即后来的"Java 视线"（JavaEye）网站。到 2011 年，JavaEye 很可能是当时全球最大的在线 Java 技术社区。

- 2005 年 2 月，ThoughtWorks 在中国正式注册营业。同年 6 月，该公司首席科学家、敏捷宣言签署人、《重构》作者 Martin Fowler 来到中国，但因病错过了上海站活动，只出席了北京站"敏捷技术专家圆桌会"。

- 2005 年底，整个诺基亚网络有 9 个项目在开展敏捷试点，其中一个在杭州研发中心，该试点项目的领导者 Bas Vodde 和参与者吕毅、徐毅等后来都成为中国敏捷社区的重要推动者。

- 2006 年 3 月，阿里妈妈开始使用 Scrum 方法，并结合了极限编程的一些实践。

- 2006 年 6 月，Martin Fowler 再度来华，出席首届"敏捷中国"开发者大会，大会的主题是"敏捷释放软件价值"。

- 2006 年 11 月，ThoughtWorks 给腾讯提供为期 3 天的敏捷入门培训，促成腾讯管理层下定决心走敏捷这条道路。

- 2007 年，李国彪从加拿大回国创立了敏捷培训和咨询公司优普丰（UPerform）。

- 2007 年 12 月，华为中央软件部下属的网管平台产品 iMAP 研发团队启动了华为在国内的首次敏捷试点，ThoughtWorks 派出的 3 人咨询团队为该试点项目提供教练服务。

- 2008 年 5 月，优普丰在上海举办 Scrum 认证公开课，开了国内 Scrum 认证培训的先河。

- 2008 年，路宁在第三届"敏捷中国"大会上指出敏捷是在软件研发领域落地精益的实践，并提出用精益原则识别和消除软件研发中经常存在的浪费。

- 2008 年 9 月，吕毅和李国彪发起中国第一次 Scrum Gathering 聚会。

- 2009 年，华为全面推行敏捷，产品与解决方案总裁徐直军在一年中签发了 3 个与敏捷推行相关的文件。

- 2009 年，熊妍妍开始牵头主办敏捷之旅在中国的系列活动。在影响力最盛的 2011 年至 2014 年间，敏捷之旅每年在十余个城市举办，参会人数超过 2 000 人。

- 2010 年，由中国软件行业协会系统与软件过程改进分会倡导，多家政府、企业及民间组织共同组建成立"中国敏捷软件开发联盟"。

- 2011 年 9 月，乔梁和李剑在"敏捷中国"技术大会上做题为"持续交付"的演讲，随后几年中，持续交付和 DevOps 受到国内众多大型企业的重视。

- 2012 年，为阿里巴巴网站、速卖通、1688、村淘 4 大网站提供支持的 B2B

质量保证部，开始打造一站式研发提效平台"云效"。到 2016 年，云效平台已经覆盖阿里 60% 的事业部。

- 2014 年，阿里钉钉产品团队成立，这支新成立的产品团队复制了来往团队的大部分敏捷管理与技术实践，并且以全功能子团队的形式改组了其内部结构，由此折射出敏捷在阿里已经相当普及。

- 2016 年，徐毅在 GDevOps 全球敏捷运维峰会（杭州站）的演讲中，将设计思维、敏捷、DevOps 三者并列。

- 2016 年，招商银行开始组织轻型化、精益化的改革，逐步建立了金融科技孵化平台，打造出高效的创新孵化流程与机制。

- 2016 年，腾讯 TAPD 平台有超过 3 000 个项目团队在使用，用户人数超过 30 000。2017 年 5 月，腾讯将 TAPD 以云服务的形式对外开放，随后一年服务超过 120 万用户。

- 2017 年 12 月，据云栖社区发布的《2017 中国开发者调查报告》，45.6% 的项目采用 "Scrum 敏捷开发" 流程模式。敏捷已经成为行业主流。

参考文献

［1］宣丹英. 双重机遇，双重挑战 [J]. 信息化建设，2000(5):34-35.

［2］萨米埃尔森，徐新明. 21 世纪是网络时代吗？[J]. 信息化建设，2000(12):10-11.

［3］中国互联网络信息中心. 中国互联网络发展状况统计报告 (2000/1)[J]. 互联网世界，2000(3):22-24.

［4］刘韧，李成. "点 COM" 的时代 [J]. 信息化建设，2000(2):11-12.

［5］信息化建设. 1999 年度网民票选中国互联网络优秀网站 [J]. 信息化建设，2000(2):34.

［6］凌云. 雅虎中国服务中国网民 [J]. 中国经济和信息化，2000(11):56.

［7］朱汉夫. 无言以对 TOM 来 [J]. 中国计算机用户，2000(26):66.

［8］王梦奎. 中国经济发展的回顾与前瞻：1979 ～ 2020[M]. 北京：中国财政经济出版社，1999:240.

［9］郭福华. 培育 21 世纪 "黄金产业" ——探寻我国软件产业发展之路 [J]. 中国计算机用户，1998(52):14-15.

［10］吴基传. 面向 21 世纪的信息技术与产业——吴基传部长阐述我国信息技术与产业发展的基本思路 [J]. 计算机系统应用，2000，9(3):3-5.

［11］信息化建设. 关于推进国家信息化的意见 [J]. 信息化建设，2000(02):4-7.

［12］国务院. 国务院关于印发进一步鼓励软件产业和集成电路产业发展若干政策的通知（国发 [2011]4 号）[J]. 软件产业与工程，2011(2):4-6.

［13］姚卿达，张国海，古威. 我国软件产业发展现状、问题及与印度的比较借鉴 [J]. 现代计算机，1998(10):12-17.

［14］张娜. 2010 年中国软件产业销售收入预计将达 1.3 万亿元 [N]. 中国经济时报，2006-06-13(1).

［15］宋克振，张凯. 信息管理导论 [M]. 北京：清华大学出版社，2005:456.

［16］陈拂晓. 抓住机遇 依靠科技 大力推进政府信息化建设——浅论"中国电子政府"建设的可行性及初步框架 [J]. 信息化建设，2000(7):7-11.

［17］张旭军. 集百家经验 促政府上网——百城市政府上网推进交流会侧记 [J]. 中国计算机用户，2000(6):60-61.

［18］王思彤. 简论政府上网工程与政务公开 [J]. 信息化建设，2000(12):4-7.

［19］程文. 信息化程度——衡量经济中心的重要指标 [J]. 中国计算机用户，2000(7):47.

［20］朱俊伟，沈波，火炜. 走近现代化政务办公——上海市政府办公自动化系统 [J]. 信息化建设，2000(6):11-16.

［21］程文. 乘势而上 开拓创新——天津市信息化工作纵览 [J]. 中国计算机用户，2000(7):47-49.

［22］陈健. 走进"天堂"的 IT 之路 [J]. 中国计算机用户，2000(25):45-46.

［23］马邦伟，刘贵政，章晓杭. 嘉兴市信息化建设展宏图——确立八大建设目标 [J]. 信息化建设，2000(5):20-21.

［24］卢桂文，吴慧娣，张尚洪. 金华市信息产业发展现状与对策 [J]. 信息化建设，2000(7):20-24.

［25］励范洪. 绍兴市信息系统二期工程建设的实践与思考 [J]. 信息化建设，2000(6):25-27.

［26］兰胜. 以信息化为手段 促进衢州经济发展 [J]. 信息化建设，2000(8):25-28.

［27］胡学健，余敏，王剑利. 浙江慈溪党政信息网工程建设初探 [J]. 信息化建设，2000(11):20-24.

［28］尹敏春，盛铎. 郑州市机关信息网政府主页建设 [J]. 信息化建设，2000(4):21-22.

［29］熊朝阳，冯骏，冯亮. "重庆党政"办公系统建设探索 [J]. 信息化建设，

2000(9):22-25.

［30］翟发法，曲晓玲，杨勇斌. 山西省信息化建设回顾与展望 [J]. 信息化建设，
2000(11):16-19.

［31］张春. 立足西部 扬帆数字青海 [J]. 中国计算机用户，2000(31):31-32.

［32］冯玉楼. 运用现代信息技术　搞好牧区网络建设——内蒙古锡盟农村牧区
信息网络建设取得实质性进展 [J]. 信息化建设，2000(10):22-24.

［33］国家信息中心，中国信息协会. 中国信息年鉴 2002[M]. 北京：中国信息年
鉴期刊社，2002:895.

［34］中国计算机用户. 宝钢走向整体信息化 [J]. 中国计算机用户，1998(49):49.

［35］张秋华. IT 凝聚钢铁未来——记宝钢集团信息化建设 [J]. 中国计算机用户，
2000(27):51.

［36］葛志远. 电子商务应用与技术 [M]. 北京：北京交通大学出版社，2005:109.

［37］中国计算机用户. 行业、地方信息化建设一览表 [J]. 中国计算机用户，2000(2):
57,59,61,63.

［38］陈健. IT 铸造钢铁巨人 [J]. 中国计算机用户，2000(22):45-46.

［39］信息化建设. 企业信息化总动员 [J]. 信息化建设，2000(2):40.

［40］石建国. 1998—2000 年国企改革的回顾 [J]. 百年潮，2017(1):71-78.

［41］中国计算机用户. 坎坷大道 ERP[J]. 中国计算机用户，2001(24):55-57,59-61.

［42］朱汉夫. 为电子商务算一卦 [J]. 中国计算机用户，2000(11):8-9.

［43］邓葳. 企业上网仅三月　接单五百万美元　中国化工网为企业铺就进入国际
市场"快车道" [J]. 信息化建设，2000(5):24.

［44］张燕. 日均点击八万次　会员超过五百家　中国化纤信息网为企业提供信息
和配送双重服务 [J]. 信息化建设，2000(5):24.

［45］信息化建设. 蓬勃发展的浙江专业网站 [J]. 信息化建设，2000(9):38.

［46］雅梓. 国内纯网第一股网盛科技登台亮相 [N]. 大众科技报，2006-11-30(B01).

［47］林军. 沸腾十五年 [M]. 北京：中信出版社，2009.

［48］光标. 电子商务与抽奖 [J]. 中国计算机用户，2000(7):63.

［49］胡延平. 网络掀起并购风潮 [N]. 北京青年报，2000–04–24.

［50］杨国强. 8848 曾经辉煌　不坚持付出代价 [N]. 第一财经日报，2009–09–10.

［51］张燕生. 当前美国经济的新情况及对我国的影响 [J]. 宏观经济研究，2001(4):24–26.

［52］凌云，汉夫. 中文网上书店缘何当当“香” [J]. 中国计算机用户，2000(12):63.

［53］胡蕾. 成功法典——SAP 中国区咨询总监刘建先生谈 ERP 的实施 [J]. 中国计算机用户，2000(22):50.

［54］胡雅君. 名师出高徒——访 Oracle 中国公司市场及联盟总监赵国豪先生 [J]. 中国计算机用户，2000(33):25.

［55］杨元庆. 联想，与中国电子商务一起成长 [J]. 中国计算机用户，2000(24):23.

［56］张梅东. 软件产业数第一：记第一家私营软件上市企业用友公司 [J]. 时代潮，2001(S1):16–17.

［57］中国计算机用户. 清华同方：公安行业解决方案 [J]. 中国计算机用户，2000(44):45.

［58］中国计算机用户. 中软国际：E—TEDA 数字化经济开发区 [J]. 中国计算机用户，2000(44):45.

［59］工业和信息化部软件与集成电路促进中心. 中国软件产业黄金十年[M]. 北京：电子工业出版社，2011.

［60］常政. CSDN 十年 [J]. 程序员，2010(12):48–52.

［61］杨天行. 软件产业发展的十年 [J]. 软件世界，1994(9):5–7.

［62］陈仲驹. 软件开发标准化、规范化是软件产业发展的前提和保证 [J]. 现代计算机，1998(10):30–32.

［63］新社. 计算机产业应尽快摆脱软件危机 [J]. 上海微型计算机，1997(13):22.

［64］中国计算机学会. 中国计算机科学技术发展报告 2004[M]. 北京：清华大学

出版社，2005:63.

［65］WIRTH N. Algorithms + Data Structures = Programs//Prentice-Hall Series in Automatic Computation[M]. Upper Saddle River：Prentice Hall，1976.

［66］布奇，等. 面向对象分析与设计 [M]. 王海鹏，潘加宇，译. 北京：电子工业出版社，2012.

［67］黄涛. 面向对象技术的形成与发展现状 [J]. 软件世界，1995(2):9-11.

［68］唐胜群，唐涛洲. 软件体系结构与组件软件工程 [J]. 计算机工程，1998(8):32-35.

［69］应时，周顺，朱春艳. 基于构件库及构件组合的软件重用 [J]. 计算机工程，1998(11):19-22，37.

［70］杨芙清，黄柏素. 软件开发的"灵魂"——软件工程技术现状及发展趋势 [J]. 中国计算机用户，1998(42):23-25.

［71］麦克布林. 软件工艺 [M]. 熊节，译. 北京：人民邮电出版社，2013.

［72］BAETJER H. Software as Capital: An Economic Perspective on Software Engineering [M]. [S. l.]：Wiley-IEEE Computer Society，1998.

［73］戈德曼. 灵捷竞争者与虚拟组织 [M]. 杨开峰，章霁，译. 沈阳：辽宁教育出版社，1998.

［74］齐国涛. 普元 把应用开发推上流水线 [J]. 软件世界，2004(11):52.

［75］张雪松. 印度软件业为何不愁人才"外流" [N]. 中国高新技术产业导报，2001-06-05(5).

［76］北京青年报. 软件业：印度比中国强在哪？ [N]. 北京青年报，2001-03-28.

［77］电子计算机与外部设备. 程序员，薪水真的很高吗？ [J]. 电子计算机与外部设备，2002(2):150-151.

［78］杨谷. 软件业高薪引发大讨论 [N]. 光明日报，2002-02-06(C01).

［79］中国高新技术产业导报. 我国软件人才缺口 40 万信产部称将加大培养力度 [N]. 中国高新技术产业导报，2003-04-25(12).

［80］谢勇. 软件蓝领人才论不负责任 [N]. 计算机世界，2002-10-21(F13).

［81］杨芙清，廖钢城. 集成化软件工程环境：青鸟系统 [J]. 机械与电子，1994(2):12–13.

［82］杨芙清，梅宏，李克勤. 软件复用与软件构件技术 [J]. 电子学报，1999(2):68–75.

［83］孟迎霞，唐琦. CMM 布道中国 [J]. 程序员，2002(3):17–25.

［84］卡耐基梅隆大学软件工程研究所. 能力成熟度模型（CMM）[M]. 刘孟仁，等译. 北京：电子工业出版社，2001.

［85］软件世界. 东软的 CMM，东软的质量管理之道 [J]. 软件世界，2001(8):129–130.

［86］中国计算机用户. 联想软件喜获认证 [J]. 中国计算机用户，2001(8):24.

［87］张鹏，刘兴波. 用友的 CMM3 战役 [J]. 软件世界，2002(7):101–104.

［88］DUSTIN E，RASHKA J，PAUL J. Automated software testing: introduction，management，and performance. [S. l.]: Addison–Wesley Professional，1999.

［89］刘刚. 后福特制 [M]. 北京：中国财政经济出版社，2010.

［90］张旭. 敏捷企业与敏捷的管理信息系统 [J]. 中国计算机用户，1997(13):6–8.

［91］段永强，张申生，高国军. 基于对象的软件代理的设计和实现 [J]. 计算机工程，2000(5):21–22，25.

［92］段永强，张申生，高国军. 基于代理的软件设计和软件重用 [J]. 计算机工程，2000(1):43–45.

［93］刘建勋，张申生. 工作流技术支持的敏捷供应链管理系统研究 [J]. 计算机工程，2001，27(3):11–12.

［94］海斯. 自适应软件开发 [M]. 钱岭，等译. 北京：清华大学出版社，2003:496.

［95］BECK K. Smalltalk Best Practice Patterns[M]. Upper Saddle River: Prentice Hall，1997.

［96］程序员. 极限编程 [J]. 程序员，2002(3):61.

［97］林星. 本立道生 [J]. 程序员，2002(2):83–85.

［98］OPDYKE W F. Refactoring object–oriented frameworks[D]. University of Illinois at Urbana–Champaign，1992.

［99］伽玛，等. 设计模式：可复用面向对象软件的基础 [M]. 李英军，等译. 北京：

机械工业出版社，2000.

［100］亚历山大，等．建筑模式语言：城镇・建筑・构造 上 [M]．王听度，周序鸿，译．北京：知识产权出版社，2002.

［101］HANNEMANN J, KICZALES G. Design Pattern Implementation in Java and AspectJ[C]// Proceedings of the 17th ACM SIGPLAN conference on Object-oriented programming, systems, languages, and applications. ACM, 2002.

［102］KERIEVSKY J. Stop over engineering [M]. New York：Crown Publishing Group.

［103］福勒．重构：改善既有代码的设计[M]．熊节，译．北京：人民邮电出版社，2015.

［104］乔根森．软件测试 [M]．韩柯，译．北京：人民邮电出版社，2003.

［105］普雷斯曼．软件工程：实践者的研究方法：原书第 7 版 [M]．郑人杰，马素霞，等译．北京：机械工业出版社，2011.

［106］贝克，安德烈斯．解析极限编程：拥抱变化：原书第 2 版 [M]．雷剑文，陈振冲，李明树，译．北京：电子工业出版社，2006.

［107］PFLEEGE S L. Software Engineering: Theory and Practice[M]. New York：Pearson，2001.

［108］ROYCE W. Managing the development of large software systems: concepts and techniques[C]//Proceedings of the 9th International Conference on Software Engineering. IEEE Computer Society Press，1987: 328–338.

［109］克里伯格．硝烟中的 Scrum 和 XP 我们如何实施 Scrum[M]．李剑，译．北京：清华大学出版社，2011:16.

［110］马丁．敏捷软件开发：原则、模式与实践 [M]．邓辉，译．北京：清华大学出版社，2003.

［111］ThoughtWorks 公司．软件开发沉思录：ThoughtWorks 文集 [M]．北京：人民邮电出版社，2009.

［112］亨布尔，法利．持续交付：发布可靠软件的系统方法 [M]．乔梁，译．北京：人民邮电出版社，2011.

[113] 科恩. 用户故事与敏捷方法 [M]. 石永超，张博超，译. 北京：清华大学出版社，2010.

[114] 杰弗里斯，等. 极限编程实施 [M]. 袁忠国，译. 北京：人民邮电出版社，2002.

[115] 波彭代克，波彭代克. 敏捷软件开发工具：精益开发方法 [M]. 朱崇高，译. 北京：清华大学出版社，2004.

[116] 方慧. 经济全球化背景下中国软件产业发展模式研究 [M]. 北京：中国财政经济出版社，2008:212.

[117] 项飚. 全球"猎身"[M]. 北京：北京大学出版社，2012.

[118] 李志能. 被动服务化倾向明显——印度 IT 服务业面临的临界突破挑战 [J]. 国际贸易，2005(1):28-31.

[119] 软件世界. 2004～2005 年中国软件与 IT 服务市场回顾与展望[J]. 软件世界，2005(2):109-110.

[120] 三人行，吴晗之，裴丽华，等. IT 预算，减肥进行时 [J]. 中国计算机用户，2005(49):26.

[121] 孙国锋，张少彤，武晓鹏. 2004 年中国政府网站绩效评估报告（节选）[J]. 软件世界，2005(3):108-115.

[122] 熊节. 不敢止步 [M]. 北京：人民邮电出版社，2014.

[123] 张恂. 敏捷方法也要"中国特色"[J]. 软件世界，2006(10):57-58.

[124] 林锐. IT 企业研发管理方法评论 [J]. 程序员，2006(4):72-76.

[125] 吕晓峰. 软件工程监理的一般流程与监理要点 [J]. 现代计算机：专业版，2004(6):49-51.

[126] 杜荣华，谌海军，吴泉源. 浅论在 CMM 框架下实施 XP 的可行性[J]. 计算机时代，2005(6):11-13.

[127] 阿卢，等. J2EE 核心模式 [M]. 刘天北，熊节，等译. 北京：机械工业出版社，2005:8.

［128］鲍尔，金奇. Hibernate 实战 [M]. 蒲成，译. 北京：人民邮电出版社，2008:640.

［129］透明. 剖析 EJB[J]. 程序员，2004(6):99-103.

［130］方梁. J2EE 高手袁红岗 [J]. 程序员，2003(7):22-24.

［131］福勒. 企业应用架构模式 [M]. 北京：机械工业出版社，2010.

［132］透明. 动态代理的前世今生 [J]. 程序员，2005(1):106-111.

［133］约翰逊. J2EE 设计开发编程指南 [M]. 魏海萍，等译. 北京：电子工业出版社，2003:5.

［134］约翰逊，赫尔勒. Expert one-on-one J2EE Development without EJB 中文版 [M]. JavaEye，译. 北京：电子工业出版社，2005:53.

［135］莫映. 一个项目团队的敏捷之旅 [J]. 程序员，2006(6):80-83.

［136］黄海波. 开发前线的敏捷战例 [J]. 程序员，2005(4):92-95.

［137］李默. 敏捷过程的三分之一 [J]. 程序员，2006(4):86-87.

［138］VODDE B. Nokia networks and agile development[C]//Proceedings of EuroMicro Conference. 2006.

［139］NONAKA I, TAKEUCHI H. The New New Product Development Game[J]. Harvard Business Review, 1986, 64(1):205-206.

［140］韩磊. 谁把新桃换旧符——2007 中国软件开发者大调查 [J]. 程序员，2007(11):42-44.

［141］杨小薇. 华为的 CMM 之路 [J]. IT 经理世界，2002(2):27-28，30.

［142］刘劲松，胡必刚. 华为能，你也能 [M]. 北京：北京大学出版社，2015.

［143］熊节. 在大型遗留系统基础上运作重构项目 [J]. 程序员，2008(4):94-98.

［144］ThoughtWorks 中国. 软件开发践行录 [M]. 北京：人民邮电出版社，2014:231.

［145］拉尔曼，沃迪. 精益和敏捷开发大型应用指南 [M]. 孙媛，李剑，译. 北京：机械工业出版社，2010.

［146］郑柯. 掌握"精益"思维，提升软件工艺——专访 ThoughtWorks 中国区总经理郭晓 [J]. 程序员，2008(6):37.

［147］熊节. 借鉴丰田方法对大型软件组织进行敏捷改造（上）[J]. 程序员，2010(3):86–89.

［148］熊节. 借鉴丰田方法对大型软件组织进行敏捷改造（下）[J]. 程序员，2010(4):94–96.

［149］张松. 精益软件度量 [M]. 北京：人民邮电出版社，2013.

［150］曾登高. Web 2.0 下一代网络模式 [J]. 程序员，2005(12):82–83.

［151］方茜. 最搞笑的惊人发现 C# 前途黯淡，都是大胡子惹的祸？！[J]. 程序员，2005(1):56–57.

［152］托马斯，汉松. Web 开发敏捷之道：应用 Rails 进行敏捷 Web 开发（第2 版）[M]. 林芷薰，译. 北京：电子工业出版社，2007.

［153］黄甫. 调查报告：J2EE 人的 Rails 观 [J]. 程序员，2005(9):82–84.

［154］莱斯. 精益创业：新创企业的成长思维[M]. 吴彤，译. 北京：中信出版社，2012:26，246.

［155］杨祥吉. Ruby、Rails、Agile 的启示 [J]. 程序员，2007(12):64–69.

［156］陈宏刚，林斌，凌小宁，等. 软件开发的科学与艺术 [M]. 北京：电子工业出版社，2002.

［157］徐志强，丘慧慧. 腾讯"降薪裁员"风波：马化腾陡增扩张烦恼 [N]. 21 世纪经济报道，2006–04–24(24).

［158］王巨宏. 敏捷方法在一家互联网公司的应用和实践 [D]. 北京：北京邮电大学，2010.

［159］艾永亮. 企鹅快跑——腾讯敏捷历程揭秘 [J]. 程序员，2011(9):49–52.

［160］郭晓. 敏捷十年　软件开发大变革 [J]. 程序员，2010(9):13.

［161］周文凡. Scrum 敏捷方法在 HM 公司软件项目管理中的应用 [D]. 上海：华东理工大学，2013.

［162］王攀攀. J 集团基于 Scrum 的敏捷项目管理关键成功因素案例研究 [D]. 广州：华南理工大学，2012.

［163］刘建学. 敏捷方法在 H 公司软件开发中的应用 [D]. 成都：西南交通大学，2012.

［164］余泽斌. 基于敏捷方法的研发团队管理研究 [D]. 北京：北京邮电大学，2014.

［165］李文倩. 基于敏捷开发的 M 公司项目管理策略研究 [D]. 北京：北京邮电大学，2014.

［166］任小猛. U 公司研发体系敏捷化研究 [D]. 广州：广东工业大学，2014.

［167］张帆，杨悦，周备战. 敏捷需求分析方法在航天测控软件中的应用 [J]. 飞行器测控学报，2013(5):53–58.

［168］张鑫，李育. 敏捷开发在某型飞机机载软件研制中的应用 [J]. 航空科学技术，2014(6):74–78.

［169］姚来飞. 南方煤矿智能薪资系统的敏捷开发 [D]. 厦门：厦门大学，2014.

［170］郭立军. 湘邮科技敏捷型软件开发团队建设研究 [D]. 长沙：湖南大学，2013.

［171］透明. 敏捷的迷思与真实 [J]. 程序员，2005(7):134.

［172］GLAZER H, DALTON J, ANDERSON D, KONRAD, M D, SHRUM S. CMMI or Agile: Why Not Embrace Both!: CMU/SEI–2008–TN–003[R]. Carnegie Mellon University,2008.

［173］徐俊，彭章纲. 敏捷开发过程与 CMMI 实施融合研究 [J]. 现代计算机（专业版），2011(31):23–25.

［174］SUTHERLAND J,JAKOBSEN C R,JOHNSON K.Scrum and CMMI level 5: The magic potion for code warriors [C]//Hawaii International Conference on System Sciences. IEEE, 2007:466.

［175］迪马可. 最后期限 [M]. UMLChina 翻译组，译. 北京：清华大学出版社，2003:47.

［176］王梦影. 写代码的程序"媛"无法卖萌 [N]. 中国青年报，2014–08–28.

参考文献

［177］萨瓦尔. 隔间 [M]. 吕宇珺，译. 桂林：广西师范大学出版社，2018.

［178］张意轩. 我在微软当"白领"[N]. 人民日报海外版，2008-04-08.

［179］阿甘. 山寨革命 [M]. 北京：中信出版社，2009.

［180］KIM J,DEAR R D.Workspace satisfaction: The privacy-communication trade-off
in open-plan offices[J].Journal of Environmental Psychology,2013,36(3):18-26.

［181］扬子晚报. 重庆将实行"早九晚五"[N]. 扬子晚报，2002-07-19.

［182］京华时报. 北京拟在 IT 行业、科研单位试行弹性工作制 [N]. 京华时报，
2008-01-20.

［183］温婧."996"成互联网行业潜规则　绝大多数没有"加班费"[N]. 北京青年报，
2016-09-12.